上海理工大学一流本科系列教材

模拟电子技术基础

陈国平　易映萍　谢　明　编著

机 械 工 业 出 版 社

本书是普通高等教育上海市电气工程及其自动化应用型本科专业建设系列规划教材之一，书中内容倾向于适应以实际应用为导向的理论与实践相结合的基础理论教学。

全书共 10 章，内容包括半导体二极管及其基本应用电路、双极结型晶体管及其放大电路、场效应晶体管及其放大电路、放大电路的频率响应、差分式放大电路、集成运算放大器、反馈放大电路、功率放大电路、信号处理与信号产生电路、直流稳压电源等知识。

本书可作为高等院校电气类、自动化类、电子信息类等电类专业和生物医学工程等非电类专业模拟电子技术相关课程的教材，也可以作为相关工程技术人员的参考书。

图书在版编目（CIP）数据

模拟电子技术基础/陈国平，易映萍，谢明编著 . —北京：机械工业出版社，2020.8（2023.7重印）

ISBN 978-7-111-65944-0

Ⅰ.①模… Ⅱ.①陈… ②易… ③谢… Ⅲ.①模拟电路-电子技术-高等学校-教材 Ⅳ.①TN710.4

中国版本图书馆 CIP 数据核字（2020）第 113555 号

机械工业出版社（北京市百万庄大街 22 号 邮政编码 100037）
策划编辑：赵玲丽 责任编辑：赵玲丽
责任校对：郑 婕 封面设计：马精明
责任印制：常天培
固安县铭成印刷有限公司印刷
2023 年 7 月第 1 版第 3 次印刷
184mm×260mm · 15.25 印张 · 376 千字
标准书号：ISBN 978-7-111-65944-0
定价：49.00 元

电话服务　　　　　　　　　　网络服务
客服电话：010-88361066　　　机 工 官 网：www.cmpbook.com
　　　　　010-88379833　　　机 工 官 博：weibo.com/cmp1952
　　　　　010-68326294　　　金 书 网：www.golden-book.com
封底无防伪标均为盗版　　　机工教育服务网：www.cmpedu.com

前　　言

为了引导普通高等学校本科专业教育教学适应社会与经济发展对应用型人才的培养需求，上海市教育委员会拟定了高等教育应用型本科专业的建设要求，推出了应用型本科专业建设项目。该项目以现代工程教育的"成果导向教育"为指导，聚焦于加强应用型本科内涵建设，创新人才培养模式，提高人才培养质量，最终实现构建应用型本科专业工程教育培养体系。本书是普通高等教育上海市电气工程及其自动化应用型本科专业建设系列规划教材之一。

本书是根据全国高等学校工科基础课程教学中对于"电子技术基础"课程教学的基本要求，结合编著者多年讲授模拟电子技术课程的教学实践编写而成的。本书编著者都具有丰富的工程实践经验，书中内容倾向于适应以实际应用为导向的理论与实践相结合的教育教学。每章后习题基本上涵盖了主要知识点，注重基础知识，同时也具有较强的灵活性，便于读者对所掌握知识的融会贯通。

本书是电气与电子信息类本科专业一门重要的专业基础课程的教材，内容包括半导体二极管及其基本应用电路、双极结型晶体管及其放大电路、场效应晶体管及其放大电路、放大电路的频率响应、差分式放大电路、集成运算放大器、反馈放大电路、功率放大电路、信号处理与信号产生电路、直流稳压电源等知识。

本书共分为10章，其中第1、4、8、10章由谢明编写，第2、3、7章由陈国平编写，第5、6、9章由易映萍编写，陈国平负责组织和定稿。全书由刘犇、谢明老师进行了审阅，提出了大量宝贵的修改意见。本书是在夏鲲、袁庆庆、蒋全老师的指导下组织开展编写工作的。在此谨对上海理工大学为本书的组织编写给予了指导帮助的所有老师致以衷心的感谢。

由于编著者的水平有限且编写时间仓促，书中难免存在不妥和错误之处，恳请广大读者予以批评和指正。

编著者
2020 年 1 月

课程教学目标

了解本征半导体、杂质半导体和 PN 结的形成，理解普通二极管、稳压二极管的工作原理，掌握它们的特性和主要参数。

理解晶体管和场效应管构成的基本放大电路的基本结构、工作原理，设置静态工作点的意义及简化小信号模型。掌握电压放大倍数、输入电阻、输出电阻的估算。各放大电路的特点和应用，理解多级放大电路动态参数的分析方法，以及放大电路频率响应的有关概念，理解单管放大电路频率响应的分析方法，了解多级放大电路的频率响应。

理解差分式放大电路的组成和工作原理，掌握静态和动态参数的分析方法，了解典型集成运放的组成及其各部分的特点，掌握集成运算放大器的线性应用和非线性应用。

理解反馈的概念及负反馈放大器的分类，掌握反馈类型的判断和负反馈对放大电路性能的影响，深度负反馈条件下的闭环增益的估算。

了解乙类互补对称功率放大电路、甲乙类互补对称功率放大电路的特点，掌握 OTL 和 OCL 电路的最大输出功率、效率计算和功放管的选择。

了解有源滤波器的分析方法，一阶有源滤波器的工作特性，理解电压比较器的电路组成、工作原理。掌握正弦波振荡电路的类型、组成、工作原理和振荡频率的计算，掌握非正弦波振荡电路的类型、组成、工作原理和周期的计算。

掌握小功率稳压电源的组成、工作原理、输出电压的计算。

课程思政育人目标

青少年阶段是人生的"拔节孕穗期"，需要老师的精心引导和栽培。思政课程主要培养大学生在日常学习中积极主动地将思政课知识自觉运用于社会实践中，与中华民族伟大复兴、中国特色社会主义现代化建设事业的目标保持统一，真正实现广大青年学子把"爱国情、强国志、报国行自觉融入坚持和发展中国特色社会主义事业、建设社会主义现代化强国、实现中华民族伟大复兴的奋斗之中"。让大学生才能发自内心地体味到其独有的世界观、人生观、价值观的意境和魅力，感受到在自身生活学习实践中的重大价值和深远意义，为青年学子的自由全面发展和未来美好人生夯实思想、理论和知识基础，将青年大学生培养成为德智体美劳全面发展的、身心健康的、富有朝气活力的"大写"的人。为国家培养担当民族复兴大任的时代新人、培养德智体美全面发展的社会主义建设者和接班人。

电子技术的发展很大程度上反映在元器件的发展上，这些元件由电子管逐渐发展成半导体管，再到集成电路，从 1904 年的电子管问世，科学家经过四十几年的探索研制出了晶体管，直到 1958 年 Jack Kilby 在实验室里实现了把电子器件集成在一块半导体材料上的构想，集成电路研制成功。

1956 年 11 月，在北京东皇城根中国科学院应用物理研究所小楼第二层的半导体器件实验室里，被列为国家高科技的第一项的中国第一只晶体三极管诞生了，由此，中国和发达国家一样，进入了半导体新纪元。

1958 年 3 月 13 日，我国第一台半导体收音机在上海诞生。此后数年，以上海无线电三厂为代表的上海"仪表人"通力协作，书写了中国收音机产业从电子管转向晶体管并实现国产化的历史。1983 年，根据国家能源政策，电子管收音机全部被半导体收音机取代。收音机款式从大台式转向袖珍式、组合式，突破了调频、立体声、集成化等关键技术。目前，收音机作为独立家电的功能逐渐弱化，多组装到汽车、手机、音响等应用场景。60 多年来，中国的收音机产业经历了从奢侈品到必需品再到收藏品的演变。

2018 美国制裁中兴芯片事件和 2019 年美国制裁华为芯片事件表明卡脖子的关键技术不能依靠国外，必须依靠自主突破，我们只有牢牢掌握核心技术，才能对抗世界超级霸权，打破国外的技术封锁。"一个国家、一个民族，要想在世界上真正立足并赢得国际社会的尊敬，必须在高科技领域占据一席之地。"青年学者必须要发奋图强，掌握核心高科技，立志为我国高科技的发展贡献智慧。为中国集成电路做出更大的贡献，助力"中国芯"的发展。

模拟电子技术与生活息息相关，它服务于生活，服务于科技产品。青年学者从模拟电子技术这门课程的一些知识点也能从中学到不少的人生哲学。

1. 二极管的简化电路模型分为三种，理想二极管模型、恒压源模型和线性模型。忽略条件越多，模型越简单；考虑条件越多，模型越接近二极管的伏安特性曲线，分析的误差越小。这正如人生也面临选择，考虑条件越简单，越容易做出选择；而尽可能地进行多方面的求证，那么所做决定的风险代价就越小，从而培养自己的辩证性思维。

2. 放大电路实际上是一种线性受控能量转换装置，在输入信号的线性控制下，将电路内的直流电源转换为输出信号，放大电路的能量转换表示自然界万物遵循能量守恒定律，直流电源为放大电路提供了能量，晶体管才可以实现能量的转换。没有凭空产生的东西，要获得某种结果一定是需要某些方面的付出才能得到。

3. 放大电路中引入交流负反馈，降低了放大电路的放大倍数，这是放大电路付出的代价，但是与此同时稳定了放大倍数、改善了放大器的输入阻抗和输出阻抗、扩展了放大器的通频带及减小了放大器的失真。培养自己的辩证思维，即看待问题要全面，凡事有利亦有弊。

4. 正弦波振荡电路，虽然没有输入信号，但会从很多微弱的噪声信号中选择一种信号进行放大，最后得到具有一定幅度和一定频率的人们所需要的正弦信号。就像每个人身上都有一些小的潜质，一开始虽然不起眼，但只要我们好好利用，都能发挥它的作用。

除了上面列举的几点，从模拟电子技术中可以获得其他更多的人生哲理。总之，科学技术的发展是无数伟人历经多年的艰苦钻研的成果，科学的发展是一个漫长而艰辛的过程，凝聚了很多科学家和热爱电子技术的人才的汗水与智慧，青年学者除了应该学习他们的创新精神、敬业精神、奉献精神之外，更应该把个人命运与国家命运紧密相连，把个人梦想与国家梦想紧密结合才能有所为，为国家的强大奉献自己的力量。

符 号 表

1. 基本符号

（1）电流和电压

I	直流电流
i	交流电流
i_i	交流输入电流
i_{id}	交流净输入电流
I_{IO}	输入失调电流
i_f	交流反馈电流
i_o	交流输出电流
i_s	交流信号源电流
U	直流电压
u	交流电压
u_i	交流输入电压
u_{id}	交流净输入电压
u_f	交流反馈电压
u_o	交流输出电压
u_s	交流信号源电压
$\dot{U}_i$	交流输入电压相量（复数值）
$\dot{U}_o$	交流输出电压相量（复数值）
U_{REF}	参考电压（基准电压）
$U_{O(AV)}$	输出电压平均值
V_{BB}、V_{CC}、V_{DD}	直流电源电压
V_{EE}、V_{GG}、V_{SS}	直流电源电压

（2）电阻、电感、电容

R	电阻
R_i	输入电阻
R_{if}	闭环输入电阻
R_o	输出电阻
R_{of}	闭环输出电阻
r	动态电阻
L	电感
C	电容
R_s、r_s	信号源内阻
X	电抗
Z	阻抗
M	互感系数

（3）放大倍数、增益

A	放大倍数或增益
$\dot{A}$	增益（复数值）

A_f	闭环增益
$\dot{A}_f$	闭环增益（复数值）
A_u	电压增益
A_{us}	信号源电压增益
A_{uc}	共模电压增益
A_{ud}	差模电压增益
A_{uo}	开环电压增益
A_{uf}	闭环电压增益
A_0	通带电压增益
A_{usm}	中频源电压放大倍数
A_{uh}	高频区电压放大倍数
A_{ul}	低频区电压放大倍数
A_{ush}	高频源电压放大倍数
A_{usl}	低频源电压放大倍数

（4）频率

f	频率
f_H	上限频率
f_L	下限频率
f_T	特征频率
f_o	振荡频率
f_s	石英晶体串联振荡频率
f_p	石英晶体并联振荡频率
ω	角频率
ω_0	中心角频率
ω_c	特征角频率
ω_H	上限角频率
ω_L	下限角频率

（5）功率

P	有功功率
p	瞬时功率
P_O	输出功率
P_T	管耗
P_V	直流电源供给功率

2. 器件参数符号

（1）P 型、N 型半导体和 PN 结

C_B	势垒电容
C_D	扩散电容
C_d	PN 结极间电容
N	电子型半导体

P	空穴型半导体	I_e	发射极交流电流有效值
U_T	温度的电压当量	$\dot{I}_e$	发射极交流电流相量（复数值）
(2) 二极管		I_{CEO}	基极开路时集电极－发射极穿透电流
I_F	二极管最大整流电流		
I_R	二极管反向电流	I_{CER}	基极接电阻时集电极－发射极穿透电流
I_{RM}	二极管最大反向电流		
I_Z	稳压管稳压工作电流	I_{CES}	基极接发射极时集电极－发射极穿透电流
$U_{(BR)}$	二极管的击穿电压		
U_R	二极管反向电压	U_{BE}（U_{BEQ}）	基极－发射极直流电压（静态电压）
U_{th}	二极管门槛电压		
U_Z	稳压管稳定电压	u_{BE}	基极－发射极交、直流电压总量
r_D、r_d	二极管导通时的动态电阻		
r_Z	稳压管的动态电阻	u_{be}	基极－发射极交流电压瞬时量
T_{RR}	反向恢复时间	U_{be}	基极－发射极交流电压有效值
(3) 双极结型晶体管		$\dot{U}_{be}$	基极－发射极交流电压相量（复数值）
B、C、E	基极、集电极、发射极		
b、c、e	基极、集电极、发射极	Δu_{BE}	基极－发射极电压瞬时值的变化量
$C_{b'c}$	集电结电容		
$C_{b'e}$	发射结电容	U_{CE}（U_{CEQ}）	集电极－发射极直流电压（静态电压）
C_e	发射极旁路电容		
C_b	基极耦合电容	u_{CE}	集电极－发射极交、直流电压总量
C_M	密勒电容		
I_{BN}	基极电子扩散电流	u_{ce}	集电极－发射极交流电压瞬时量
I_B（I_{BQ}）	基极直流电流（静态电流）		
i_B	基极交、直流电流总量	U_{ce}	集电极－发射极交流电压有效值
i_b	基极交流电流瞬时量		
I_b	基极交流电流有效值	$\dot{U}_{ce}$	集电极－发射极交流电压相量（复数值）
$\dot{I}_b$	基极交流电流相量（复数值）		
Δi_B	基极电流瞬时值的变化量	U_{CES}	集电极－发射极饱和压降
I_{CN}	集电极电子扩散电流	$U_{(BR)CBO}$	发射极开路时集电结反向击穿电压
I_{CBO}	集电极－基极反向饱和电流		
I_C（I_{CQ}）	集电极直流电流（静态电流）	$U_{(BR)CEO}$	基极开路时集电极－发射极击穿电压
i_C	集电极交、直流电流总量		
i_c	集电极交流电流瞬时量	$U_{(BR)EBO}$	集电极开路时发射结反向击穿电压
I_c	集电极交流电流有效值		
$\dot{I}_c$	集电极交流电流相量（复数值）	$U_{(BR)CER}$	基极接电阻时集电极－发射极击穿电压
Δi_C	集电极电流瞬时值的变化量		
I_{CM}	最大集电极电流	$U_{(BR)CES}$	基极接发射极时集电极－发射极击穿电压
I_{CS}	集电极饱和电流		
I_{EN}	发射极电子扩散电流	U_{TH}	PN 结开启电压
I_{EP}	发射极空穴扩散电流	V_{BQ}	基极静态电位
I_E（I_{EQ}）	发射极直流电流（静态电流）	V_{EQ}	发射极静态电位
i_E	发射极交、直流电流总量	$r_{bb'}$	基区体电阻
i_e	发射极交流电流瞬时量	$r_{be'}$	发射结正偏电阻

$r_{b'c}$	集电结电阻
r_{be}	基极－发射极动态电阻（共发射极交流输入电阻）
r_{ce}	集电极－发射极动态电阻（共发射极交流输出电阻）
$\bar{\beta}$	共发射极直流电流放大倍数
β	共发射极交流电流放大倍数
α	共基极电流放大倍数
β_o	中频晶体管电流放大倍数
P_C	集电结耗散功率
P_{CM}	晶体管最大耗散功率

（4）场效应晶体管

g、d、s、b	栅极、漏极、源极、衬底
I_G	栅极直流电流
i_G	栅极交、直流电流总量
I_D	漏极直流电流
i_D	漏极交、直流电流总量
i_d	漏极交流电流
I_{DSS}	漏极饱和电流
I_{DM}	最大漏极电流
U_{GS}（U_{GSQ}）	栅源极直流电压（静态电压）
u_{GS}	栅源极交、直流电压总量
u_{gs}	栅源极交流电压
U_{DS}（U_{DSQ}）	漏源极直流电压（静态电压）
u_{DS}	漏源极交、直流电压总量
u_{ds}	漏源极交流电压
u_{GD}	栅漏极交、直流电压总量
U_{PN}	N 沟道夹断电压
U_{TN}	N 沟道开启电压
U_{TP}	P 沟道开启电压
$U_{GS(off)}$	栅源夹断电压
$U_{GS(th)}$	栅源开启电压
$U_{(BR)DS}$	漏源击穿电压
$U_{(BR)GS}$	栅源反向击穿电压
V_G	栅极电位
V_S	源极电位
g_m	互导或跨导
K_n	N 沟道电导参数
K_p	P 沟道电导参数
L	导电沟道长度
W	导电沟道宽度
R_{GS}	栅源直流电阻
r_{ds}	漏源输出电阻

P_D	场效应晶体管耗散功率
P_{DM}	场效应晶体管最大耗散功率
λ	沟道长度调制参数
μ_n	反型层中电子迁移率
μ_p	反型层中空穴迁移率
C_{ox}	栅极氧化层单位面积电容

（5）集成运算放大器

i_+	集成运算放大器同相输入端电流
i_-	集成运算放大器反相输入端电流
u_+、u_p	集成运算放大器同相输入端电压
u_-、u_n	集成运算放大器反相输入端电压
U_{T+}	上门限电压
U_{T-}	下门限电压
K_{CMR}	共模抑制比
R_{id}	差模输入电阻

3. 其他符号

BW	带宽
F	反馈系数
$\dot{F}$	反馈系数（复数值）
F_g	互导反馈系数
F_i	电流反馈系数
F_r	互阻反馈系数
F_u	电压反馈系数
Q	品质因数
U_T	门限电压
T	周期
x	反馈电路中的信号
x_i、x_I	输入信号
x_{id}、x_{ID}	净输入信号
x_f、x_F	反馈信号
x_o、x_O	输出信号
x_s	信号源
η	效率
φ	相位
K_γ	纹波系数
R_R	纹波抑制比
S	输出电压脉动系数
S_R	转换速率
S_U	电压调整率
S_T	温度系数
θ	整流器件的导电角
γ	稳压系数
τ	时间常数

目　　录

第1章 半导体二极管及其基本应用电路

本章介绍半导体的基本知识和 PN 结，重点介绍二极管的结构、工作原理、特性曲线和主要参数，以及二极管基本电路及其分析方法与应用。在此基础上对齐纳二极管、变容二极管和光电二极管等特殊二极管的特性与应用也做了介绍。

1.1 半导体的基础知识

物质按导电能力的不同，可分为导体、半导体和绝缘体 3 种。半导体的导电能力介于导体和绝缘体之间。常用的半导体材料有：硅、锗、砷化镓；新型的半导体材料有：碳化硅、氮化镓等。

半导体除了在导电能力方面与导体和绝缘体不同外，还具有不同于其他物质的特点。

1）温敏性。半导体的导电能力随着温度的升高而明显增加，利用这种热敏特性可以制成各种热敏电阻。

2）光敏性。半导体的导电能力有光照射时而明显增加，利用这种光敏特性可以制成各种光敏电阻。

3）杂敏性。在纯净的半导体中掺入微量的某种杂质后，导电能力就会显著增加，利用这种特性可制成各种不同的半导体电子元器件，如半导体二极管、晶体管等。

1.1.1 本征半导体

纯净的、具有晶体结构的半导体称为本征半导体。

常用的半导体材料硅和锗都是四价元素，具有晶体结构，硅的立体结构图与平面示意图分别如图 1.1.1 和图 1.1.2 所示。

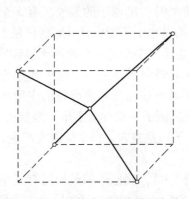

图 1.1.1 晶体中原子的排列方式

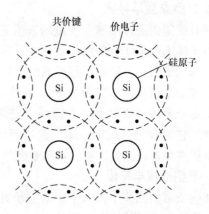

图 1.1.2 本征半导体结构示意图

图中，每一个硅原子与相邻的四个硅原子结合，构成共价键的结构，在共价键结构中，价电子不像在绝缘体中的价电子被束缚得那样紧，虽然硅原子最外层具有 8 个电子而处于较为稳定的状态，但在获得一定能量后，如温度增高或受光照时，价电子即可挣脱原子核的束缚成为自由电子，在它原来所在的共价键中就留下一个空位称为空穴，这个过程称为本征激发。自由电子和空穴都称为载流子。在一般情况下，原子是中性的。当电子挣脱共价键的束缚成为自由电子后，原子的中性便被破坏，而显出带正电。本征半导体中的自由电子和空穴总是成对出现，同时又不断复合。在一定温度下，载流子的产生和复合达到动态平衡，在室温下，3.45×10^{12} 个原子中只有 1 个价电子打破共价键的束缚而成为自由电子，温度愈高，载流子数愈多，导电性能也就愈好。所以，温度对半导体器件性能的影响很大。

在外电场的作用下，自由电子和空穴均参与导电。自由电子逆着电场方向做定向运动而形成电流，同时，由于共价键中出现了空位，在外加电场的作用下，相邻原子中的价电子可以填补到这个空穴上，在失去了一个价电子的相邻原子的共价键中就会出现另一个空穴，它也可以由相邻原子中的价电子来填补，而在该原子中又出现一个空穴，如图 1.1.3 所示，如此继续下去，就好像空穴在运动。而空穴运动的方向与自由电子运动的方向相反，所以，当半导体两端加上外电压时，半导体中将出现两部分电流：一部分是自由电子做定向运动所形成的电子电流，另一部分是仍被原子核束缚的价电子递补空穴所形成的空穴电流。在半导体中，可以理解为存在着两种载流子，分别为带负电的自由电子和带正电的空穴，这是半导体导电方式的最大特点，也是半导体和金属导体在导电原理上的本质差别。

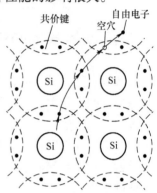

图 1.1.3 空穴和自由电子的移动

1.1.2 N 型杂质半导体和 P 型杂质半导体

半导体的导电能力的大小由载流子数目的多少来决定，本征半导体虽然有自由电子和空穴两种载流子，但由于数量极少，导电能力仍然很低。如果在其中掺入微量的某种元素后，半导体的导电能力有很大提高。

1. N 型杂质半导体

在硅或锗的晶体中掺入少量的五价元素杂质，如磷（P），磷原子的最外层有 5 个价电子，由于掺入硅晶体的磷原子数很少，因此整个晶体结构基本上不变，只是某些位置上的硅原子被磷原子取代。磷原子组成共价键结构只需 4 个价电子，多余的一个价电子很容易挣脱磷原子核的束缚而成为自由电子，如图 1.1.4 所示，这时磷原子失去一个电子而成为正离子，于是半导体中的自由电子数目大量增加，自由电子导电成为这种半导体的主要导电方式，故称它为 N 型杂质半导体。在 N 型半导体中，多数载流子（简称为多子）是自由电子，由杂质提供和本征激发产生，而少数载流子（简称为少子）是空穴，由本征激发产生。

2. P 型杂质半导体

在硅或锗的晶体中掺入少量的三价元素杂质，如硼（B），硼原子的最外层有三个价电子，在构成共价键结构时，因缺少一个电子而产生一个空穴。当相邻原子中的价电子受到热激发时，就有可能填补这个空穴，而在该相邻原子中便出现另一个空穴，如图 1.1.5 所示，硼原子得到一个电子而成为负离子，每一个硼原子都能提供一个空穴，于是在半导体中就形成了大量空穴。这种以空穴导电作为主要导电方式的半导体称为 P 型半导体。在 P 型半导体中，多数载流子是空穴，由杂质提供和本征激发产生，而少数载流子是自由电子，由本征激发产生。

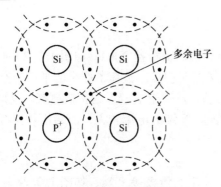

图 1.1.4 N 型杂质半导体

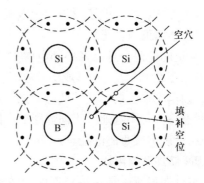

图 1.1.5 P 型杂质半导体

应注意，不论是 N 型半导体还是 P 型半导体，虽然都有一种载流子占多数，但是整个晶体仍然是电中性的。

1.2 PN 结的形成及特性

P 型或 N 型杂质半导体与本征半导体相比，只是导电能力增强了，还不能直接制成半导体器件，仅能用来制造电阻元件，半导体集成电路中的电阻就是这样做成的。而 PN 结才是制造各种半导体器件的基础。

1.2.1 PN 结的形成

如图 1.2.1 所示，采用不同的掺杂工艺，将 P 型半导体与 N 型半导体制作在同一块硅片上，由于 P 型区内空穴的浓度大，N 型区内自由电子的浓度大，在它们的交界处存在浓度差别，自由电子和空穴都要从浓度高的区域向浓度低的区域扩散，这种因浓度上的差异而形成载流子的运动称为扩散运动。多数载流子扩散到对方区域后被复合，这样在交界面的两侧分别留下了不能移动的正负离子，呈现出一个空间电荷区（或称为内电场），在空间电荷区载流子因扩散和复合而消耗殆尽，所以又称为耗尽层。内电场的建立对多数载流子的扩散运动起着阻碍作用，同时，少数载流子在内电场作用下，必然会越过交界面向对方区域运动，这种少数载流子在内电场作用下的运动称为漂移运动。在无外加电压的情况下，最终扩散运动和漂移运动达到了动态平衡，则在 P 区和 N 区交界面附近，形成了一个很薄的空间电荷区，这就是 PN 结。

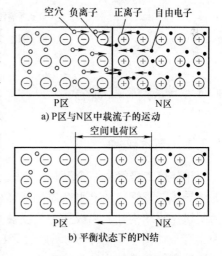

图 1.2.1 PN 结的形成

1.2.2　PN 结的单向导电性

在 PN 结两端加上不同极性的电压，PN 结便会呈现出不同的导电性能。加电压的方式常称为偏置方式，所加电压称为偏置电压。

1. PN 结加正向电压

PN 结正向偏置，是指将外部电源的正极接 P 端，负极接 N 端，如图 1.2.2a 所示。这时，外加电压在 PN 结上所形成的外电场与内电场方向相反，破坏了原来的平衡，空间电荷区变窄，内电场被削弱，使扩散运动强于漂移运动，从而形成较大的扩散电流。这时 PN 结所处的状态称为正向导通。正向导通时，因为通过 PN 结的电流较大，而结压降只有零点几伏，PN 结呈现出较小的电阻。

2. PN 结加反向电压

PN 结反向偏置，是指将外部电源的正极接 N 端，负极接 P 端，如图 1.2.2b 所示。这时，外电场与内电场方向相同，同样也破坏了原来的平衡，使得 PN 结变宽，扩散运动难以进行，漂移运动被加强，从而形成反向的漂移电流。由于少数载流子的数目极少，故反向电流很微弱，PN 结这时所处的状态称为反向截止。反向截止时，通过 PN 结的电流小，一般为微安级，故在近似分析中常将它忽略不计，PN 结呈现出较大的电阻。

PN 结的单向导电性就是 PN 结加正向电压导通，加反向电压截止。

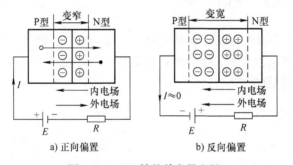

a) 正向偏置　　　　　　　　　　b) 反向偏置

图 1.2.2　PN 结的单向导电性

1.3　半导体二极管

1.3.1　基本结构

半导体二极管由一个 PN 结构成。把一个 PN 结两端加上相应的电极引线和管壳，就成为半导体二极管。从 P 型杂质半导体引出的电极称为阳极，从 N 杂质半导体引出的电极称为阴极。按结构分，二极管有点接触型、面接触型和平面型 3 类。点接触型二极管（一般为锗管）如图 1.3.1a 所示，它的 PN 结的结面积很小，结电容小，只能通过较小的电流，适用于高频电路和小功率的工作，也可用做数字电路中的开关器件。面接触型二极管（一般为硅管）如图 1.3.1b 所示，它的 PN 结的结面积大，结电容大，可以通过较大电流，适用于低频电路和整流电路。平面型二极管如图 1.3.1c 所示，适用于大功率整流管和数字电路中的开关管。图 1.3.1d 是二极管的电路符号。常见二极管外形图如图 1.3.2 所示。

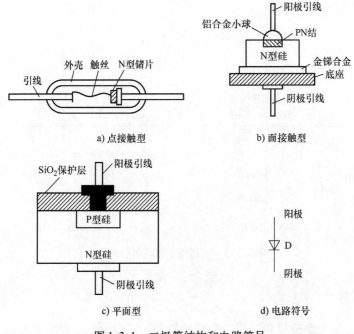

a) 点接触型　　　　　　　　b) 面接触型

c) 平面型　　　　　　　　d) 电路符号

图 1.3.1　二极管结构和电路符号

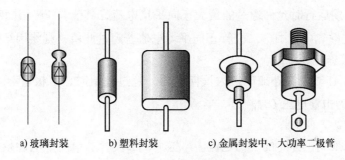

a) 玻璃封装　　　b) 塑料封装　　　c) 金属封装中、大功率二极管

图 1.3.2　常见二极管外形图

1.3.2　伏安特性

流过二极管的电流 i 与二极管两端所加电压 u 之间的关系曲线称为二极管的伏安特性曲线。2CZ52A 硅二极管和 2AP2 锗二极管的伏安特性曲线如图 1.3.3 所示。由图可见，当加正向电压很低时，正向电流很小，几乎为零。当正向电压超过一定数值后，电流增长很快。这个一定数值的正向电压称为死区电压，用 U_{th} 表示，一般硅管的死区电压约为 0.5V，锗管约为 0.1V。导通时的正向管压降，硅约为 0.6～0.8V，锗管约为 0.2～0.3V。

二极管加反向电压时，反向电流很小，而且在一定范围内不随反向电压而变化，故通常称它为反向饱和电流，但这个电流受温度影响很大，随温度的上升而增长。当外加反向电压超过一定数值时，反向电流突然增大，二极管失去单向导电性，这种现象称为反向击穿。产生击穿时加在二极管上的反向电压称为反向击穿电压 $U_{(BR)}$，二极管被击穿后，一般不能恢复原来的性能。

5

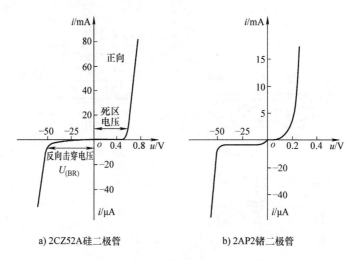

a) 2CZ52A硅二极管　　　　b) 2AP2锗二极管

图 1.3.3　二极管的伏安特性曲线

1.3.3　主要参数

二极管的参数是正确选择和使用二极管的依据，二极管的主要参数有以下几个。

1. 最大整流电流 I_F

I_F 是二极管长期运行时允许通过的最大正向平均电流，其值与 PN 结面积及外部散热条件等有关。在规定散热条件中，二极管正向平均电流若超过此值，则将因结温过高而烧坏。

2. 最高反向工作电压 U_R

U_R 是二极管工作时允许外加的最大反向电压，超过此值时，二极管有可能因反向击穿而损坏，通常 U_R 为击穿电压 $U_{(BR)}$ 的一半。

3. 反向电流 I_R

I_R 是二极管未反向击穿时的反向电流。I_R 越小，二极管的单向导电性越好，I_R 对温度非常敏感。

4. 极间电容 C_d

PN 结的电容效应直接影响到半导体的高频和开关性能，PN 结的电容效应是扩散电容 C_D 和势垒电容 C_B 两种电容效应的综合反映，扩散电容主要是指 PN 结在正向偏置时，在 PN 结的附近产生的载流子的电荷增量与正向电压增量的比值，随正向电压的增大而增大；势垒电容主要是指 PN 结在反向偏置时，在 PN 结的附近产生的正负离子的电荷增量与作用于 PN 结上的反向电压增量的比值，随反向电压的增大而增大；PN 结的结电容除了与外加电压有关外，还与本身的结构和工艺有关，$C_d = C_D + C_B$。

5. 反向恢复时间 T_{RR}

由于二极管中 PN 结电容效应的存在，当二极管外加电压极性翻转时，其工作状态不能在瞬间完全随之变化，二极管由正向导通到反向截止时电流的变化如图 1.3.4 所示，图中 T_{RR} 为反向恢复时间。

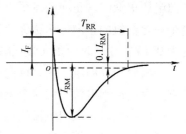

图 1.3.4　反向恢复时间 T_{RR}

二极管的参数是正确使用二极管的依据，一般半导体器件手册中都给出不同型号管子的参数。在使用时，应特别注意不要超过最大整流电流和最高反向工作电压，否则管子容易损坏。

1.4　二极管基本电路及其分析方法

1.4.1　二极管电路中二极管的简化模型

以硅二极管为例分析：

1. 理想模型

在实际电路中，当电源电压远大于二极管的管压降时，可以用此模型来进行分析。

只要二极管处于正向偏置，二极管就导通，其管压降为 0V，当二极管反向偏置时，二极管就截止，电流为零，如图 1.4.1a 所示。

2. 恒压降模型

当二极管的电流近似等于或大于 1mA 时，该模型提供了合理的近似。

当二极管的正向偏置大于 0.7V 时，二极管就导通，其管压降为 0.7V，当二极管反向偏置时，二极管就截止，电流为零，如图 1.4.1b 所示。

3. 折线模型

为了较真实地描述二极管的伏安特性，可采用此模型。当二极管的正向偏置电压大于 0.5V 时，二极管导通，在模型中用一个理想电压源 0.5V 和一个电阻来做进一步的近似，如图 1.4.1c 模型中理想电压源的大小选定为二极管的死区电压，至于电阻的值，即当二极管的导通电流为 1mA 时，管压降为 0.7V，则电阻的确定方法如下：

$$r_{\mathrm{d}} = \frac{0.7\mathrm{V} - 0.5\mathrm{V}}{0.001\mathrm{A}} = 200\Omega$$

由于二极管特性的分散性，U_{th} 和 r_{d} 的值不是固定不变的。

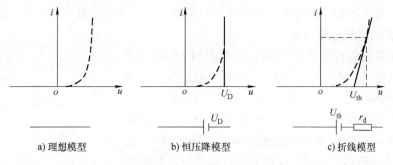

a) 理想模型　　　　　　　b) 恒压降模型　　　　　　　c) 折线模型

图 1.4.1　由二极管伏安特性得到的 3 种二极管正向等效电路模型

4. 小信号模型

在二极管电路中同时输入直流信号和交流信号，如图 1.4.2a 所示。

当 $u_{\mathrm{s}} = 0$ 时，电路中只有直流量，此时，电路处于直流工作状态，也称静态，图中 Q 点也称为静态工作点。当 $u_{\mathrm{s}} = U_{\mathrm{m}}\sin\omega t$ 时（$U_{\mathrm{m}} \ll V_{\mathrm{DD}}$），电路的负载线为

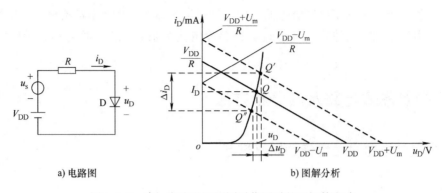

a) 电路图   b) 图解分析

图 1.4.2   直、交流电压源同时作用时的二极管电路

$$i_D = -\frac{1}{R}u_D + \frac{1}{R}(V_{DD} + u_s)$$

根据 u_s 的正负峰值 $+U_m$ 和 $-U_m$ 可知，工作点将在 Q' 和 Q'' 之间移动，则二极管电压和电流变化为 Δu_D 和 Δi_D。在交流小信号的作用下，工作点沿 $U-I$ 特性曲线，在静态工作点 Q 附近小范围内变化，此时可把二极管 $U-I$ 特性近似为以 Q 点为切点的一条直线，其斜率的倒数就是小信号模型的微变电阻 r_d，由此得到小信号模型如图 1.4.3 所示。

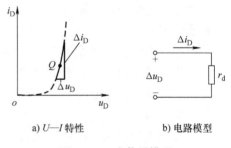

a) $U-I$ 特性   b) 电路模型

图 1.4.3   小信号模型

微变等效电阻 r_d 可由式 $r_d = \Delta u_D / \Delta i_D$ 求得，也可以从二极管的 $U-I$ 特性表达式导出

$$r_d = \frac{1}{g_d} = \frac{U_T}{I_D} = \frac{26(\text{mV})}{I_D(\text{mA})}(常温下, \ T = 300\text{K})$$

例如，当 Q 点上的 $I_D = 2\text{mA}$ 时，$r_d = 26\text{mV}/2\text{mA} = 13\Omega$。

值得注意的是，小信号模型中的微变等效电阻 r_d 与静态工作点 Q 有关，静态工作点位置不同，r_d 的值也不同。该模型主要用于二极管处于正向偏置，且 $V_{DD} \gg U_m$ 条件下。

5. 二极管的高频电路模型

二极管在高频或开关状态运用时，考虑到 PN 结电容的影响，可以得图 1.4.4a 所示的 PN 结高频电路模型，其中 r_s 表示半导体电阻，r_d 表示结电阻，C_D 和 C_B 分别表示扩散电容和势垒电容。相比之下，r_s 通常很小，一般忽略不计，所以图 1.4.4b 的电路模型更为常用。结电容 C_d 包括 C_D 和 C_B 的总效果。当 PN 结处于正向偏置时，r_d 为正向电阻，其值较小，C_d 主要取决于扩散电容 C_D，PN 结反向偏置时，r_d 为反向电阻，其值很大，C_d 主要取决于势垒电容 C_B。

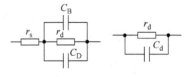

a) 完整模型   b) 常用模型

图 1.4.4   二极管的高频电路模型

1.4.2 模型分析法应用举例

1. 单个二极管的电路分析

对于单个二极管的电路，先求出二极管的开路电压，判断二极管的偏置方式，如果正

偏，则导通，再用相应的正向导通的电路模型来进行等效。如果反偏，则截止。

例 1.4.1　设硅二极管的基本电路如图 1.4.5a 所示，$R = 3\text{k}\Omega$，求当二极管分别为理想模型、恒压降模型和折线模型时 U_{AB} 的值。设折线模型 $r_d = 0.2\text{k}\Omega$。

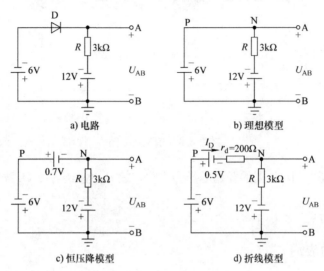

a) 电路　　　　　b) 理想模型

c) 恒压降模型　　　　　d) 折线模型

图 1.4.5　**例 1.4.1** 图

解：先判断二极管的工作状态是导通还是截止，如果导通，用不同的正向导通模型来等效，如果截止，则二极管断开，没有电流流过。

二极管工作状态判断：先断开二极管，求出二极管阳极和阴极的电位，阳极电位为 −6V，阴极电位为 −12V，阳极电位高于阴极电位，故二极管的工作状态为正向导通状态。

1）如果二极管为理想模型，二极管等效为一根导线，等效电路如图 1.4.5b 所示，得 $U_{AB} = -6\text{V}$

2）如果二极管为恒压降模型，二极管等效为一个 0.7V 的理想电压源，等效电路如图 1.4.5c 所示，得

$$U_{AB} = -0.7\text{V} - 6\text{V} = -6.7\text{V}$$

3）如果二极管为折线模型，二极管等效为一个 0.5V 和 0.2kΩ 的实际电压源，等效电路如图 1.4.5d 所示，得

$$I_D = \frac{12\text{V} - 6\text{V} - 0.5\text{V}}{3\text{k}\Omega + 0.2\text{k}\Omega} \approx 1.72\text{mA}$$

$$U_{AB} = 1.72\text{mA} \times 3\text{k}\Omega - 12\text{V} \approx -6.84\text{V}$$

2. 多个二极管并联的电路

对于多个二极管并联的电路的分析方法：同时求出各个二极管两端的开路电压，正向电压最高的那个二极管将优先导通，其他的二极管截止。

例 1.4.2　设硅二极管的基本电路如图 1.4.6a 所示，$R = 3\text{k}\Omega$，二极管导通时的管压降为 0.7V，求当二极管为恒压降模型时 U_{AB} 的值。

解：取 B 点作参考点，将两个二极管同时断开，分析两个二极管阳极和阴极的电位。D_1 的阳极电位为 −6V，D_2 的阳极电位为 0V，而两个二极管的阴极电位均为 −12V，则 D_1

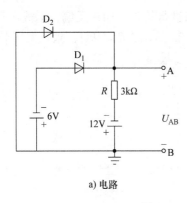
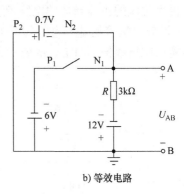

a) 电路　　　　　　　　　　　　b) 等效电路

图 1.4.6　例 1.4.2 图

两端的开路电压为 6V，D_2 两端的开路电压为 12V，故 D_2 优先导通，D_1 截止。等效电路如图 1.4.6b 所示。

若管压降为 0.7V，则 $U_{AB} = -0.7V$。

1.4.3　二极管的应用

二极管的应用范围很广，主要都是利用它的单向导电性，在数字电路中作为开关器件。它还可广泛用于整流、限幅等。

1. 开关电路

在开关电路中，利用二极管的单向导电性来接通或断开电路，这在数字电路中得到广泛的应用。二极管开关电路如图 1.4.7 所示，设二极管为理想二极管。当 $u_{I1} = 0$、$u_{I2} = 5V$ 时，将两个二极管同时开路，D_1 两端的开路电压为 10V，D_2 两端开路电压为 5V，D_1 两端的开路电压大于 D_2 两端开路电压，则 D_1 优先导通后，$u_o = 0V$，此时 D_2 的阴极电位为 5V，阳极为 0V，处于反向偏置，故 D_2 截止。其余三种组合列于表 1.4.1 中。

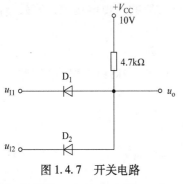

图 1.4.7　开关电路

表 1.4.1　开关电路的工作状态表

u_{I1}	u_{I2}	二极管工作状态		u_o
		D_1	D_2	
0V	0V	导通	导通	0V
0V	5V	导通	截止	0V
5V	0V	截止	导通	0V
5V	5V	导通	导通	5V

由上表可见，在输入电压 u_{I1} 和 u_{I2} 中，只要有一个为 0V，则输出为 0V；只有当两输入电压都为 5V 时，输出才为 5V，这种关系在数字电路中称为与逻辑。

2. 单相整流电路

利用二极管的单向导电性可以将交流电压变为单方向的脉动电压，称为整流。整流电路分为半波整流、全波整流和桥式整流。本章只介绍整流电路的工作原理，具体的参数计算将在第 10 章进行详细介绍。

（1）半波整流　二极管基本电路如图 1.4.8a 所示，已知 u_s 为正弦波，如图 1.4.8b 所示，图中二极管为理想模型。由于 u_s 的值有正有负，当 u_s 为正半周时，二极管正向偏置，根据理想模型特性，此时二极管导通，且 $u_o = u_s$；当 u_s 为负半周时，二极管反向偏置，此时二极管截止，$u_o = 0$，所以波形如图 1.4.8b 中的 u_o 所示，由于该电路的输出只有半个正弦波，故称为半波整流电路。

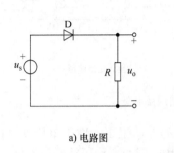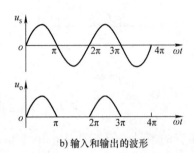

a）电路图　　　　　　　　b）输入和输出的波形

图 1.4.8　单相半波整流电路

（2）桥式整流　单相桥式整流电路如图 1.4.9 所示。当 u_2 为正半周时（a 正 b 负），二极管 D_1、D_3 导通，D_2、D_4 截止，电流如实线箭头所示。当 u_2 为负半周时（a 负 b 正），二极管 D_2、D_4 导通，D_1、D_3 截止，电流如虚线箭头所示。

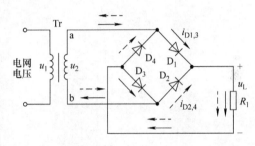

图 1.4.9　桥式整流电路

通过负载 R_L 的电流 i_L 以及电压 u_L 的波形如图 1.4.10 所示，显然，它们都是单方向的全波脉动波形。

3. 限幅电路

限幅的作用是限制输出电压的幅度，分为单向限幅和双向限幅，单向限幅又分为正向限幅和负向限幅。二极管限幅电路如图 1.4.11a 所示。设 u_i 为正弦波，且 $U_m > U_S$。当 $u_i < U_S$ 时，二极管 D 截止，此时电阻 R 中无电流，故 $u_o = u_i$；当 $u_i > U_S$ 时，二极管 D 导通，此时如果忽略二极管压降，则 $u_o = U_S$。输出波形如图 1.4.11b 所示，正向限幅在 U_s。

4. 低电压稳压电路

稳压电源是电子电路中常见的组成部分，利用二极管的正向压降特性，可以获得较好的低电压的稳压性能。

设低电压稳压电路如图 1.4.12a 所示。合理选取电路参数，对于硅二极管，可以获得输出电压 u_o 近似等于 0.7V，若采用几只二极管串联，则可获得 1V 以上的输出电压。即使 u_i 产生波动，电路中的电流和二极

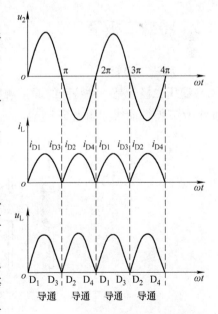

图 1.4.10　单向桥式整流电路波形图

11

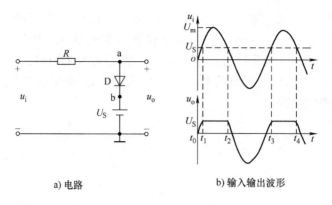

a) 电路

b) 输入输出波形

图 1.4.11 正向限幅电路

管电压亦产生相应的增量，但波动 Δu_i 引起 u_D 的波动很小，输出电压 u_o 可以保持基本稳定，二极管的 $U—I$ 特性曲线越陡，微变等效电阻 r_d 越小，稳压特性也越好。

二极管的低电压稳压电路将在第 8 章互补对称功率放大电路的偏置电路中得到应用。

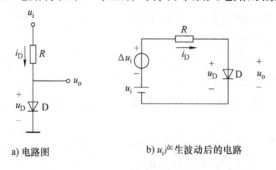

a) 电路图

b) u_i 产生波动后的电路

图 1.4.12 低电压稳压电路

1.5 特殊二极管

1. 稳压二极管

稳压二极管是一种特殊的面接触型半导体硅二极管，也叫齐纳二极管。其电路符号、外形和伏安特性曲线如图 1.5.1 所示。

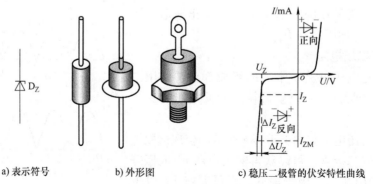

a) 表示符号

b) 外形图

c) 稳压二极管的伏安特性曲线

图 1.5.1 稳压二极管的表示符号和外形图

如图 1.5.1 所示，稳压二极管的伏安特性曲线与普通二极管的相似，其差别是稳压二极管的反向特性曲线比较陡。稳压二极管与普通二极管不同，它一般工作于反向击穿区。从伏安特性曲线上可以看出，反向电压在一定范围内变化时，反向电流很小几乎不变，当反向电压增大到击穿电压时，反向电流突然剧增，稳压二极管反向击穿，此后，电流虽然在很大范围内变化，但稳压二极管两端的电压变化很小，利用这一特性，稳压二极管在电路中能起稳压作用。稳压二极管与普通二极管不一样，只要反向电流控制在一定的范围之内，它就工作在电击穿状态，它的反向击穿是可逆的，当去掉反向电压之后，稳压二极管又恢复正常。但是，如果反向电流超过允许范围，稳压二极管将会发生热击穿而永久损坏。

稳压二极管的主要参数有以下几个：

（1）稳定电压 U_Z　稳定电压就是稳压二极管在正常工作下（反向击穿）管子两端的电压。由于工艺方面和其他原因，即使是同一型号的稳压二极管，其实际稳定电压值并不完全相同，具有一定的分散性。所以手册中给出的是管子的稳定电压范围。

（2）稳定电流 I_Z 和最大稳定电流 I_{ZM}　稳定电流 I_Z 是指工作电压等于稳定电压时的反向电流，最大稳定电流是指稳压管允许通过的最大反向电流 I_{ZM}。使用稳压管时，要限制其工作电流不能超过 I_{ZM}，否则可能使稳压管发生热击穿而损坏。

（3）电压温度系数 α_U　该系数说明稳压管的稳定电压受温度变化影响。

一般来说，低于 6V 的稳压二极管，它的电压温度系数是负的；高于 6V 的稳压二极管，电压温度系数是正的；而在 6V 左右的管子，稳压值受温度的影响就比较小。因此，选用稳定电压为 6V 左右的稳压二极管，可得到较好的温度稳定性。

（4）动态电阻 r_Z　动态电阻是指稳压二极管端电压的变化量与相应的电流变化量的比值，即

$$r_Z = \frac{\Delta U_Z}{\Delta I_Z}$$

稳压二极管的反向伏安特性曲线愈陡，则动态电阻愈小，稳压性能愈好。

（5）最大允许耗散功率 P_{ZM}　管子不发生热击穿的最大功率损耗 $P_{ZM} = U_Z I_{ZM}$。

2. 发光二极管

发光二极管工作于正向偏置状态，正向电流通过发光二极管时，就能发出清晰的光。光的颜色视做成发光二极管的材料而定，有红、黄、绿等颜色。发光二极管的工作电压为 1.5 ~ 3V，工作电流为几毫安到十几毫安，寿命很长，一般做显示用。图 1.5.2 是它的外形和电路符号。

3. 光电二极管

光电二极管工作于反向偏置状态，无光照时，和普通二极管一样，其反向电流很小，当有光照时，电流会急剧增加。光照度愈强，电流也愈大，如图 1.5.3c 所示。

图 1.5.3 是它的外形、电路符号和特性曲线。

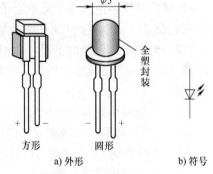

图 1.5.2　发光二极管的符号

4. 变容二极管

变容二极管是利用了二极管的结电容随反向电压的增加而减小的特性，符号和特性曲线

如图 1.5.4 所示。不同型号的管子，电容的最大值不同，一般在 5～300pF 之间，变容二极管的应用很广泛，特别是在高频技术中，例如在彩色电视机中的电子调谐器，通过控制直流电压来改变二极管的结电容，从而改变谐振频率，实现频道选择。

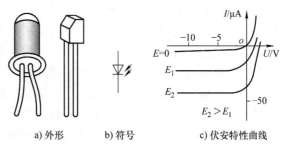

a) 外形　　b) 符号　　c) 伏安特性曲线

图 1.5.3　光电二极管

5. 肖特基二极管

肖特基二极管的符号和特性曲线如图 1.5.5 所示。肖特基二极管的电容效应很小，工作速度很快，适合于高频或开关状态应用。同时由于正向导通门槛电压和正向管压降都较低，所以反向击穿电压较低，且反向漏电流也较大。

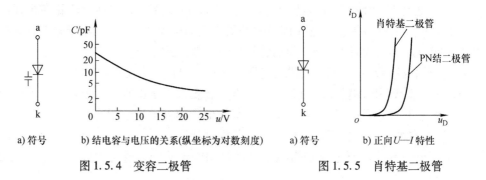

a) 符号　　b) 结电容与电压的关系(纵坐标为对数刻度)　　a) 符号　　b) 正向 $U—I$ 特性

图 1.5.4　变容二极管　　　　　　　　图 1.5.5　肖特基二极管

习　　题

1.1　判断下列说法的正误，在相应的括号内画√表示正确，画×表示错误。

PN 结内的漂移电流是少数载流子在内电场作用下形成的（　　）。由于 PN 结交界面两边存在电位差，所以当把 PN 结两端短路时就有电流流过（　　）。

1.2　判断下列说法的正误，在相应的括号内画√表示正确，画×表示错误。

稳压管是一种特殊的二极管，它通常工作在反向击穿状态（　　），它不允许工作在正向导通状态（　　）。

1.3　从括号中选择正确的答案，用 a、b、c 填空。

在杂质半导体中，多数载流子的浓度主要取决于_____，而少数载流子的浓度与_____关系十分密切。a）温度 b）掺杂工艺 c）杂质浓度

1.4　从括号中选择正确的答案，用 a、b、c 填空。

随着温度的升高，在杂质半导体中，少数载流子的浓度_____，而多数载流子的浓度_____。a）明显增大 b）明显减小 c）变化较小

1.5　从括号中选择正确的答案，用 a、b、c 填空。

在保持二极管反向电压不变的条件下，二极管的反向电流随温度升高而_____。

a）增大 b）减小 c）不变

1.6　判断图题1.6各电路中二极管的工作状态，并求出电路的输出电压值，设二极管正向导通压降为0.7V。

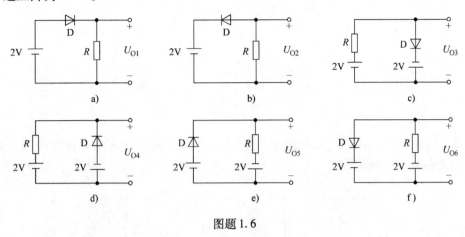

图题1.6

1.7　设图题1.7中D为普通硅二极管，正向压降为0.7V，试判断D是否导通，并计算 U_o 的值。

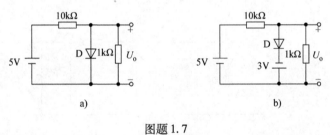

图题1.7

1.8　二极管电路如图题1.8所示，试判断图中的二极管是导通还是截止，并求出 AO 两端电压 U_{AO}。设二极管是理想的。

1.9　试判断图题1.9中二极管是导通还是截止，为什么？

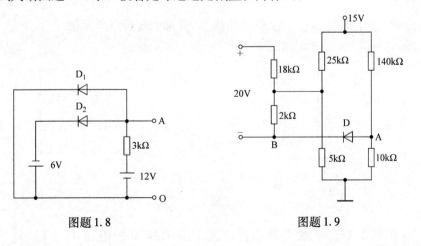

图题1.8　　　　　　　　图题1.9

1.10　二极管电路如图题1.10a所示，设输入电压的波形如图1.10b所示，在 $0 < t <$

5ms 的时间间隔内，试绘出输出电压的波形，设二极管是理想的。

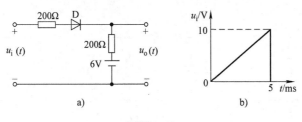

图题 1.10

1.11　设稳压管 D_{Z1} 和 D_{Z2} 的稳定电压分别为 5V 和 10V，正向压降均为 0.7V，求图题 1.11 中各电路的输出电压 U_o。

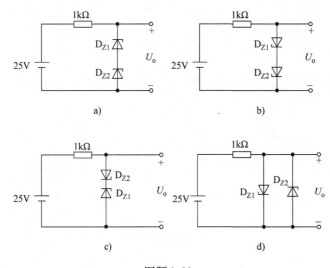

图题 1.11

1.12　在图题 1.12 所示电路中，$u_i = 5\sin\omega t$，二极管为理想二极管（即正向压降可忽略不计），分别画出：

1）电路的电压传输特性 $[u_o = f(u_i)$ 曲线]，并标明转折点坐标值。

2）电压 u_o 的波形，并标出幅值。

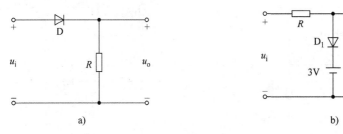

图题 1.12

1.13　在图题 1.13，试求下列几种情况下输出端 Y 的电位 V_Y：1）$V_A = V_B = 0V$；2）$V_A = +3V$，$V_B = 0V$；3）$V_A = V_B = +3V$。二极管正向压降可忽略不计。

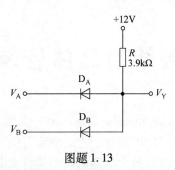

图题 1.13

1.14　电路如图题 1.14 所示，所有稳压管均为硅管，稳压管的稳定电压均为 8V，设输入信号 $u_i = 15\sin\omega t$，试画出输出信号 u_o 的波形。

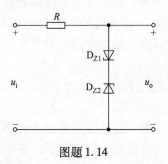

图题 1.14

1.15　如图题 1.15 所示稳压管稳压电路中，已知输入电压 U_I 为 10V，稳压管的稳定电压 U_Z 为 6V，稳定电流 I_Z 为 5～25mA，负载电阻 R_L 为 600Ω，求解限流电阻 R 的取值范围。

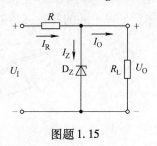

图题 1.15

第2章 双极结型晶体管及其放大电路

双极结型晶体管（BJT，Bipolar Junction Transistor）是放大电路最重要的组成部件之一。人们生活中所能够感知到的信号，比如声音、光、温度等信号，都是经过传感器转换出来的微弱的电信号，需要进行放大处理。放大电路的功能是将微弱的电信号尽可能不失真地放大到需要的数值。为了增强微弱的电信号，几乎每个电子系统中都要用到放大电路。

本章将首先介绍 BJT 的结构、工作原理、电压电流（U—I）特性曲线和主要参数；接着以最简单的共发射极放大电路为例，介绍放大电路的直流偏置分析方法、图解分析和小信号模型分析法；然后重点讨论实用的共发射极、共集电极和共基极三种基本放大电路，分析、计算这些电路的增益、输入电阻、输出电阻，总结它们的性能特点。

2.1 双极结型晶体管（BJT）

双极结型晶体管（BJT）是一种三端器件。它的种类很多，按照所用的半导体材料分，有硅管和锗管；按照工作频率分，有低频管和高频管；按照功率分，有小、中、大功率管等等。常见的 BJT 外形如图 2.1.1 所示。

晶体管内部含有两个离得很近的 PN 结（发射结和集电结），有两种不同极性电荷的载流子（自由电子和空穴）参与导电，所以称为双极结型晶体管。两个 PN 结加不同极性、不同大小的偏置电压时，半导体晶体管呈现不同的特性和功能。

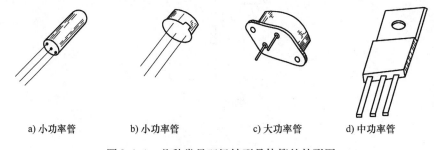

a) 小功率管　　　　b) 小功率管　　　　c) 大功率管　　　　d) 中功率管

图 2.1.1　几种常见双极结型晶体管的外形图

2.1.1　BJT 的结构简介

NPN 型和 PNP 型半导体晶体管的结构示意图分别如图 2.1.2a、b 所示。在一个硅（或锗）片上生成三个杂质半导体区域，根据三个杂质半导体排列的不同，它有两种类型：NPN 型（两个 N 区中间夹一个 P 区）和 PNP 型（两个 P 区中间夹一个 N 区）。从三个杂质区域各自引出一个电极，分别为发射极、基极和集电极。以 NPN 结构为例，发射出多数载流子电子的电极叫做发射极 e，收集多数载流子电子的电极叫做集电极 c，中间的控制电极叫做基极 b，它们对应的杂质区域分别称为发射区、集电区和基区。同样原理，PNP 结构的 BJT，发射出多数载流子空穴的电极叫做发射极 e，收集多数载流子空穴的电极叫做集电极 c。BJT 结构上的特点是：基区很薄（微米数量级），而且掺杂浓度很低；发射区和集电区是同类型的杂质半导体，发射区掺杂浓度更高，能够发射出更多载流子，而集电区的面积更大，可以收集更多载流子，因此它们不是对称的。三个杂质半导体区域之间形成两个 PN 结，发射区与基区之间的 PN 结称为发射结，集电区与基区之间的 PN 结称为集电结。图 2.1.2c、d 分别是 NPN 型和 PNP 型 BJT 的符号，标注有箭头的电极为发射极，箭头表示发射结加正向偏置电压（PN 结之间正向电压大于等于 U_{TH}，U_{TH} 为 PN 结开启电压）时，发射极电流的实际方向。

需要注意的是，NPN 结构的 BJT，发射极发射出来的多数载流子是电子，电子是往高电位方向移动的，电子的移动方向是与电流相反的，所以收集载流子的集电极电位必须更高，电流是从发射极流出晶体管的。PNP 结构的 BJT，发射极发射出来的多数载流子是空穴，空穴是往低电位方向移动的，空穴的移动方向是与电流相同的，所以发射多数载流子的发射极电位必须更高，电流是从发射极流入晶体管的。

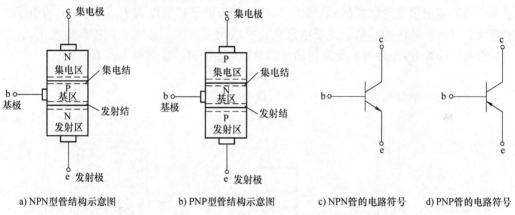

a) NPN型管结构示意图　　　b) PNP型管结构示意图　　　c) NPN管的电路符号　　d) PNP管的电路符号

图 2.1.2　NPN 型与 PNP 型 BJT 的结构示意图及其符号

集成电路中典型 NPN 型 BJT 的结构截面图如图 2.1.3 所示。

本章先讨论 NPN 型 BJT 及其放大电路，讨论所得到的结论可以套用在 PNP 型 BJT 上，必须注意的是，两种不同结构 BJT 的发射极、集电极所接电源电压的极性是相反的，产生的电流方向也是相反的。

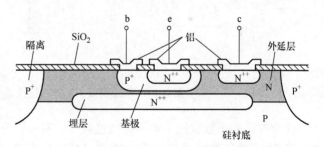

图 2.1.3　集成电路中典型 NPN 型 BJT 的结构截面图

2.1.2　BJT 的工作原理和状态

BJT 在应用中主要有放大、饱和、截止三种工作状态，这与它内部每个 PN 结的正向偏置（PN 结电压大于等于 U_{TH}）或反向偏置（PN 结电压小于 0）有关。不管是 NPN 型还是 PNP 型结构，当 BJT 用作放大器件时，要使它工作在放大状态，都应将它们的发射结加正向偏置电压，使之正向导通，集电结加反向偏置电压，使之反向击穿。下面主要以 NPN 管为例，分析在偏置电压作用下 BJT 的工作状态以及内部载流子的传输过程。其结论对 PNP 管同样适用，只是两者的极性、电流的方向相反。

需要说明的是，BJT 有三个电极，在放大电路中可以有共发射极（简称共射极，信号从基极输入，从集电极输出，发射极作为输入和输出回路的公共端）、共集电极（也称射极跟随器，信号从基极输入，从发射极输出，集电极作为输入和输出回路的公共端）和共基极（信号从发射输入，从集电极输出，基极作为输入和输出回路的公共端）这样三种连接方式。下面以共发射极放大电路结构为例，对 BJT 的工作原理进行分析。

1. BJT 放大状态

如图 2.1.4a、b 所示，BJT 基极与发射极之间的发射结处在输入回路中，集电极与发射极处在输出回路中，发射极是输入输出回路的公共端，所以为共发射极连接。基极与发射极之间电压大于等于一个开启电压，$U_{BE} \geqslant U_{TH}$，发射结正偏，而集电极比基极电位更高，$U_{CE} > U_{BE}$，集电结反偏，此时 BJT 处在放大状态。

如图 2.1.4c 所示，由于发射结外加正向电压，发射结正向偏置导通，发射区的多数载流子电子将不断通过发射结扩散到基区，形成发射极电子扩散电流 I_{EN}，其方向与电子扩散方向相反。同时，基区的多数载流子空穴也要扩散到发射区，形成空穴扩散电流 I_{EP}，方向与 I_{EN} 相同。I_{EN} 和 I_{EP} 一起构成受发射结正向电压 U_{BE} 控制的发射极电流 I_E，即

$$I_E = I_{EN} + I_{EP} \tag{2.1.1a}$$

由于基区掺杂浓度很低，I_{EP} 很小，可以认为

$$I_E = I_{EN} + I_{EP} \approx I_{EN} \tag{2.1.1b}$$

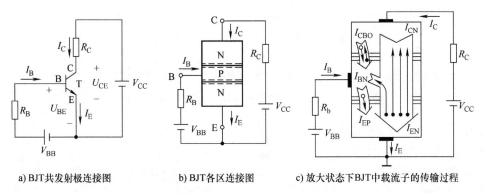

a) BJT 共发射极连接图   b) BJT 各区连接图   c) 放大状态下 BJT 中载流子的传输过程

图 2.1.4   BJT 共发射极连接图及其内部状态示意图

在发射区的多数载流子电子扩散过程中，有一部分电子与基区的空穴复合，形成基区复合电流 I_{BN}。由于基区很薄，掺杂浓度又低，因此电子与空穴复合机会少，电流 I_{BN} 很小，大多数电子都能扩散到集电结边界。

由于集电极比基极电位更高，集电结上外加的反向偏置电压，使集电结处在反向击穿的状态。集电极对基区扩散到集电结边缘的载流子电子有很强的吸引力，使它们很快漂移过集电结，被集电区收集，形成集电极电流中受发射结电压控制的集电极电子扩散电流 I_{CN}，其方向与电子漂移方向相反。发射极发射出来的电子，小部分到达基极形成基极电流 I_{BN}，还有大部分到达集电极形成集电极电流 I_{CN}。显然有发射极电流 $I_{EN} \approx I_{BN} + I_{CN}$。与此同时，基区自身的少数载流子电子和集电区的少数载流子空穴也会在集电结反偏作用下产生漂移运动，形成集电极 – 基极反向饱和电流 I_{CBO}（它可以看作是在发射极开路时集电结反向偏置

的漂移电流），其方向与 I_{CN} 一致。I_{CN} 和 I_{CBO} 一起构成集电极电流 I_C，即

$$I_C = I_{CN} + I_{CBO} \tag{2.1.2}$$

I_{CBO} 不受发射结电压控制，它的大小不受基极电流的影响，而是取决于基区和集电区少数载流子浓度，数值很小，它由 BJT 的物理特性所决定，受温度影响较大。

由图 2.1.4 及以上分析可知，BJT 的基极电流 $I_B = I_{EP} + I_{BN} - I_{CBO}$，发射极电流可以描述为

$$I_E = I_{EP} + I_{EN} = I_{EP} + I_{BN} + I_{CN} = I_{EP} + I_{BN} - I_{CBO} + I_{CN} + I_{CBO} = I_B + I_C \tag{2.1.3}$$

从载流子的传输过程可知，BJT 结构上的特点，可以使得在发射结外加正向电压、集电结外加反向电压的共同作用下，由发射区扩散到基区的载流子绝大部分能够被集电区收集，形成电流 I_{CN}，一小部分在基区被复合，形成电流 I_{BN}。电流 I_{CN} 与（$I_{EP} + I_{BN}$）之比称为共射极直流电流放大倍数 $\bar{\beta}$，即 $\bar{\beta} = \dfrac{I_{CN}}{I_{BN} + I_{EP}} = \dfrac{I_C - I_{CBO}}{I_B + I_{CBO}}$，整理可得：

$$I_C = \bar{\beta} I_B + (1 + \bar{\beta}) I_{CBO} = \bar{\beta} I_B + I_{CEO} \tag{2.1.4}$$

I_{CEO} 称为穿透电流，是基极开路（$I_B = 0$）时，集电极与发射极之间形成的反向饱和电流。I_{CEO} 数值一般很小，当它小到可以忽略时，上式简化为

$$I_C \approx \bar{\beta} I_B \tag{2.1.5}$$

$$I_E = I_B + I_C \approx (1 + \bar{\beta}) I_B \tag{2.1.6}$$

上述电流分配关系说明，BJT 在发射结正向偏置、集电结反向偏置，处在放大状态且放大倍数 $\bar{\beta}$ 保持不变时，较大的输出电流 I_C 正比于很小的输入电流 I_B。基极电流的微小变化能够引起集电极电流较大变化的特性称为晶体管的电流放大作用。BJT 的实质就是：用一个微小变化的基极电流去控制一个较大变化的集电极电流，是电流控制电流源（CCCS）器件，所以常将 BJT 称为电流放大器件。I_B 是受正向发射结电压 U_{BE} 控制的，那么 I_C、I_E 都是受正向发射结电压 U_{BE} 控制的，利用这一特性可以把微弱的电信号加以放大。

$I_C \approx \bar{\beta} I_B = \dfrac{\bar{\beta} I_E}{1 + \bar{\beta}}$，当 $I_C \gg I_B$ 时，I_B 小到可以忽略时，$\bar{\beta} \gg 1$，可以视作 $I_C \approx I_E$。

而对于 PNP 管，放大状态为发射结正向偏置，发射极与基极之间电压大于等于开启电压，$U_{BE} \leqslant -U_{TH}$（U_{BE} 为负值，$U_{EB} \geqslant U_{TH}$），集电结反向偏置，$U_{CE} < U_{BE}$（U_{BE}、U_{CE} 为负值，$U_{EC} > U_{EB}$），集电极电位比基极电位更低，发射极处在 BJT 电位最高位置。发射极电流从基极和集电极流出，集电极电流与基极电流也成 $\bar{\beta}$ 倍的放大倍数关系。电流方向与 NPN 管相反。

2. BJT 的饱和状态

对于 NPN 管，当 $U_{BE} \geqslant U_{TH}$ 且 $U_{BE} \geqslant U_{CE}$ 时，即集电极电位低于或等于基极电位时，晶体管工作于饱和状态，发射结处于正向偏置，集电结也处于正偏。此时发射极发出的多数载流子大部分都流向基极，不再有更多的载流子穿过集电结到达集电区形成集电极电流 I_C。当 I_B 增加时，I_C 不再随 I_B 的增加而变化，I_C 与 I_B 不再成 $\bar{\beta}$ 倍的放大倍数关系。集电极电位最低可以低到接近于发射极电位，此时集电极电流可以达到饱和电流 I_{CS}，$I_C = I_{CS}$ 最大可以接

近 V_{CC}/R_C，如图2.1.5a所示。此时双极结型晶体管的 C－E 之间的饱和压降 U_{CES} 很小。不同材料双极结型晶体管 C－E 之间的饱和压降不同，硅管 $U_{CES} \approx 0.3V$，锗管 $U_{CES} \approx 0.1V$。

对于 PNP 管，当 $U_{BE} \leqslant -U_{TH}$（$U_{EB} \geqslant U_{TH}$）且 $U_{CE} \geqslant U_{BE}$（$U_{EB} \geqslant U_{EC}$）时，即集电极电位高于或等于基极电位时，双极结型晶体管工作于饱和状态。

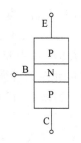

a) PNP双极结型晶体管结构简图

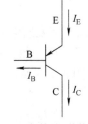

b) PNP双极结型晶体管符号图

图 2.1.5　PNP 晶体管图

3. BJT 的截止状态

BJT 处于截止状态的条件是发射结没有正向开启，集电结反向偏置。对于 NPN 型硅 BJT 管，工程上认为当 U_{BE} 的电压小于0.5V 时即可使双极结型晶体管截止。此时 $I_B = 0$，$I_C = 0$。双极结型晶体管的 C－E 之间相当于开路，$U_{CE} \approx V_{CC}$。

2.1.3　BJT 的电压电流（U—I）特性曲线

BJT 的电压电流（U—I）特性曲线能够直观地描述各极间电压与各极电流之间的关系。BJT 是一个三端元件，不管是哪一种连接方式，都是一个端子信号输入、一个端子信号输出、另一个端子为输入输出的公共端。我们可以把 BJT 视为一个二端口网络，其中一个是输入端口，另一个是输出端口。要完整地描述 BJT 的 U—I 特性曲线，可以使用输入电压和输入电流之间的关系来描述输入回路的 U—I 特性曲线，使用输出电压和输出电流之间的关系来描述输出回路的 U—I 特性曲线。

由于 BJT 在不同组态时具有不同的端电压和电流，因此，它们的 U—I 特性曲线也就各不相同。共集电极与共发射极组态的特性曲线类似，这里着重讨论共发射极连接时的 U—I 特性曲线。

共发射极连接时的 U—I 特性曲线

如图2.1.6 所示，BJT 连接成共发射极形式时，在输入端口，输入电压为 u_{BE}，输入电流为 i_B；在输出端口，输出电压为 u_{CE}，输出电流为 i_C。

（1）输入特性　如图2.1.7所示的 NPN 型硅 BJT 共发射极连接时的输入特性曲线，描述了当输入电压 u_{CE} 为某一常数数值时，输入电流 i_B 与输入电压 u_{BE} 之间的关系，它可以用

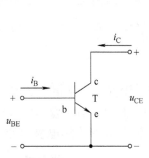

图 2.1.6　共发射极连接

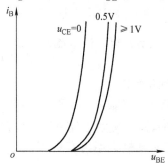

图 2.1.7　NPN 型硅 BJT 共发射极连接时的输入特性曲线

函数表示为

$$i_B = f(u_{BE})|_{u_{CE} = \text{const}}$$

图 2.1.7 所示的输入特性曲线，分别示出了 u_{CE} 为 0V、0.5V、1V 三种情况下的输入特性曲线。BJT 的基极与发射极之间就是一个 PN 结，在 u_{CE} 为某一定值的情况下，当发射结正偏时，BJT 的输入特性曲线与半导体二极管的正向特性曲线极其相似。随着 u_{CE} 的增加，特性曲线向右移动。或者说，同样的 u_{BE} 条件下，在一定范围内 u_{CE} 越大，吸引到集电区的载流子越多，i_B 越小。

当 u_{CE} 较小时，如 $u_{CE} < 0.7V$，集电结正偏或反偏很小，此时集电区收集电子少，而基区的复合作用较强，同样的 u_{BE} 下，u_{CE} 越小 i_B 越大。当 $u_{CE} \geq 1V$ 时，$u_{CB} = u_{CE} - u_{BE} > 0$，集电结处在反偏状态，集电区收集电子能力增强，同样的 u_{BE} 下，u_{CE} 越大 i_B 越小，特性曲线右移。

（2）输出特性　共发射极连接时的输出特性曲线描述了当输入电流 i_B 为某一常数数值时，集电极电流 i_C 与电压 u_{CE} 之间的关系，用函数表示为

$$i_C = f(u_{CE})|_{i_B = \text{const}}$$

图 2.1.8 是 NPN 型硅 BJT 共发射极连接时的输出特性曲线。由图可以看出 BJT 的三个工作区域：放大区、饱和区和截止区。实际上对硅管而言，截止状态下 $i_B \approx 0$ 的那条曲线几乎与横轴重合，为了使读者得到直观的印象，图中的截止区范围有所夸大。

放大区：发射结正向偏置、集电结反向偏置的区域，一般 $u_{CE} > u_{BE}$，i_C 主要受 i_B 控制，$i_C \approx \overline{\beta} i_B$，$\Delta i_C = \beta \Delta i_B$，$i_C$ 近乎平行于 u_{CE} 轴。当 u_{CE} 增加时，基区有效宽度减小，载流子在基区的复合机会略有减少，电流放大倍数略有

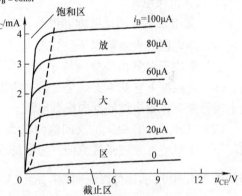

图 2.1.8　NPN 型硅 BJT 共发射极
连接时的输出特性曲线

增加，如 i_B 不变，则 i_C 随 u_{CE} 增大略有增加。所以随着 u_{CE} 的增加，各条曲线略向上倾斜。

饱和区：发射结和集电结均处在正向偏置的区域，一般 $u_{CE} \leq u_{BE}$，集电结收集载流子的能力减弱，当 i_B 增加时 i_C 变化不大，它们之间不再保持之前的放大倍数关系。但是 i_C 会随着 u_{CE} 增加迅速上升。u_{CE} 很小时，它称为 BJT 的饱和压降 U_{CES}。当 $u_{CE} = u_{BE}$（$u_{BC} = 0$）时，BJT 处于临界饱和状态。

截止区：发射结没有正向开启、集电结反向偏置的区域。$i_C \approx 0$ 所对应的区域，处于 $i_B = 0$ 的曲线下方，$i_C \approx I_{CEO}$ 很小，可以忽略。

2.1.4　BJT 的主要参数

BJT 的各主要参数可以用来判别双极结型晶体性能的优劣和适应范围，是合理选择和正确使用 BJT 的依据。这里主要介绍在电子电路分析中最常用的主要参数。

1. 电流放大倍数

（1）共发射极直流电流放大倍数 $\overline{\beta}$

$$\overline{\beta} = (I_C - I_{CEO})/I_B \approx I_C/I_B \tag{2.1.7}$$

严格来说，$\overline{\beta}$不是常数，它会随着i_C的变化而变化，仅在i_C的某个取值范围内，可近似认为$\overline{\beta}$是常数，i_C过小或过大时，$\overline{\beta}$值都会变小。

（2）共发射极交流电流放大倍数β　共发射极交流电流放大倍数β定义为集电极电流变化量与基极电流变化量之比，即

$$\beta = \Delta i_C / \Delta i_B \mid_{u_{CE}=\text{const}} \tag{2.1.8}$$

$\overline{\beta}$与β的含义有所不同，$\overline{\beta}$反映直流工作状态时静态的电流放大特性，β反映交流工作状态时动态的电流放大特性。在i_C的某个取值范围内，当输出特性曲线比较平坦，各曲线间距离相等的条件下，直流放大倍数和交流放大倍数很接近，可以近似认为$\overline{\beta} \approx \beta$。

（3）共基极电流放大倍数α　共基极直流电流放大倍数和交流电流放大倍数也可以认为近似相等，在此不再区分。

$$\alpha \approx \Delta i_C / \Delta i_E \mid_{u_{CB}=\text{const}} = \beta/(1+\beta) \approx I_C/I_E \approx \overline{\beta}/(1+\overline{\beta}) \tag{2.1.9}$$

2. 极间反向电流

（1）集电极基极间反向饱和电流I_{CBO}　I_{CBO}是指发射极断开并在集电结加上一定的反偏电压时，集电区的少数载流子空穴和基区的少数载流子电子各自向对方漂移形成的反向电流。它只取决于温度和少数载流子的浓度。这个反向电流和 PN 结的反向漂移电流是一样的，在一定温度下它基本上是个常数，所以称为反向饱和电流。一般I_{CBO}的值很小，可视作发射极开路时，集电结的反向饱和电流。测量I_{CBO}的电路如图 2.1.9 所示。

（2）集电极发射极间的反向饱和电流I_{CEO}　I_{CEO}是基极开路时，发射结没有正向开启的情况下，由集电区穿过基区流向发射区的反向饱和电流，这个电流的值也是很小的。测量电路如图 2.1.10 所示，可以证明，$I_{CEO} \approx (1+\overline{\beta})I_{CBO}$。

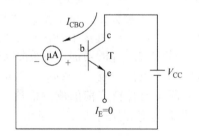 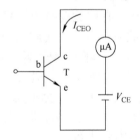

图 2.1.9　I_{CBO}的测量　　　　　图 2.1.10　I_{CEO}的测量

3. 极限参数

（1）集电极最大允许电流I_{CM}　i_C在相当大的范围内β值基本不变，但是如果i_C过大，β值将下降。使β值明显减小的i_C即为I_{CM}。

（2）集电极最大允许耗散功率P_{CM}　BJT 在导通工作的情况下，内部的两个 PN 结都会消耗功率，其大小分别等于流过 PN 结的电流与结上电压降的乘积。一般情况下，集电结反向偏置的电压降远大于发射结正向偏置的电压降，集电结上耗散的功率要大得多，这个功率将使集电结发热，PN 结温度上升，引起 BJT 性能下降，甚至会烧坏，所以 BJT 内 PN 结的功率$P_C \approx i_C u_{CE}$不得超过最大允许耗散功率P_{CM}。图 2.1.11 中画出了分割开安全工作区和过

损耗区的最大功率损耗线，线上每一个点都满足 $i_C u_{CE} = P_{CM}$。

（3）反向击穿电压

1）$U_{(BR)EBO}$——集电极开路时，发射极与基极间的发射结的反向击穿电压。

2）$U_{(BR)CBO}$——发射极开路时，集电极与基极间的集电结的反向击穿电压。

3）$U_{(BR)CEO}$——基极开路时，集电极和发射极间的反向击穿电压。

在实际电路中，BJT 的发射极与基极间常接有电阻 R_b，这时集电极和发射极间的反向击穿电压常用 $U_{(BR)CER}$ 表示（此时电流为 I_{CER}），$R_b = 0$ 时用 $U_{(BR)CES}$ 表示（此时电流为 I_{CES}）。图 2.1.12 是集电极与发射极之间反向击穿电压的测量电路。

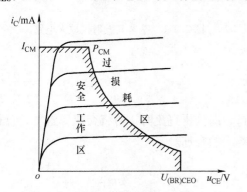

图 2.1.11　BJT 的功率极限损耗线

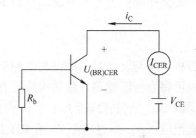

图 2.1.12　集电极反向击穿电压的测量电路

上述几种反向击穿电压的大小与相应的反向电流或穿透电流的大小有关，它们的对应关系为

$$I_{CEO} > I_{CER} > I_{CES} > I_{CBO}$$

$$U_{(BR)CEO} < U_{(BR)CER} < U_{(BR)CES} < U_{(BR)CBO}$$

2.2　共发射极放大电路

BJT 是一个电流控制的电流源（CCCS）器件，电流控制和电流放大作用是它的重要特性。利用 BJT 的电流放大特性可以构成信号放大电路。使用单个晶体管可以构成最基本的放大电路，然后可以再组合设计出复杂的放大电路。本节将以共发射极放大电路为例，介绍放大电路的组成及工作原理。

2.2.1　共发射极放大电路的组成

图 2.2.1 是直接耦合共发射极放大电路的原理图。其中 BJT 是起放大作用的核心元件。直流电源 V_{BB} 通过电阻 R_b 给 BJT 的发射结提供正向偏置电压 U_{BE}，使发射结正向开启，并产生基极直流偏置电流 I_B。为发射结提供偏置电压和偏置电流的电路称为偏置电路。在 V_{BB} 通过电阻 R_b 使发射结正向开启的情况下，直流电源 V_{CC} 通过 R_c 给集电结提供反偏电压，使集电结反向击穿，BJT 工作于放大状态。电路需要 V_{BB} 和 V_{CC} 两个直流偏置电压。叠加在直流电压 V_{BB} 的基础之上的动态信号 u_s 为正弦交流信号。直流电压 V_{BB} 为确保放大电路正向开启的直流电压，u_s 为动态变化的输入交流信号，此时电压电流都是交流与直流信号直接叠加在

一起。此电路称为直接耦合共发射极放大电路。

对于如图 2.2.1 所示的共发射极放大电路，输入为正弦信号 u_s，会相应地产生动态变化的输入电压信号 u_{be} 和电流信号 i_b，并得到放大了的电流 i_c 和 i_e，这些动态电压电流信号都是叠加在静态的直流电压电流信号基础之上的。

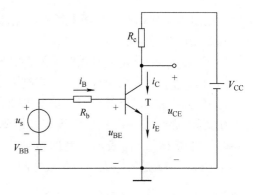

$$u_{BE} = U_{BE} + u_{be}$$
$$i_B = I_B + i_b$$
$$i_C = I_C + i_c$$
$$i_E = I_E + i_e$$

图 2.2.1　基本共发射极放大电路

电流之间的放大关系近似满足如下表达式。

$$i_C \approx \beta i_B \tag{2.2.1}$$
$$i_E \approx (1 + \beta) i_B \tag{2.2.2}$$

分析计算与设计时，常将直流和交流分开进行，即分析直流时，可将交流源置零，分析交流时可将直流源置零，总的响应是直流和交流响应的叠加。

图 2.2.2 是阻容耦合共发射极放大电路。直流电源 V_{CC} 通过电阻 R_b 给 BJT 的发射结提供正向偏置电压，使发射结正向开启，并产生基极直流电流 I_B。V_{CC} 还通过 R_c 给集电结提供反向偏置电压，使集电结反向击穿，BJT 工作于放大状态。R_c 电阻还可以将集电极电流的变化转换为电压的变化送到输出端。动态输入信号 u_s 为正弦交流信号，通过电容 C_{b1} 耦合叠加在直流量 U_{BE} 上。R_L 负载通过电容 C_{b2} 耦合从集电极取得输出电压。因为直流通路和交流信号输入输出是通过电容耦合叠加在一起的，所以此电路称为阻容耦合共发射极放大电路。使用此电路可以更加方便地对直流信号和交流信号分别进行分析。

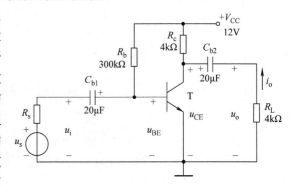

图 2.2.2　阻容耦合共发射极放大电路

2.2.2　共发射极放大电路的工作原理

以图 2.2.2 所示的阻容耦合共发射极放大电路为例，对其工作原理进行分析。

输入交流信号 $u_i = 0$ 时，放大电路的工作状态称为静态或直流工作状态。此时电路中的电压、电流都是直流量。

静态时，BJT 基极的直流电流用 I_B 表示，集电极直流电流用 I_C 表示，发射极直流电流用 I_E 表示。基极发射极之间的直流电压用 U_{BE} 表示，集电极发射极之间的直流电压用 U_{CE} 表示。这些电流电压的数值可用 BJT 特性曲线上的一个确定的点表示，该点习惯上称为静态工作点，因此可以将上述几个电量写成 I_{BQ}、I_{CQ}、I_{EQ}、U_{BEQ}、U_{CEQ}。

因为放大电路的作用是将微弱的信号尽可能不失真地放大，为了确保电路中的 BJT 始终工作在放大区域，不能工作在饱和区和截止区，必须在放大电路中设置合适的静态工作点。

静态工作点可以由放大电路的直流电流流通的路径，即直流通路，用近似计算法求得。图 2.2.2 所示电路的直流通路如图 2.2.3 所示。

静态工作点求解过程如下：

先估算 BJT 基极与发射极之间的电压约为一个 PN 结开启电压，比如 $U_{BEQ}=0.6\text{V}$，再由包含基极和发射极的输入回路估算电流 I_{BQ}。

$$I_{BQ}=\frac{V_{CC}-U_{BEQ}}{R_b} \qquad (2.2.3)$$

然后可以估算出电流 I_{CQ}、I_{EQ}。

$$I_{CQ}\approx\beta I_{BQ} \qquad (2.2.4)$$
$$I_{EQ}\approx(1+\beta)I_{BQ} \qquad (2.2.5)$$

再由包含集电极和发射极的输出回路可以估算出电压 U_{CEQ}。

$$U_{CEQ}=V_{CC}-I_{CQ}R_c \qquad (2.2.6)$$

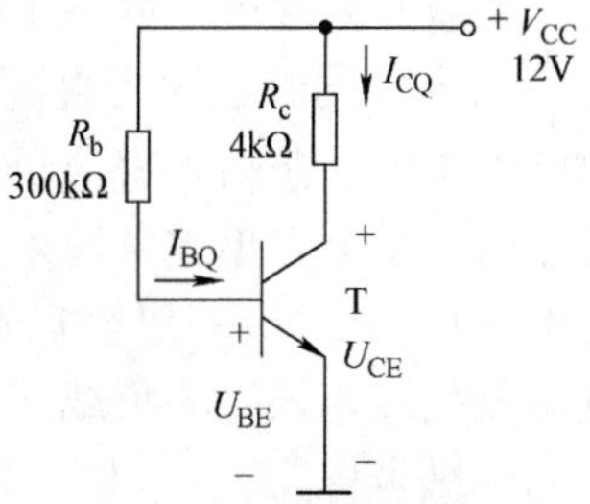

图 2.2.3　图 2.2.2 所示电路的直流通路

通过以上估算结果可以分析得出 BJT 是否处在放大工作状态。

例 2.2.1　设图 2.2.2 所示电路中，$V_{CC}=12\text{V}$，$R_b=300\text{k}\Omega$，$R_c=4\text{k}\Omega$，$\beta=40$，$U_{BEQ}=0.6\text{V}$，试求该电路的 I_{BQ}、I_{CQ}、I_{EQ}、U_{CEQ}，并说明 BJT 的工作状态。

解：放大电路的直流通路如图 2.2.3 所示

$$I_{BQ}=\frac{V_{CC}-U_{BEQ}}{R_b}=\frac{(12-0.6)\text{V}}{300\text{k}\Omega}\approx0.038\text{mA}\approx38\mu\text{A}$$
$$I_{CQ}\approx\beta I_{BQ}\approx40\times0.038\text{mA}=1.52\text{mA}$$
$$I_{EQ}\approx(1+\beta)I_{BQ}\approx41\times0.038\text{mA}=1.56\text{mA}$$
$$U_{CEQ}=V_{CC}-I_{CQ}R_c=12\text{V}-4\text{k}\Omega\times1.52\text{mA}=5.92\text{V}$$

显然，$U_{CEQ}>U_{BEQ}$，BJT 工作在放大状态。

输入交流信号 $u_i\neq0$ 时，放大电路处于动态工作状态，我们将在后面各节详细讨论。

2.3　BJT 放大电路的分析方法

在初步分析了放大电路的基本工作原理之后，下面将要进一步分析放大电路的静态和动态的工作情况。基本分析方法有图解分析法和小信号模型分析法。

2.3.1　图解分析法

图解分析法必须已知双极结型晶体管的 $U—I$ 特性曲线，利用 BJT 的 $U—I$ 特性曲线及电路的特性，通过作图对放大电路的静态及动态进行分析。现以共发射极放大电路为例，对图解分析法加以讨论。

1. 静态工作点的图解分析

图 2.2.2 所示电路的直流通路如图 2.2.3 所示。电压源 V_{CC}、电阻 R_b、双极结型晶体管的基极至发射极通路构成输入回路。电压源 V_{CC}、电阻 R_c、双极结型晶体管的集电极至发射极通路构成输出回路。输入和输出回路的静态工作点应该由 BJT 的物理特性和放大电路结构共同决定。

在输入回路中，静态工作点（I_{BQ}、U_{BEQ}）应该既在 BJT 的输入特性曲线 $I_B = f(U_{BE})$ $|_{U_{CE}>1V}$ 上，同时也满足直流通路输入回路的电压电流方程 $U_{BE} = V_{CC} - I_{BQ}R_b$，显然，由此方程可以作出一条输入直流负载线，这是一条斜率为 $-1/R_b$ 的直线。我们可以在 BJT 的输入特性曲线图上作出这条输入直流负载线，根据输入电压电流关系方程，可以在横坐标轴上取一点（V_{CC}，0），在纵坐标轴上取一点（0，V_{CC}/R_b），将这两点连接成一条直线，就是输入直流负载线。该直流负载线与输入特性曲线的交点就是所求的静态工作点 Q，其横坐标为 U_{BEQ}，纵坐标为 I_{BQ}，如图 2.3.1 所示。

输出特性与输入特性相似。在输出回路中，静态工作点（I_{CQ}、U_{CEQ}）既应在由 $I_B = I_{BQ}$ 所决定的那条输出特性曲线上，又应满足输出回路的电压电流关系方程 $U_{CEQ} = V_{CC} - I_{CQ}R_c$，这也是一条斜率为 $-1/R_c$ 的直线，称为输出直流负载线。在 BJT 的输出特性曲线图上，连接横轴上的点（V_{CC}，0）和纵轴上的点（0，V_{CC}/R_c），作出这条直线，即输出直流负载线，该直线与由 $I_B = I_{BQ}$ 所决定的输出特性曲线 $I_C = f(U_{CE})|_{I_B = I_{BEQ}}$ 的交点就是所求的静态工作点 Q，其横坐标为 U_{CEQ}，纵坐标为 I_{CQ}，如图 2.3.2 所示。

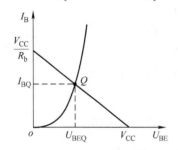 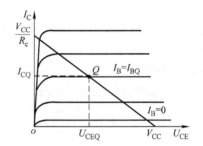

图 2.3.1　静态工作点输入特性的图解分析　　　图 2.3.2　静态工作点输出特性的图解分析

2. 动态工作情况的图解分析

动态图解分析是在静态分析的基础上进行的。动态图解分析能够直观地显示出在输入信号作用下，放大电路中各电压及电流波形的幅值和相位关系，可对动态工作情况作较全面的了解。动态分析时，因为电容的隔直通交作用，为了简化分析，我们可以在分析交流信号时将电容的容抗视作小到可以忽略不计。图 2.2.2 所示电路中的电容，对于交流信号而言全部都是短路导通连接的。这样交流信号 u_s 就是通过信号源内阻 R_s 和耦合电容 C_{b1} 叠加在直流电压 U_{BE} 上引发波动的一个输入信号。动态分析时固定不变的静态电位点（如 V_{CC}）都对地短路，即静态电位点都视作交流地。图 2.2.2 所示电路的交流通路如图 2.3.3 所示。

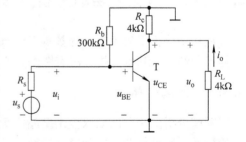

图 2.3.3　图 2.2.2 所示电路的交流通路

如果我们把图 2.3.3 的上下两个交流地合并在一起，可以得到如图 2.3.4 所示的交流通路。那么我们可以得到如下所示的动态输出电压表达式。动态输出电压 u_o 可以看成是叠加在静态电压 U_{CEQ} 基础之上的输出信号。

$$u_{CE} = U_{CEQ} + u_o \qquad (2.3.1)$$

$$u_o = -i_c(R_c /\!/ R_L) \qquad (2.3.2)$$

由此可知，交流负载为 $R_c \mathbin{/\mkern-6mu/} R_L$，交流通路输出 $u_o = u_{ce} = -i_c(R_c \mathbin{/\mkern-6mu/} R_L)$。电压 $u_{CE} = U_{CEQ} - i_c(R_c \mathbin{/\mkern-6mu/} R_L)$，它是静态直流电压 U_{CEQ} 和动态交流电压 u_{ce} 的叠加信号。在输出 U—I 特性曲线上，交流负载线是经过静态工作点 Q 且斜率为 $-1/(R_c \mathbin{/\mkern-6mu/} R_L)$ 的一条直线，如图 2.3.5 所示。当 R_L 开路时，交流负载线与直流负载线重合。

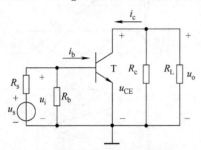

图 2.3.4 图 2.2.3 所示电路的交流通路

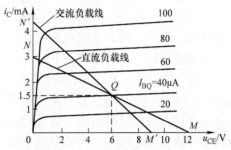

图 2.3.5 输出特性曲线上的交流负载线

动态分析过程如下：

1）根据 u_s 的波形，依次画出相应的 u_i、u_{BE}、i_B 的波形。

设输入信号 $u_s = U_{sm}\sin\omega t$。u_s 的动态变化，经过信号源内阻 R_s 和耦合电容 C_{b1} 后，会在双极结型晶体管的基极和发射极之间产生一个跟随 u_s 动态变化的输入信号 $u_i = u_{be}$，它叠加在静态的直流电压 U_{BEQ} 基础之上，晶体管 BE 之间的输入电压变为 $u_{BE} = U_{BEQ} + u_{be} = U_{BEQ} + u_i$，这是一个在 U_{BEQ} 的静态电压基础之上动态波动的信号。从输入回路来看，输入电压 u_{BE}、电流 i_B 会在静态工作点（U_{BEQ}，I_{BQ}）附近沿着 BJT 的输入特性曲线上下波动，直流负载线是一组斜率为 $-1/R_b$，随着 u_i 的变化而在静态工作点附近平行移动的直线。随着 BE 之间的电压增大会引起基极电流增大，基极电流 i_B 为在 I_{BQ} 的基础之上随着 u_{BE} 的电压增大而增大的动态电流，$i_B = I_{BQ} + i_b$，如图 2.3.6 所示。

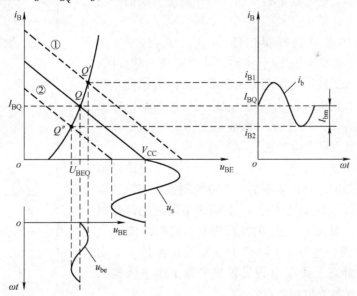

图 2.3.6 输入信号 u_s、输入电压 u_{BE}、电流 i_B 及其相互关系的波形

2）根据 i_B 的变化，依次画出相应的 i_C、u_{CE}、u_o 的波形。

根据前面对图 2.3.6 的分析可知，加上输入信号 u_s 后，在静态工作点的基础上，基极电

流 i_B 将随着 u_s 的变化而动态变化。因为 $i_C = \beta i_B$，在输出回路中，就会有一个放大了的同样动态变化的集电极电流 i_C，它会在静态工作点（U_{CEQ}，I_{CQ}）附近沿着负载线上下波动。当负载开路，$R_L \to \infty$ 时，交流负载线与直流负载线重合，输出电压 $u_{CE} = V_{CC} - i_C R_c$。由此可知，当 i_C 增大时 u_{CE} 的电压是减小的，u_{CE} 是一个与输入电压变化方向相反的电压，再通过电容耦合取得 u_{CE} 动态变化的交流分量作为输出电压 u_o，它是与 u_s 同频率但相位相反的正弦波，如图 2.3.7 所示。输入输出信号反相是共发射极放大电路的一个重要特点。

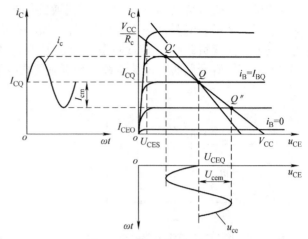

图 2.3.7　随着 i_B 的变化而变化的 i_C、u_{CE}、u_{ce}（即 u_o）的波形

如果把这些电压电流波形画在对应的 ωt 轴上，便可得到如图 2.3.8 所示的波形图。

3. 静态工作点对波形失真的影响

通过上述图解分析可知，对于小信号线性放大电路来说，为了使信号能够被不失真地放大，必须保证在交流信号的整个周期内，设置合适的静态工作点 Q，使放大管一直工作在放大状态，不能进入截止和饱和状态，以免引起信号的失真。

如果静态工作点 Q 选择得过低，U_{BEQ}、I_{BQ} 过小，则 BJT 有可能会在交流信号 u_{be} 向下波动时使 BJT 进入截止区，使 i_B 出现截止失真的波形，如图 2.3.9 所示。因 i_B 的截止失真就会引起 i_C 的截止失真，从而使 u_{CE} 达到最高的输出电压而出现失真，如图 2.3.10 所示。因静态工作点 Q 偏低而导致 BJT 进入截止状态所产生的失真称为截止失真。

如果静态工作点 Q 设置过高，U_{BEQ}、I_{BQ} 过大，而被放大的电流 I_C 是受到电路结构限制的，不可能超过最大饱和电流值 I_{CESS}，则 BJT 会在交流信号 u_{be} 的最大值附近的部分时间内进入饱和区，引起 i_C、u_{CE} 的波形失真，此时电流 i_C 达到了最大饱和电流，电压 u_{CE} 降到了最低输出电压，如图 2.3.11 所示。因静态工作点 Q 设置偏高导致 BJT 进入饱和状态而产生的失真称为饱和失真。

如果 Q 点的大小设置合理，但是输入信号的幅度过大，也有可能会产生失真，这时截止失真和饱和失真都有可能会出现。截止失真及饱和失真都是由于 BJT 特性曲线的非线性

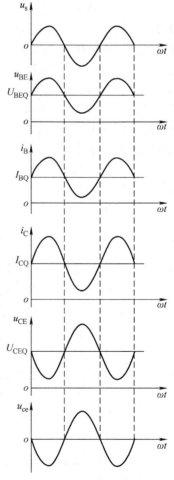

图 2.3.8　共发射极放大电路中的电压、电流波形

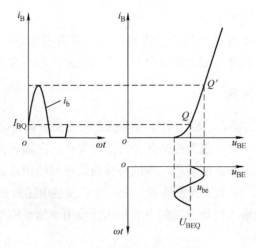

图 2.3.9　截止失真的 i_B 波形

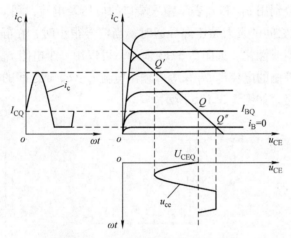

图 2.3.10　截止失真的 i_C 及 u_{CE} 波形

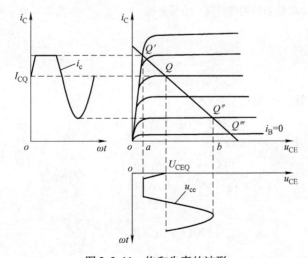

图 2.3.11　饱和失真的波形

引起的,因而又称其为非线性失真。

必须合理设置静态工作点 Q 的位置,需要综合多方面因素进行考虑,既要减小和避免非线性失真,也要考虑得到尽可能大的输出电压动态范围,还要考虑降低电路的功率损耗。

2.3.2 小信号模型分析法

BJT 作为非线性器件,输入、输出电压与电流之间的关系具有非线性的特性,不能直接采用线性电路原理来分析计算,放大电路的分析更为复杂。在输入信号电压幅值比较小的情况下,可以把 BJT 在静态工作点附近小范围的特性曲线近似地用直线代替,这时可以用小信号线性模型近似代替 BJT,将 BJT 构成的放大电路当成线性电路来处理,这就是小信号模型分析法。只有放大电路的输入信号为低频小信号才能使用小信号模型分析方法。

1. BJT 的小信号模型

BJT 的三个电极在电路中可连接成一个双口网络。以共发射极连接为例,在图 2.3.12a 所示的双口网络中,分别用 u_{BE} 和 i_B 表示输入端口的电压及电流,用 u_{CE} 和 i_C 表示输出端口的电压及电流。B、E 之间的发射结正向导通时,当信号很小时,在静态工作点附近的输入特性在小范围内可近似线性化,如图 2.3.13 所示,可以用一个电阻 r_{be} 来等效输入端口的阻抗。可以用一个电流控制的电流源 βi_b 来等效输出电流 i_c。c、e 之间的等效阻抗 r_{ce} 因为非常大可以忽略而视作开路,如图 2.3.12b 所示。

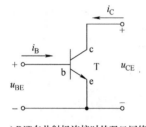

a) BJT在共射极连接时的双口网络

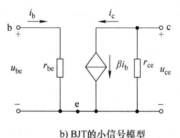

b) BJT的小信号模型

图 2.3.12 BJT 的双口网络及其小信号模型

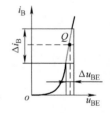

图 2.3.13 从 BJT 的输入特性曲线求 r_{be}

$$r_{be} = \frac{\Delta u_{BE}}{\Delta i_B} = \frac{u_{be}}{i_b}\Big|_{u_{CE} = const}$$

对于小功率晶体管,一般用公式估算 r_{be}:

$$r_{be} = r_{bb'} + (1 + \beta) r_e$$

对于低频小功率管 $r_{bb'} \approx 200\Omega$

$$r_e = \frac{V_T(mV)}{I_{EQ}(mA)} = \frac{26(mV)}{I_{EQ}(mA)} (T = 300K)$$

可得:

$$r_{be} \approx 200\Omega + (1 + \beta)\frac{26(mV)}{I_{EQ}(mA)} \qquad (2.3.3)$$

2. 用小信号模型分析共射极放大电路

我们还是以图 2.2.2 所示的阻容耦合共射极放大电路为例,先利用直流通路求出静态工

作点 Q 的电压电流，然后用小信号模型分析其动态性能指标。

（1）利用直流通路求 Q 点　电路中各元件参数如图 2.2.2 所示，直流静态工作点分析过程与例 **2.2.1** 一致。

（2）画交流小信号等效电路　画出图 2.2.2 所示电路的交流通路，考虑信号源和信号源内阻，再用 BJT 的小信号模型等效代替晶体管，r_{ce} 视作开路，这样就得到了交流小信号等效电路，如图 2.3.14 所示。

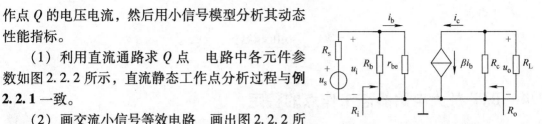

图 2.3.14　图 2.2.2 所示电路的交流小信号等效电路

（3）估算 r_{be}

$$r_{be} \approx 200\Omega + (1+\beta)\frac{26(\text{mV})}{I_{EQ}(\text{mA})}$$

（4）求电压增益

$$u_i = i_b r_{be}$$

$$i_c = \beta i_b$$

$$u_o = -i_c(R_c /\!/ R_L)$$

$$A_u = \frac{u_o}{u_i} = \frac{-i_c(R_c /\!/ R_L)}{i_b r_{be}} = \frac{-\beta i_b(R_c /\!/ R_L)}{i_b r_{be}} = -\frac{\beta(R_c /\!/ R_L)}{r_{be}}$$

（5）求输入电阻，输出电阻

$$R_i = \frac{u_i}{i_i} = R_b /\!/ r_{be}$$

$$R_o \approx R_c$$

求输出电阻的时候，必须去掉输入信号源，即令 $u_s = 0$，则 $i_b = 0$，$\beta i_b = 0$，那么去掉负载 R_L 之后，从输出端看进去，输出电阻为 R_c 与一个较大的 r_{ce} 的并联，忽略 r_{ce}，可得 $R_o \approx R_c$。

例 2.3.1　设图 2.2.2 所示电路中，BJT 的 $\beta = 40$，$r_{bb'} = 200\Omega$，$U_{BEQ} = 0.6\text{V}$，其他器件参数如图所示。求：A_u、R_i、R_o，若 R_L 开路，A_u 如何变化？

解：求解静态工作点 Q

$$I_{BQ} = \frac{V_{CC} - U_{BEQ}}{R_b} = \frac{(12 - 0.6)\text{V}}{300\text{k}\Omega} = 0.038\text{mA} = 38\mu\text{A}$$

$$I_{CQ} \approx \beta I_{BQ} = 1.52\text{mA}$$

$$I_{EQ} \approx (1+\beta)I_{BQ} = 1.56\text{mA}$$

交流小信号等效电路如图 2.3.14 所示。

$$r_{be} = r_{bb'} + (1+\beta)\frac{V_T}{I_{EQ}} = 200\Omega + (1+40)\frac{26\text{mV}}{1.56\text{mA}} \approx 883\Omega = 0.883\text{k}\Omega$$

$$A_u = \frac{u_o}{u_i} = \frac{-\beta i_b(R_c /\!/ R_L)}{i_b r_{be}} = \frac{-\beta(R_c /\!/ R_L)}{r_{be}} = \frac{-40 \times 2\text{k}\Omega}{0.883\text{k}\Omega} \approx -90.6$$

$$R_i = R_b /\!/ r_{be} \approx 0.883\text{k}\Omega$$

$$R_o \approx R_c = 4\text{k}\Omega$$

R_L 开路时：

$$A_u = \frac{-\beta R_c}{r_{be}} = \frac{-40 \times 4\text{k}\Omega}{0.883\text{k}\Omega} \approx -181.2$$

2.4　BJT 放大电路静态工作点的稳定

由前面的分析可知，对于放大电路而言，静态工作点 Q 的设置是很重要的。在设计或调试放大电路时，为获得较好的性能，必须首先设置一个合适且稳定的静态工作点 Q。它必须使 BJT 工作在放大区的合适位置，不能使放大电路产生非线性失真，还要使电路获得很好的动态性能，电压增益、输入电阻等指标都较好。

在放大电路的实际应用中，对静态工作点 Q 产生影响的因素很多，电源电压的波动、元器件的老化、环境温度的变化等，都会引起 Q 点的不稳定，从而影响正常工作。在引起 Q 点不稳定的诸多因素中，尤以环境温度变化的影响最大。

2.4.1　温度对静态工作点的影响

1. 温度对 BJT 参数的影响

（1）温度对 I_{CBO} 的影响　BJT 的 I_{CBO} 是集电结反偏时，集电区的少数载流子空穴和基区少数载流子电子作漂移运动时形成的反向饱和电流，受温度影响较大，温度每升高 10℃，I_{CBO} 增加约一倍。穿透电流 I_{CEO} 也会随温度变化而变化。

（2）温度对 β 的影响　温度升高时，器件材料的物理特性更加活跃，BJT 内载流子的扩散能力增强，使基区内载流子的复合作用减小，会有更多的多数载流子到达集电区，因而使电流放大倍数 β 随温度升高而增大。温度每升高 1℃，β 值增大约 0.5% ~ 1%。

（3）温度对开启电压 U_{BE} 的影响　温度升高时，开启电压 U_{BE} 会有所降低。

2. 温度对 BJT 特性曲线的影响

（1）对输入特性的影响　温度升高时，因为器件材料的活跃物理特性增强，相同的 I_B 需要的 U_{BE} 减小，如果是同样的 U_{BE} 则导致 I_B 会增大，输入特性曲线左移。

（2）对输出特性的影响　温度升高时，BJT 的 I_{CBO}、I_{CEO}、β 都会增大，输出特性曲线上移，各条曲线间的距离加大，如图 2.4.1 所示。

3. 温度对静态工作点的影响

温度上升时，BJT 的反向电流 I_{CBO}、I_{CEO} 及电流放大系数 β 都会增大，集电极静态电流 $I_{CQ} = \beta I_{BQ} + I_{CEO}$，会随温度升高而增加，$Q$ 点随温度变化。如果静态工作点取值不够恰当的话，在温度的影响下，Q 点随着输入信号和温度变化，有可能波动进入饱和区或截止区，如图 2.4.2 所示。

如果要使放大电路始终处在稳定的放大工作状态，必须稳定静态工作点 Q，这样就要使 I_{CQ} 尽可能地稳定不变。在温度升高 I_{CQ} 会增大时，电路如果能自动地适当减小基极电流 I_{BQ}，则会使 I_{CQ} 变化减小从而稳定静态工作点 Q。前面介绍的共射极放大电路没有这个功能，下面分析改进的放大电路如何稳定静态工作点 Q 的。

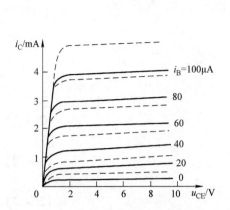

图 2.4.1　温度对 BJT 输出特性的影响

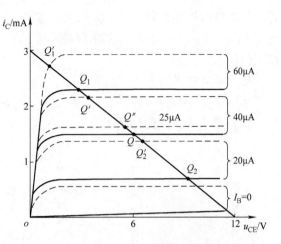

图 2.4.2　静态工作点随温度变化的输出特性

2.4.2　射极偏置电路

1. 基极分压式射极偏置电路

（1）稳定静态工作点 Q 的原理　图 2.4.3a 所示电路是最常用的稳定静态工作点的共发射极放大电路，称为基极分压式射极偏置电路。它的直流通路如图 2.4.3b 所示。它的基极电压主要由电阻 R_{b1}、R_{b2} 对 V_{CC} 进行分压而得。如果温度变化时，基极电位能基本不变，再加上发射极电阻 R_e 通过反馈稳定电流 I_{CQ}，则可实现静态工作点 Q 的稳定。

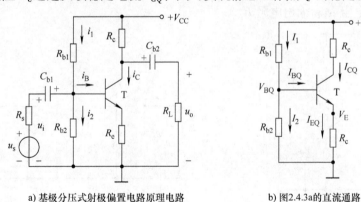

a) 基极分压式射极偏置电路原理电路　　　　b) 图2.4.3a的直流通路

图 2.4.3　基极分压式射极偏置电路

　　由图 2.4.3b 所示的直流通路来分析该电路稳定静态工作点的原理及过程。如果 R_{b1}、R_{b2} 选择合适的阻值，使 $I_1 \gg I_{BQ}$，此时 $I_2 = I_1 - I_{BQ} \approx I_1$，也就是说 I_{BQ} 相对于 I_2、I_1 而言小到可以忽略不计，可认为基极电位是由电阻 R_{b1}、R_{b2} 对 V_{CC} 进行分压而得，基本上为一固定值，即 $V_{BQ} \approx R_{b2} V_{CC} / (R_{b1} + R_{b2})$，它受到环境温度的影响极小。如果温度升高引起静态电流 $I_{CQ} \approx I_{EQ}$ 增加，此时发射极直流电位 $V_{EQ} = I_{EQ} R_e$ 也会被抬高。由于基极电位 V_{BQ} 基本固定不变，因此外加在发射结上的电压 $U_{BEQ} = V_{BQ} - V_{EQ}$ 将自动减小，使 I_{BQ} 跟着减小，结果使 I_{CQ} 的变化减小，甚至 I_{CQ} 基本维持不变，从而达到自动稳定静态工作点的目的。当温度降低时，各电量向相反方向变化，Q 点也能稳定。这个过程中，因为电阻 R_e 的存在可以反过来调节 U_{BEQ}、I_{EQ}，从而使 I_{CQ} 基本保持不变的自动调节作用称为负反馈。R_e 取值越大，反馈控制作用越强。

自动调节过程如下：

$$T\uparrow \to I_{CQ}\uparrow \to I_{EQ}\uparrow \to V_{EQ}\uparrow、V_{BQ}不变 \to U_{BEQ}\downarrow \to I_{BQ}\downarrow \to I_{CQ}\downarrow$$

（2）静态工作点的估算

$$V_{BQ} \approx \frac{R_{b2}}{R_{b1} + R_{b2}} V_{CC} \tag{2.4.1}$$

$$I_{EQ} = \frac{V_{BQ} - U_{BEQ}}{R_e} \tag{2.4.2}$$

$$I_{BQ} = \frac{I_{EQ}}{1 + \beta} \tag{2.4.3}$$

$$I_{CQ} = \frac{\beta I_{EQ}}{1 + \beta} \tag{2.4.4}$$

$$U_{CEQ} = V_{CC} - I_{CQ}R_c - I_{EQ}R_e \approx V_{CC} - I_{EQ}(R_c + R_e) \tag{2.4.5}$$

（3）动态性能分析　如果先在图 2.4.3a 所示电路中 R_e 两端并联一个电容 C_e，使 BJT 的发射极交流接地，以得到更大的输出动态范围，这样可以得到如图 2.4.4 所示的电路。显然此电路的直流通路与图 2.4.3b 所示的直流通路完全一致，也就是说静态工作点的估算如前所述。现在对此电路进行交流动态特性的分析。

1）画出图 2.4.4 所示电路的交流小信号等效电路，如图 2.4.5 所示。由此图可求得电压增益 A_u、输入电阻 R_i 和输出电阻 R_o。

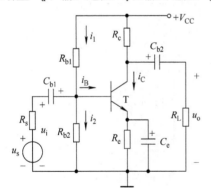

图 2.4.4　基极分压式射极偏置电路

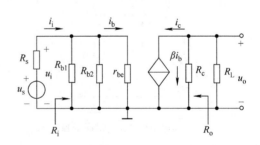

图 2.4.5　图 2.4.4 所示电路的交流小信号等效电路

2）求电压增益：

$$r_{be} \approx 200\Omega + (1 + \beta)\frac{26(\text{mV})}{I_{EQ}(\text{mA})}$$

$$u_o = -\beta i_b (R_c /\!/ R_L)$$

$$u_i = i_b r_{be} \tag{2.4.6}$$

$$A_u = \frac{u_o}{u_i} = \frac{-\beta i_b (R_c /\!/ R_L)}{i_b r_{be}} = \frac{-\beta (R_c /\!/ R_L)}{r_{be}}$$

$$A_{us} = \frac{u_o}{u_i} \frac{u_i}{u_s} = \frac{-\beta(R_c /\!/ R_L)}{r_{be}} \frac{R_i}{R_s + R_i} \tag{2.4.7}$$

3）求输入电阻：

$$R_i = \frac{u_i}{i_i} = R_{b1} /\!/ R_{b2} /\!/ r_{be} \tag{2.4.8}$$

放大电路的输入电阻不包含信号源的内阻。

4）求输出电阻：

$$R_o \approx R_c \tag{2.4.9}$$

放大电路的输出电阻不包含负载的阻抗。

如果再对图 2.4.3a 所示电路进行动态性能分析，此时 R_e 两端没有并联电容，BJT 的发射极没有交流接地，而是通过电阻 R_e 接地。

1）画出交流小信号等效电路如图 2.4.6 所示。

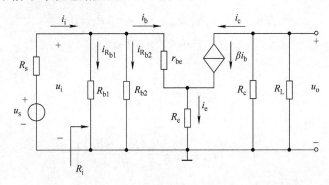

图 2.4.6　图 2.4.3a 所示电路的交流小信号等效电路

2）求电压增益：

$$r_{be} \approx 200\Omega + (1+\beta)\frac{26(\mathrm{mV})}{I_{EQ}(\mathrm{mA})}$$

$$u_o = -\beta i_b (R_c /\!/ R_L) \tag{2.4.10}$$

$$u_i = i_b r_{be} + i_e R_e = i_b r_{be} + (1+\beta) i_b R_e$$

$$A_u = \frac{u_o}{u_i} = \frac{-\beta i_b (R_c /\!/ R_L)}{i_b [r_{be} + (1+\beta)R_e]} = -\frac{\beta(R_c /\!/ R_L)}{r_{be} + (1+\beta)R_e}$$

与式（2.4.6）相比增益减小了，也就是说 BJT 发射极没有 C_e 电容交流接地时输出动态范围更小。

3）求输入电阻：

$$u_i = i_b [r_{be} + (1+\beta)R_e]$$

$$R_i = R_{b1} /\!/ R_{b2} /\!/ [r_{be} + (1+\beta)R_e] \tag{2.4.11}$$

放大电路的输入电阻不包含信号源的内阻。

4）求输出电阻：

求图 2.4.3a 所示电路输出电阻的交流小信号等效电路如图 2.4.7 所示。

上图中 $R_b = R_{b1} /\!/ R_{b2}$，根据 KVL 列方程可得

$$i_b (r_{be} + R'_s) + (i_b + i_c)R_e = 0$$

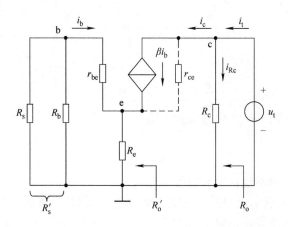

图 2.4.7　求图 2.4.3a 所示电路 R_o 的交流小信号等效电路

$$u_t - (i_c - \beta i_b) r_{ce} - (i_c + i_b) R_e = 0$$
$$R'_s = R_s /\!/ R_{b1} /\!/ R_{b2}$$

由前式可得

$$i_b = \frac{-R_e i_c}{r_{be} + R'_s + R_e}$$

将 i_b 代入后式可得

$$u_t = i_c \left[r_{ce} + R_e + \frac{R_e (\beta r_{ce} - R_e)}{r_{be} + R'_s + R_e} \right]$$

考虑到 $r_{ce} \gg R_e$，故有

$$R'_o = \frac{u_t}{i_c} \approx r_{ce} \left(1 + \frac{\beta R_e}{r_{be} + R'_s + R_e} \right) \tag{2.4.12}$$

$$R_o = \frac{u_t}{i_c + i_{Rc}} = R_c /\!/ R'_o \tag{2.4.13}$$

一般情况下，$R'_o > r_{ce} \gg R_c$，当 $R'_o \gg R_c$ 时，$R_o \approx R_c$。

例 2.4.1　已知图 2.4.4 所示电路中的 $V_{CC} = 16\text{V}$，$R_{b1} = 50\text{k}\Omega$，$R_{b2} = 20\text{k}\Omega$，$R_e = 2\text{k}\Omega$，$R_c = 3.3\text{k}\Omega$，$R_L = 6.2\text{k}\Omega$，$R_s = 500\Omega$，$\beta = 80\Omega$，$r_{ce} = 100\text{k}\Omega$，$U_{BEQ} = 0.6\text{V}$。设电容 C_{b1}、C_{b2} 对交流信号可视为短路。

1）估算静态电流 I_{CQ}、I_{BQ} 和电压 U_{CEQ}；

2）计算 A_u、R_i、$A_{us} = u_o/u_s$ 及 R_o；

3）若在 R_e 两端去掉并联的电容 C_e，如图 2.4.3a 所示，重复求解 1）、2）。

解：1）估算 I_{CQ}、I_{BQ}、U_{CEQ}，直流通路如图 2.4.3b 所示。

$$U_{BQ} \approx \frac{R_{b2}}{R_{b1} + R_{b2}} V_{CC} = \frac{20\text{k}\Omega \times 16\text{V}}{50\text{k}\Omega + 20\text{k}\Omega} \approx 4.57\text{V}$$

$$I_{EQ} = \frac{U_{BQ} - U_{BEQ}}{R_e} = \frac{(4.57 - 0.6)\text{V}}{2\text{k}\Omega} \approx 1.985\text{mA}$$

$$I_{BQ} = I_{EQ}/(1 + \beta) = 1.985\text{mA}/81 = 0.0245\text{mA} = 24.5\mu\text{A}$$

$$I_{CQ} = \beta I_{BQ} = 80 \times 0.0245\text{mA} = 1.96\text{mA}$$

$$U_{CEQ} = V_{CC} - I_{CQ}R_c + I_{EQ}R_e = 16V - 1.96mA \times 3.3k\Omega + 1.985mA \times 2k\Omega \approx 5.56V$$

2）计算 A_u、R_i、$A_{us} = u_o/u_s$、R_o，交流小信号等效电路如图 2.4.5 所示。

$$r_{be} \approx 200\Omega + (1+\beta)\frac{26mV}{I_{EQ}mA} = 200\Omega + (1+80)\frac{26mV}{1.985mA} \approx 1261\Omega \approx 1.26k\Omega$$

$$A_u = \frac{-\beta(R_c // R_L)}{r_{be}} = \frac{-80 \times (3.3k\Omega // 6.2k\Omega)}{1.26k\Omega} = -136.74$$

$$R_i = R_{b1} // R_{b2} // r_{be} = 50k\Omega // 20k\Omega // 1.26k\Omega \approx 1.16k\Omega$$

$$A_{us} = \frac{u_o}{u_i}\frac{u_i}{u_s} = A_u\frac{R_i}{R_s + R_i} = -136.74 \times \frac{1.16k\Omega}{0.5k\Omega + 1.16k\Omega} \approx -95.55$$

$$r_{ce} = 100k\Omega \gg R_c = 3.3k\Omega,$$

$$R_o \approx R_c = 3.3k\Omega$$

3）R_e 两端去掉并联电容 C_e 后，对静态工作点的值没有影响，对动态工作情况会产生影响，BJT 的发射极不再交流接地了，电路结构如图 2.4.3a 所示。交流小信号等效电路如图 2.4.6 所示。

$$A_u = \frac{-\beta(R_c // R_L)}{r_{be} + (1+\beta)R_e} = \frac{-80(3.3k\Omega // 6.2k\Omega)}{1.26k\Omega + (1+80)2k\Omega} = -1.055$$

$$R_i = R_{b1} // R_{b2} // [r_{be} + (1+\beta)R_e] = 50k\Omega // 20k\Omega // [1.26k\Omega + (1+80)2k\Omega] \approx 13.14k\Omega$$

$$A_{us} = \frac{u_o}{u_i}\frac{u_i}{u_s} = A_u\frac{R_i}{R_s + R_i} = -1.055 \times \frac{13.14k\Omega}{0.5k\Omega + 13.14k\Omega} \approx -1.016$$

$$r_{ce} = 100k\Omega \gg R_c = 3.3k\Omega,$$

$$R_o \approx R_c = 3.3k\Omega$$

2. 含有双电源的射极偏置电路

图 2.4.8a、b 所示的共发射极放大电路，是采用 $+V_{CC}$ 和 $-V_{EE}$ 双电源供电的射极偏置电路。它们也是通过利用电阻 R_e 的反馈作用以实现 I_{CQ} 的自动调节来稳定静态工作点 Q 的。图 2.4.8a 电路采用了阻容耦合方式，电容 C_{b1}、C_{b2} 和 C_e 具有隔直通交作用，将直流电源与交流信号源及负载隔离开。去掉电容耦合的三条支路后，余下的 R_b、R_c、R_{e1}、R_{e2} 及 BJT 构成了直流通路，它决定了静态工作点 Q。电阻 R_{e2} 上的交流电压被 C_e 旁路，交流接地。图 2.4.8b 采用了直接耦合方式，分析静态直流特性时，先将交流信号源 u_s 短接，由信号源内阻 R_s、基极至发射极的发射结和电阻 R_e 构成的输入回路可以分析静态工作点 Q。交流信号是直接叠加在直流信号基础之上的，交流特性分析与前面的分析类似。读者可自行分析图 2.4.8 所示两电路的静态和动态工作情况。

3. 含有恒流源的射极偏置电路

在集成电路中电阻使用很少，因为电阻消耗的能量和占用的表面积比 BJT 要大得多，所以尽可能地用恒流源代替电阻作偏置电路，如图 2.4.9 所示。此电路中发射极电流 I_{EQ} 由恒流源输出的电流 I_o 提供，不是由电阻 R_b 及 BJT 的 β 所决定的，所以 I_{EQ}、I_{CQ}、U_{CEQ} 都是很稳定的，可以很容易地求解出来。

图 2.4.10 是图 2.4.9 电路的交流小信号等效电路，可以看出来，它与前面分析的共发

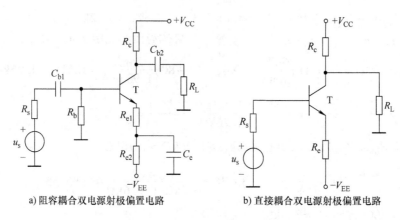

a) 阻容耦合双电源射极偏置电路　　　　　b) 直接耦合双电源射极偏置电路

图 2.4.8　双电源射极偏置电路

射极放大电路的交流小信号等效电路并没有什么区别。读者可自行分析该电路的静态工作点 Q 及 A_u、R_i、R_o。

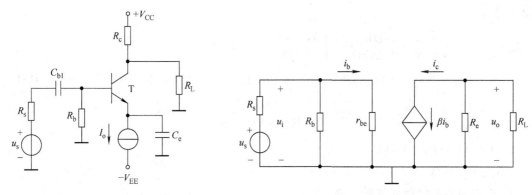

图 2.4.9　含有恒流源的射极偏置电路　　　　　图 2.4.10　图 2.4.9 电路的交流小信号等效电路

2.5　共集电极放大电路

BJT 的每一个端子都可以作为放大电路输入和输出回路的公共端。根据输入和输出回路公共端的不同，放大电路有三种基本组态，前面讨论了共发射极放大电路，还有共集电极和共基极两种放大电路。下面讨论常用的共集电极放大电路。

图 2.5.1a、b 是共集电极放大电路的原理图和直流通路。输入信号 u_i 加在基极，输出信号 u_o 从发射极取出，集电极是输入输出回路的公共端。该电路也称为射极输出器。

1. 静态分析

由图 2.5.1b 可知，与前面的分析一样，电阻 R_e 对电流 I_{CQ}、I_{EQ} 也是起负反馈的作用，以稳定静态工作点，所以该电路的 Q 点基本稳定。由直流通路可得：

$$V_{CC} = I_{BQ}R_b + U_{BEQ} + I_{EQ}R_e$$
$$I_{EQ} = (1 + \beta)I_{BQ}$$

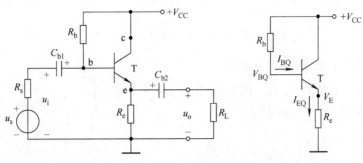

a) 共集电极放大电路原理图   b) 共集电极放大电路直流通路

图 2.5.1 共集电极放大电路

$$I_{BQ} = \frac{V_{CC} - U_{BEQ}}{R_b + (1+\beta)R_e} \tag{2.5.1}$$

$$I_{CQ} = \beta I_{BQ} \tag{2.5.2}$$

$$U_{CEQ} = V_{CC} - I_{EQ}R_e$$

2. 动态分析

图 2.5.1 电路的交流通路如图 2.5.2 所示。由交流通路可见，负载电阻 R_L 接在 BJT 发射极上，输入电压 u_i 加在基极和地之间，而输出电压 u_o 从发射极取出，集电极是输入、输出回路的公共端。用 BJT 的小信号模型取代图 2.5.2 中的 BJT，即可得到共集电极放大电路的小信号等效电路，如图 2.5.3 所示。

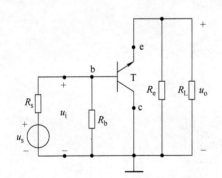

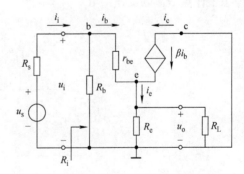

图 2.5.2 图 2.5.1 电路的交流通路   图 2.5.3 共集电极放大电路的小信号等效电路

1）根据图 2.5.3 所示的交流小信号等效电路列方程求电压增益：

$$u_i = i_b r_{be} + (1+\beta)i_b(R_e /\!/ R_L)$$
$$u_o = (1+\beta)i_b(R_e /\!/ R_L) \tag{2.5.3}$$

$$A_u = \frac{u_o}{u_i} = \frac{i_b(1+\beta)(R_e /\!/ R_L)}{i_b r_{be} + i_b(1+\beta)(R_e /\!/ R_L)} = \frac{(1+\beta)(R_e /\!/ R_L)}{r_{be} + (1+\beta)(R_e /\!/ R_L)} < 1$$

一般情况下，$\beta(R_e /\!/ R_L) \gg r_{be}$，则电压增益接近于 1，$A_u \approx 1$，$u_o$ 与 u_i 同相，所以共集电极放大电路又称为射极电压跟随器。

41

2）输入电阻：

$$R_i = \frac{u_i}{i_i} = R_b /\!/ [r_{be} + (1 + \beta)(R_e /\!/ R_L)] \tag{2.5.4}$$

输入电阻较大，且和 R_L 的大小有关。

3）输出电阻：求解输出电阻的电路如图 2.5.4 所示。输出电阻按照定义可以表示为

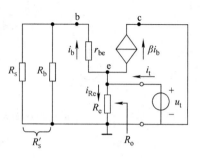

$$R_o = \frac{u_t}{i_t}\bigg|_{u_s = 0, R_L = \infty}$$

电流 i_t 流入，分流成三个电流，i_{Re}、i_b、βi_b，所以 R_o 由三条支路并联而成，R_e、$r_{be} + (R_s /\!/ R_b)$ 和流过 βi_b 电流的支路电阻，设流过 βi_b 电流的支路阻抗为 R_β，则有 $u_t = \beta i_b R_\beta = i_b [r_{be} + (R_s /\!/ R_b)]$，所以 $R_\beta = [r_{be} + (R_s /\!/ R_b)]/\beta$，三条支路并联的结果为

图 2.5.4　计算共集电极放大电路 R_o 的等效电路

$$R_o = \frac{u_t}{i_t} = R_e /\!/ (r_{be} + R_s /\!/ R_b) /\!/ \frac{r_{be} + R_s /\!/ R_b}{\beta} = R_e /\!/ \frac{r_{be} + R_s /\!/ R_b}{1 + \beta} \tag{2.5.5}$$

通过以上分析，可以总结出共集电极放大电路的特点如下：

1）电压增益小于 1 但接近于 1，u_o 与 u_i 同相；

2）输入电阻大，对电压信号源衰减小；

3）输出电阻小，带负载能力强。

例 2.5.1　电路如图 2.5.5 所示，已知 PNP 型 BJT 的 $\beta = 50$，$U_{BEQ} = -0.6V$，试求该电路的静态工作点 Q，以及 A_u、R_i、R_o。

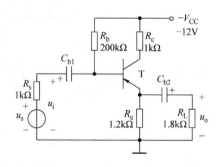

图 2.5.5　PNP 型 BJT 构成的共集电极放大电路的电路图

解： 该电路的直流通路和交流小信号等效电路如图 2.5.6a、b 所示。

由直流通路可知：

$$I_{BQ} = \frac{V_{CC} - U_{EBQ}}{R_b + (1 + \beta)R_e} = \frac{12V - 0.6V}{200k\Omega + 51 \times 1.2k\Omega} \approx 0.0436mA = 43.6\mu A$$

$$I_{CQ} = \beta I_{BQ} = 50 \times 0.0436mA = 2.18mA$$

$$I_{EQ} = (1 + \beta)I_{BQ} = 51 \times 0.0436mA = 2.22mA$$

$$U_{CEQ} = -(V_{CC} - I_{CQ}R_c - I_{EQ}R_e) \approx -(12V - 2.18mA \times 1k\Omega - 2.22mA \times 1.2k\Omega) = -7.156V$$

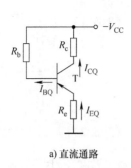

a) 直流通路

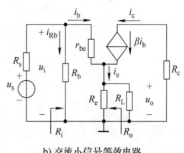

b) 交流小信号等效电路

图 2.5.6　图 2.5.5 所示电路的直流通路和交流小信号等效电路

由交流小信号等效电路可知：

$$r_{be} \approx 200\Omega + \frac{26\text{mV}}{I_{BQ}} = 200\Omega + \frac{26\text{mV}}{0.0436\text{mA}} \approx 796\Omega \approx 0.8\text{k}\Omega$$

$$u_o = i_e(R_e /\!/ R_L) = (1+\beta)i_b(R_e /\!/ R_L)$$

$$u_i = i_b r_{be} + (1+\beta)i_b(R_e /\!/ R_L)$$

$$A_u = \frac{u_o}{u_i} = \frac{(1+\beta)(R_e /\!/ R_L)}{r_{be} + (1+\beta)(R_e /\!/ R_L)} \approx \frac{51(1.2\text{k}\Omega /\!/ 1.8\text{k}\Omega)}{0.8\text{k}\Omega + 51(1.2\text{k}\Omega /\!/ 1.8\text{k}\Omega)} \approx 0.98$$

$$R_i = R_b /\!/ [r_{be} + (1+\beta)(R_e /\!/ R_L)] = 200\text{k}\Omega /\!/ [0.8\text{k}\Omega + 51(1.2\text{k}\Omega /\!/ 1.8\text{k}\Omega)] \approx 31.59\text{k}\Omega$$

$$R_o = R_e /\!/ \frac{r_{be} + R_s /\!/ R_b}{1+\beta} = 1.2\text{k}\Omega /\!/ \frac{0.8\text{k}\Omega + 1\text{k}\Omega /\!/ 200\text{k}\Omega}{51} \approx 0.034\text{k}\Omega = 34\Omega$$

在此电路中，输入信号 u_i 由 BJT 的基极输入，输出信号 u_o 由发射极取出，集电极虽然没有直接连接电源或者交流地，但它通过 R_c 连接 $-V_{CC}$，这条支路既在输入回路中，又在输出回路中，所以仍然是共集电极组态。

电阻 R_c 称为限流电阻。在没有 R_c 的情况下，调试时如果不慎将 R_e 短路，会造成电源电压 V_{CC} 全部加到 BJT 的集电极与发射极之间，BJT 会因电流过大而被烧毁。电阻 R_c 是为了防止出现这种过载现象而接入的。

2.6　共基极放大电路

图 2.6.1 是共基极放大电路的原理图，基极通过电阻分压稳定在某一个直流电位使发射结正向开启，基极又通过电容耦合交流接地。交流输入信号 u_i 通过发射极输入，输入信号 u_i 的动态变化引起基极和发射极之间电压的动态变化，交流输出信号 u_o 由集电极取出，基极是输入、输出回路的公共端。

1. 静态工作点

图 2.6.2 是共基极放大电路的直流通路，它与分压式射极偏置电路的直流通路相同，静态工作点的求法一样。

$$V_{BQ} \approx \frac{R_{b2}}{R_{b1} + R_{b2}} V_{CC}$$

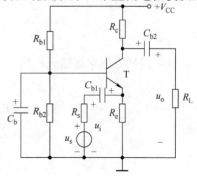

图 2.6.1　共基极放大电路

$$I_{EQ} = \frac{V_{BQ} - U_{BEQ}}{R_e} \qquad (2.6.1)$$

$$I_{BQ} = \frac{I_{EQ}}{1 + \beta}$$

$$I_{CQ} = \frac{\beta I_{EQ}}{1 + \beta}$$

$$U_{CEQ} = V_{CC} - I_{CQ}R_c - I_{EQ}R_e \approx V_{CC} - I_{CQ}(R_c + R_e) \qquad (2.6.2)$$

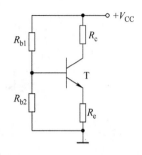

图 2.6.2　共基极放大
电路的直流通路

2. 动态指标

图 2.6.3 是共基极放大电路的交流通路，基极通过电容耦合交流接地，交流输入信号 u_i 通过电容耦合接在发射极和基极之间，交流输出信号 u_o 从集电极取出，再用简化的小信号模型代替 BJT，可以得到共基极放大电路的交流小信号等效电路，如图 2.6.4 所示。

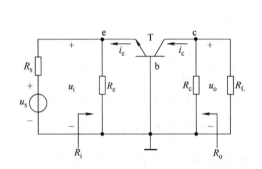

图 2.6.3　共基极放大电路的交流通路　　　图 2.6.4　共基极放大电路的交流小信号等效电路

（1）电压增益　由图 2.6.4 可知：

$$u_o = -\beta i_b (R_c /\!/ R_L)$$

$$u_i = -i_b r_{be}$$

$$A_u = \frac{u_o}{u_i} = \frac{\beta (R_c /\!/ R_L)}{r_{be}} \qquad (2.6.3)$$

（2）输入电阻　从图 2.6.4 的 u_i 输入端看进去，输入电阻是 R_e、r_{be} 以及流过 βi_b 电流的三条支路阻抗的并联，设流过 βi_b 电流的支路阻抗为 R_β，则有 $\beta i_b R_\beta = i_b r_{be}$，所以 $R_\beta = r_{be}/\beta$，可以得出输入电阻为

$$R_i = R_e /\!/ r_{be} /\!/ \frac{r_{be}}{\beta} = R_e /\!/ \frac{r_{be}}{1 + \beta} \qquad (2.6.4)$$

也可以列方程求解输入电阻

$$i_i = i_{R_e} - i_e = i_{R_e} - (1 + \beta)i_b$$

$$i_{R_e} = u_i / R_e$$

$$i_b = -u_i / r_{be}$$

$$R_i = u_i / i_i = u_i \left/ \left(\frac{u_i}{R_e} - (1 + \beta)\frac{-u_i}{r_{be}} \right) \right. = R_e /\!/ \frac{r_{be}}{1 + \beta}$$

共基极放大电路的输入电阻远小于共发射极放大电路的输入电阻。

（3）输出电阻　去掉输入信号源和负载之后，可以得到输出电阻就约等于 R_c。

$$R_o \approx R_c \qquad (2.6.5)$$

由上可知，共基极放大电路的输出电阻与共射极放大电路的输出电阻相同，近似等于集电极电阻 R_c。

例 2.6.1　在图 2.6.1 所示电路中，已知 $V_{CC} = 15V$，$R_c = 2.1k\Omega$，$R_e = 2.9k\Omega$，$R_{b1} = R_{b2} = 60k\Omega$，$R_L = 1k\Omega$，$\beta = 100$，$U_{BEQ} = 0.6V$，各电容对交流信号可视为短路。试求：1）该电路的静态工作点 Q；2）电压增益 A_u、输入电阻 R_i 和输出电阻 R_o。

解：1）求静态工作点 Q，由图 2.6.2 可求得

$$V_{BQ} \approx \frac{R_{b2}}{R_{b1} + R_{b2}} V_{CC} = \frac{60k\Omega \times 15V}{60k\Omega + 60k\Omega} = 7.5V$$

$$I_{EQ} = \frac{V_{BQ} - U_{BEQ}}{R_e} = \frac{7.5V - 0.6V}{2.9k\Omega} \approx 2.38mA$$

$$I_{BQ} = \frac{I_{EQ}}{1 + \beta} = \frac{2.38mA}{101} = 0.02356mA = 23.56\mu A$$

$$I_{CQ} = \frac{\beta I_{EQ}}{1 + \beta} = \frac{100 \times 2.38mA}{101} = 2.356mA$$

$$U_{CEQ} \approx V_{CC} - I_{CQ}R_c - I_{EQ}R_e = 15V - 2.356mA \times 2.1k\Omega - 2.38mA \times 2.9k\Omega = 3.15V$$

2）求 A_u、R_i、R_o，由图 2.6.4 可得

$$r_{be} \approx 200\Omega + (1 + \beta)\frac{26mV}{I_{EQ}} = 200\Omega + 101\frac{26mV}{2.38mA} \approx 1303\Omega \approx 1.3k\Omega$$

$$A_u = \frac{\beta(R_c /\!/ R_L)}{r_{be}} = \frac{100(2.1k\Omega /\!/ 1k\Omega)}{1.3k\Omega} \approx 52.11$$

$$R_i = R_e /\!/ \frac{r_{be}}{1 + \beta} = 2.9k\Omega /\!/ \frac{1.3k\Omega}{101} \approx 13\Omega$$

$$R_o \approx R_c = 2.1k\Omega$$

2.7　多级放大电路

前面分析的放大电路，都是由一个双极结型晶体管组成的单级放大电路，它们的放大倍数是极其有限的。几乎在所有情况下，放大器的输入信号都很微弱，一般为毫伏或微伏级，输入功率常在 $1mW$ 以下。在大多数的实际应用中，单管 BJT 组成的放大电路往往不能满足特定的增益、输入电阻、输出电阻等要求。为此，常把两种不同的组态进行适当的组合，以便发挥各自的优点，获得更好的性能。为推动负载工作，必须由多级放大电路对微弱信号进行连续放大，方可在输出端获得必要的电压幅值或足够的功率。实用的放大电路都是由多个单级放大电路组成的多级放大电路，其中前几级为电压放大级，末级为功率放大级。多级放大器的框图如图 2.7.1 所示，第一级称作输入级，它的任务是将小信号进行放大；最末一级（有时也包括末前级）称作输出级，它们担负着电路功率放大任务；其余各级称作中间级，它们担负着电压放大任务。

在多级放大电路中，每两个单级放大电路之间的连接方式称为耦合。耦合方式有阻容耦合、变压器耦合和直接耦合三种。前两种只能放大交流信号，后一种既能放大交流信号又能

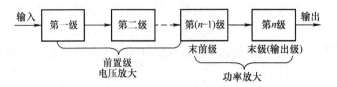

图 2.7.1 多级放大电路的框图

放大直流信号。由于变压器耦合在放大电路中的应用已经逐渐减少，所以本节主要讨论阻容耦合和直接耦合两种方式。

两个放大管直接耦合组合在一起的电路是多级放大电路，如共集电极–共发射极电路、共发射极–共基极电路、共集电极–共基极电路、共集电极–共集电极电路。

2.7.1 共发射极–共基极放大电路

图 2.7.2a 是共发射极–共基极放大电路的原理图，其中 T_1 是共发射极组态，T_2 是共基极组态。两个 BJT 之间是串联的关系，前一级的输出是后一级的输入，该电路又称为串接放大电路。图 2.7.2b 是图 2.7.2a 电路的交流通路。

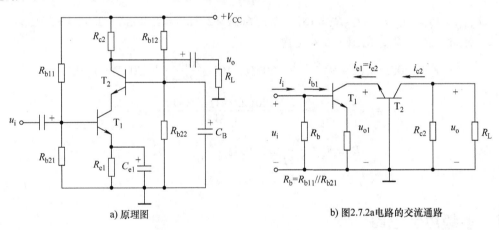

a) 原理图　　　　　　　　　　　　b) 图2.7.2a电路的交流通路

图 2.7.2 共发射极–共基极放大电路

由交流通路可见，第一级的输出电压就是第二级的输入电压，即 $u_{o1} = u_{i2}$，第二级的输入电阻就是第一级的负载，由此可以推导该电路的电压增益表达式如下：

$$A_{u1} = -\frac{\beta_1 R'_{L1}}{r_{be1}} = -\frac{\beta_1}{r_{be1}} \cdot \frac{r_{be2}}{(1+\beta_2)}, \quad \text{其中 } R'_{L1} = R_{i2} = \frac{r_{be2}}{(1+\beta_2)}$$

$$A_{u2} = \frac{\beta_2 R'_{L2}}{r_{be2}} = \frac{\beta_2 (R_{c2} /\!/ R_L)}{r_{be2}}$$

$$A_u = \frac{u_o}{u_i} = \frac{u_{o1}}{u_i} \cdot \frac{u_o}{u_{o1}} = A_{u1} A_{u2} = -\frac{\beta_1 r_{be2}}{r_{be1}(1+\beta_2)} \cdot \frac{\beta_2 (R_{c2} /\!/ R_L)}{r_{be2}}$$

如果 $\beta_2 \gg 1$，那么可得

$$A_u \approx -\frac{\beta_1 (R_{c2} /\!/ R_L)}{r_{be1}} \tag{2.7.1}$$

输入电阻即是第一级的输入电阻

$$R_i = \frac{u_i}{i_i} = R_b /\!/ r_{be1} = R_{b11} /\!/ R_{b21} /\!/ r_{be1} \tag{2.7.2}$$

输出电阻即是第二级的输出电阻

$$R_o \approx R_{c2} \tag{2.7.3}$$

由上可知，组合放大电路总的电压增益等于组成它的各级单管放大电路电压增益的乘积。前一级的输出电压是后一级的输入电压，后一级的输入电阻 R_{i2} 是前一级的负载电阻 R_{L1}。组合放大电路的输入电阻 R_i 等于第一级放大电路的输入电阻 R_{i1}，输出电阻 R_o 等于最后一级（输出级）的输出电阻 R_{L2}。以上结论可以推广至多级放大电路。

2.7.2　共集电极 – 共集电极放大电路

图 2.7.3a 是共集电极 – 共集电极放大电路的原理图，T_1 和 T_2 管都是共集电极连接，一起构成复合管。把两只或 3 只 BJT 按一定原则连接起来所构成的三端器件叫做复合管，又称为达林顿（Darlinton）管。图 2.7.3b 是图 2.7.3a 的交流通路。

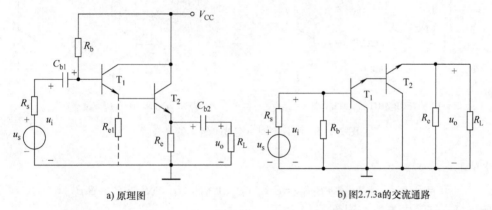

a) 原理图　　　　　　　　　　b) 图2.7.3a的交流通路

图 2.7.3　共集电极 – 共集电极放大电路

先分析 T_1 与 T_2 组成的复合管的特性，然后再对图 2.7.3 所示电路进行动态性能分析。

1. 复合管的主要特性

（1）复合管的组成及类型　复合管的组成必须保证两只 BJT 均工作在放大状态，有这样几种结构：

1）两只同一种 NPN 型（或同一种 PNP 型）的 BJT 构成复合管时，应将一只管子的发射极接至另一只管子的基极，然后集电极相连，构成共集电极—共集电极放大电路。两只 NPN 型 BJT 构成复合管，可等效为一个 NPN 管，两只 PNP 型 BJT 构成复合管，可等效为一个 PNP 管，如图 2.7.4 所示。

2）两只不同导电类型（如 NPN 与 PNP）的 BJT 构成复合管时，应将一只管子的集电极接至另一只管子的基极，然后一只管子的发射极与另一只管子的集电极相连，构成共发射极—共集电极结构，以实现两次电流放大作用。NPN 与 PNP 型 BJT 构成复合管，也可等效为一个 NPN 管，PNP 与 NPN 型 BJT 构成复合管，也可等效为一个 PNP 管，如图 2.7.5 所示。

（2）复合管的主要参数

1）电流放大倍数 β：以图 2.7.4a 所示两只 NPN 型 BJT 组成的复合管为例，复合管的集

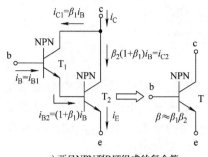
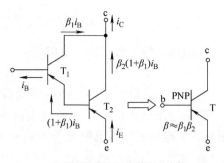

a) 两只NPN型BJT组成的复合管　　　　　b) 两只PNP型BJT组成的复合管

图 2.7.4　两只同类型 BJT 组成的复合管

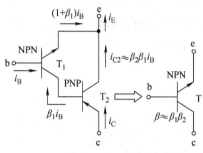
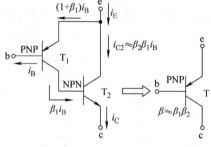

a) NPN与PNP型BJT组成的复合管　　　　b) PNP与NPN型BJT组成的复合管

图 2.7.5　两只不同类型 BJT 组成的复合管

电极电流

$$i_C = i_{C1} + i_{C2} = \beta_1 i_{B1} + \beta_2 i_{B2} = \beta_1 i_B + \beta_2(1 + \beta_1) i_B = (\beta_1 + \beta_2 + \beta_1 \beta_2) i_B$$

所以复合管的电流放大倍数

$$\beta = \beta_1 + \beta_2 + \beta_1 \beta_2 \tag{2.7.4}$$

一般情况下有 $\beta_1 \gg 1$，$\beta_2 \gg 1$，$\beta_1 \beta_2 \gg \beta_1 + \beta_2$，所以

$$\beta \approx \beta_1 \beta_2 \tag{2.7.5}$$

即复合管的电流放大倍数近似等于各组成管电流放大倍数的乘积。这个结论同样适合于其他类型的复合管。

2）输入电阻 r_{be}：由同类型的两只 BJT 构成的复合管，如图 2.7.4a、b 所示，其输入电阻为

$$r_{be} = r_{be1} + (1 + \beta_1) r_{be2} \tag{2.7.6}$$

由不同类型的两只 BJT 构成的复合管，如图 2.7.5a、b 所示，其输入电阻为

$$r_{be} = r_{be1} \tag{2.7.7}$$

式（2.7.6）、式（2.7.7）说明，复合管的输入电阻与 T_1、T_2 的接法有关。

由上述分析可知：

1）复合管具有很高的电流放大倍数；

2）同类型的 BJT 构成复合管时，其输入电阻会增加。

与单管共集电极放大电路相比，图 2.7.3 所示共集电极—共集电极放大电路的动态性能

会更好。

2. 共集电极—共集电极放大电路的 A_u、R_i、R_o

$$A_u = \frac{u_o}{u_i} = \frac{(1+\beta)(R_e /\!/ R_L)}{r_{be} + (1+\beta)(R_e /\!/ R_L)} \tag{2.7.8}$$

$$R_i = R_b /\!/ [r_{be} + (1+\beta)(R_e /\!/ R_L)] \tag{2.7.9}$$

$$R_o = R_e /\!/ \frac{R_s /\!/ R_b + r_{be}}{1+\beta} \tag{2.7.10}$$

式中，$\beta = \beta_1 + \beta_2 + \beta_1\beta_2 \approx \beta_1\beta_2$，$r_{be} = r_{be1} + (1+\beta_1)r_{be2}$

由上述分析可知，采用了复合管后，复合放大倍数 β 更大了，使共集电极—共集电极放大电路比单管共集电极放大电路的电压跟随特性更好，A_u 更接近于 1，输入电阻 R_i 更高，而输出电阻 R_o 更小。

在图 2.7.3a 所示电路中，由于 T_1、T_2 两管的工作电流不同，T_1 管的工作电流较小，T_1 的 β_1 值较低。为了克服这一缺点，可在 T_1 管的射极与公共地之间加接一只数十千欧以上的电阻 R_{e1} 或电流源，如图 2.7.3a 中的虚线所示，以调整 T_1 管的静态工作点 Q，改善其性能。

2.7.3　阻容耦合放大电路

将放大电路的前级输出端通过电容接到后级输入端，称为阻容耦合方式，图 2.7.6 所示为两级阻容耦合放大电路，第一级为分压式偏置放大电路，第二级为射极输出器。

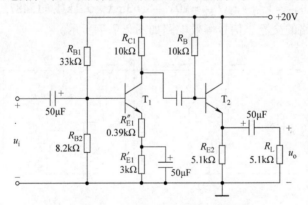

图 2.7.6　两级阻容耦合放大电路

由于电容对直流电的容抗为无穷大，因而阻容耦合放大电路各级之间的直流通路各不相通，各级的静态工作点相互独立；在求解或实际调试静态工作点时可按单级处理，所以电路的分析、设计和调试简单易行。而且，只要输入信号频率较高，耦合电容容量较大，前级的输出信号就可以几乎没有衰减地传递到后级的输入端。因此，在分立元件电路中，阻容耦合方式得到了非常广泛的应用。

阻容耦合放大电路的低频特性差，不能放大变化缓慢的信号。这是因为电容对这类信号呈现出很大的容抗，信号的一部分甚至全部都衰减在耦合电容上，根本不向后级传递。此外在集成电路中制造大容量电容很困难，甚至不可能，所以耦合方式不便于集成化，在集成电路中都采用直接耦合。

例 2.7.1 已知图 2.7.6 所示电路中，双极结型晶体管的 β 均为 40，$r_{be1} = 1.37\text{k}\Omega$，$r_{be2} = 0.89\text{k}\Omega$，$U_{BE1} = U_{BE2} = 0.6\text{V}$。试估算前后级放大电路的静态工作点，画出交流小信号等效电路，并计算各级电压放大倍数 A_{u1}、A_{u2} 及两级电压放大倍数 A_u，放大电路的输入电阻 R_i 和输出电阻 R_o。

解：1）估算前级的静态值：

$$V_{B1} \approx \frac{R_{B2} V_{CC}}{R_{B1} + R_{B2}} = \frac{8.2 \times 20\text{V}}{33 + 8.2} = 4\text{V}$$

$$I_{E1} = \frac{V_{B1} - U_{BE1}}{R'_{E1} + R''_{E1}} = \frac{4 - 0.6}{3 + 0.39}\text{mA} = 1\text{mA}$$

$$I_{B1} = \frac{I_{E1}}{1 + \beta_1} = 0.0244\text{mA}$$

$$I_{C1} = \beta I_{B1} = 0.976\text{mA}$$

$$U_{CE1} = V_{CC} - I_{C1} R_{C1} - I_{E1}(R'_{E1} + R''_{E1}) = 20\text{V} - 0.976\text{mA} \times 10\text{k}\Omega - 1\text{mA} \times (3 + 0.39)\text{k}\Omega = 6.85\text{V}$$

估算后级静态值：

$$I_{B2} = \frac{V_{CC} - U_{BE2}}{R_B + (1 + \beta_2) R_{E2}} = \frac{(20 - 0.6)\text{V}}{10\text{k}\Omega + (1 + 40) \times 5.1\text{k}\Omega} = 0.0885\text{mA}$$

$$I_{C2} = \beta_2 I_{B2} = 40 \times 0.0885\text{mA} = 3.54\text{mA}$$

$$I_{E2} = (1 + \beta_2) I_{B2} = 41 \times 0.0885\text{mA} = 3.63\text{mA}$$

$$U_{CE2} = V_{CC} - I_{E2} R_{E2} = 20\text{V} - 3.63\text{mA} \times 5.1\text{k}\Omega = 1.487\text{V}$$

2）两级放大电路的交流小信号等效电路如图 2.7.7 所示。

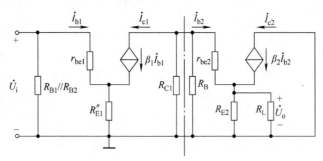

图 2.7.7　两级放大电路的交流小信号等效电路

求 A_{u1}、A_{u2}、A_u。放大电路中前级的输出电压就是后级的输入电压。

$$u_{o1} = u_{i2}$$

$$A_u = \frac{u_o}{u_i} = \frac{u_{o1}}{u_i} \frac{u_o}{u_{i2}} = A_{u1} A_{u2}$$

前级的负载电阻就是后级的输入电阻。

$$r_{be1} = 200 + (1 + 40)\frac{26\text{mV}}{1\text{mA}} = 1266\Omega = 1.266\text{k}\Omega$$

$$r_{be2} = 200 + \frac{26\text{mV}}{0.0885\text{mA}} = 494\Omega = 0.494\text{k}\Omega$$

$$R_{i2} = R_B // [r_{be2} + (1 + \beta_2)(R_{E2} // R_L)]$$

$$= 10\text{k}\Omega /\!/ [0.494\text{k}\Omega + (1+40)(5.1\text{k}\Omega /\!/ 5.1\text{k}\Omega)] \approx 9.131\text{k}\Omega$$

$$A_{u1} = \frac{-\beta_1(R_{C1} /\!/ R_{i2})}{r_{be1} + (1+\beta_1)R''_{E1}} = \frac{-40 \times \dfrac{10\text{k}\Omega \times 9.13\text{k}\Omega}{10\text{k}\Omega + 9.13\text{k}\Omega}}{1.266\text{k}\Omega + 41 \times 0.39\text{k}\Omega} \approx -11.1$$

后级射极输出器放大倍数接近于 1。

$$A_{u2} = \frac{(1+\beta_2)(R_{E2} /\!/ R_L)}{r_{be2} + (1+\beta_2)(R_{E2} /\!/ R_L)} = \frac{41 \times \dfrac{5.1\text{k}\Omega \times 5.1\text{k}\Omega}{5.1\text{k}\Omega + 5.1\text{k}\Omega}}{0.494\text{k}\Omega + 41 \times \dfrac{5.1\text{k}\Omega \times 5.1\text{k}\Omega}{5.1\text{k}\Omega + 5.1\text{k}\Omega}} \approx 0.99$$

整个电路的电压放大倍数为

$$A_u = A_{u1}A_{u2} = -11.1 \times 0.99 \approx -10.99$$

3）求 R_i，R_o。放大电路的输入电阻就是第一级的输入电阻。

$$R_i = R_{B1} /\!/ R_{B2} /\!/ [r_{be1} + (1+\beta_1)R''_{E1}] = 33\text{k}\Omega /\!/ 8.2\text{k}\Omega /\!/ [1.266\text{k}\Omega + 41 \times 0.39\text{k}\Omega] \approx 4.76\text{k}\Omega$$

放大电路的输出电阻就是最后一级的输出电阻。

$$R_o = \frac{(R_{C1} /\!/ R_B) + r_{be2}}{1+\beta_2} /\!/ R_{E2} = \frac{(10\text{k}\Omega /\!/ 10\text{k}\Omega) + 0.494\text{k}\Omega}{1+40} /\!/ 5.1\text{k}\Omega \approx 0.13\text{k}\Omega$$

应当注意，当射极输出器作为输入级（即第一级）时，它的输入电阻与第二级的输入电阻有关；而当射极输出器作为输出级（即最后一级）时，它的输出电阻与倒数第二级的输出电阻有关。

习　　题

2.1　试判断图题 2.1 中各个电路能不能放大交流信号？为什么？

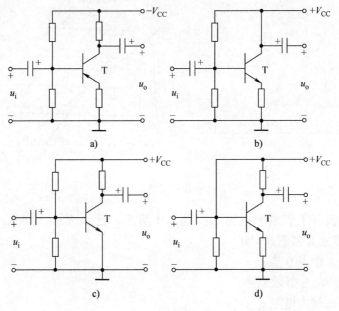

图题 2.1

2.2 双极结型晶体管放大电路如图题 2.2a 所示，已知 $R_B = 200\text{k}\Omega$，$R_C = 5\text{k}\Omega$，$V_{CC} = 12\text{V}$，$U_{BEQ} = 0.6\text{V}$，双极结型晶体管的 $\beta = 25$。

1）试用直流通路估算各静态值 I_B、I_C、U_{CE}；

2）双极结型晶体管的输出特性如图题 2.2b 所示，试用图解法作放大电路的静态工作点。

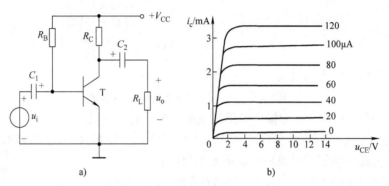

图题 2.2

2.3 放大电路如图题 2.3a 所示，已知双极结型晶体管的输出特性以及放大电路的交、直流负载线如图题 2.3b 所示。求：

1）V_{CC}、I_{BQ}、I_{CQ}、U_{CEQ} 的值；

2）R_B、R_C、R_L 的值；

3）输出电压不失真的最大幅值 u_{oM}；

4）输出不产生失真时的输入正弦电压最大幅值 u_{iM}。

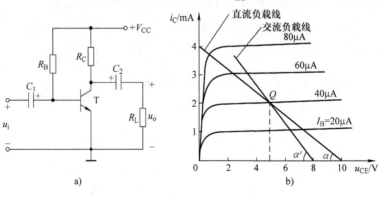

图题 2.3

2.4 共发射极 BJT 管放大电路如图题 2.4 所示，已知 $R_b = 300\text{k}\Omega$，$R_c = 4\text{k}\Omega$，$R_s = 500\Omega$，BJT 的电流放大倍数 $\beta = 50$。

1）估算静态工作点 Q 点；

2）画出交流小信号等效电路；

3）估算 BJT 的输入电阻 r_{be}；

4）求电压增益 $A_u = u_o/u_i$ 及 $A_{us} = u_o/u_s$。

2.5 基极分压式射极偏置电路如图题 2.5 所示，已知 $R_{b1} = 60\text{k}\Omega$，$R_{b2} = 20\text{k}\Omega$，$R_e = $

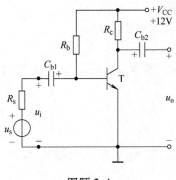

图题 2.4

$2k\Omega$，$R_c = 3k\Omega$，$R_L = 6k\Omega$，BJT 的电流放大倍数 $\beta = 60$。

1）估算静态工作点 Q 点；

2）画出交流小信号等效电路；

3）估算 BJT 的输入电阻 r_{be}；

4）求电压增益 $A_u = u_o / u_i$；

5）电路其他参数不变，如果要使 $U_{ceq} = 4V$，基极分压电阻 R_{b1} 应该为多大？

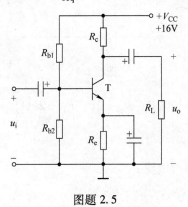

图题 2.5

2.6　在图题 2.6 所示电路中，设信号源 $R_s = 600\Omega$，$R_{b1} = 33k\Omega$，$R_{b2} = 10k\Omega$，$R_{e1} = 200\Omega$，$R_{e2} = 1.3k\Omega$，$R_c = 3.3k\Omega$，$R_L = 5.1k\Omega$，BJT 的电流放大倍数 $\beta = 60$。

1）求静态工作点 Q 点；

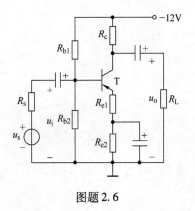

图题 2.6

2）画出交流小信号等效电路；

3）求该电路的输入电阻 R_i 和输出电阻 R_o；

4）求电压放大倍数 $A_u = u_o/u_i$，$A_{us} = u_o/u_s$。

2.7　在图题 2.7 的射极输出器中，双极结型晶体管的 $R_s = 2k\Omega$，$R_b = 200k\Omega$，$R_e = 3k\Omega$，$\beta = 80$。试求：

1）静态值 I_B、I_C、U_{CE}；

2）画出放大电路的微变等效电路；

3）求 $R_L = 3k\Omega$ 时电压放大倍数 A_{u1}、输入电阻 R_{i1} 和 $R_L = \infty$ 时电压放大倍数 A_{u2}、输入电阻 R_{i2}；

4）输出电阻 R_o。

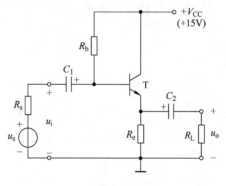

图题 2.7

2.8　在图题 2.8 中，$R_B = 300k\Omega$，$R_E = 2k$，$R_C = 2k\Omega$，$V_{CC} = 12V$，双极结型晶体管的 $\beta = 50$。电路有两个输出端。试求：

1）静态值 I_B、I_C、U_{CE}；

2）画出放大电路的微变等效电路；

3）电压放大倍数 $A_{u1} = u_{o1}/u_i$ 和 $A_{u2} = u_{o2}/u_i$；

4）输入电阻 R_i，输出电阻 R_{o1} 和 R_{o2}。

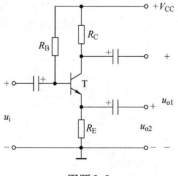

图题 2.8

2.9　在图题 2.9 所示的电路中，已知 $R_b = 260k\Omega$，$R_e = R_L = 5.1k\Omega$，$R_s = 500\Omega$，$V_{EE} = 12V$，$\beta = 50$。试求：

1）静态工作点 Q 点；

2）画出交流小信号等效电路；

3）电压增益 $A_u = u_o / u_i$、输入电阻 R_i 及输出电阻 R_o；

4）电压增益 $A_{us} = u_o / u_s$。

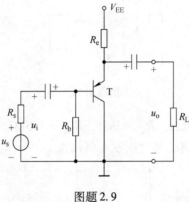

图题2.9

2.10 电路如图题 2.10 所示，$R_{b1} = 20\text{k}\Omega$，$R_{b2} = 15\text{k}\Omega$，$R_e = 2\text{k}\Omega$，$R_c = 2\text{k}\Omega$，$R_s = 2\text{k}\Omega$，BJT 的电流放大倍数 $\beta = 100$。试求：

1）静态工作点 Q 点；

2）画出交流小信号等效电路；

3）输入电阻 R_i 及输出电阻 R_{o1} 和 R_{o2}；

4）电压增益 $A_{us1} = u_{o1} / u_s$ 和 $A_{us2} = u_{o2} / u_s$。

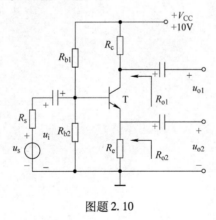

图题2.10

2.11 共基极放大电路如图题 2.11 所示，BJT 的发射极接入恒流源，设 BJT 的电流放大倍数 $\beta = 100$，$R_s = 0$，$R_c = 7.5\text{k}\Omega$，$R_L = \infty$。

1）估算静态工作点 Q 点；

2）画出交流小信号等效电路；

3）求电压增益 $A_u = u_o / u_i$；

4）求该电路的输入电阻 R_i 和输出电阻 R_o。

2.12 图题 2.12 为一两级放大电路，已知双极结型晶体管的 $R_{B1} = 56\text{k}\Omega$，$R_{E1} =$

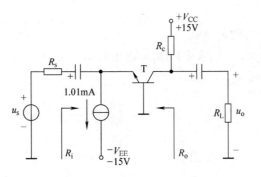

图题 2.11

5.6kΩ，$R_{B2} = 20kΩ$，$R_{B3} = 10kΩ$，$R_C = 3kΩ$，$R_{E2} = 1.5kΩ$，$r_{be1} = 1.7kΩ$，$r_{be2} = 1.1kΩ$，$\beta_1 = 40$，$\beta_2 = 50$，求该放大电路的总电压放大倍数 A_u、输入电阻 R_i 和输出电阻 R_o。

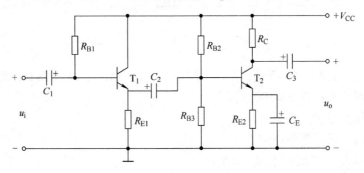

图题 2.12

第3章　场效应晶体管及其放大电路

本章将分析场效应晶体管（FET, Field Effect Transistor），它是一种利用栅极电压形成的电场效应来控制漏极与源极之间电流大小的半导体器件。场效应晶体管具有体积小、重量轻、耗电省、寿命长、输入阻抗高、噪声低、热稳定性好、抗辐射能力强和制造工艺简单等许多的特点和优点，在各种电子电路中应用广泛，特别适合设计制造超大规模集成电路。

FET 有两种主要类型：结型场效应晶体管（JFET, Junction Field Effect Transistor）和金属－氧化物－半导体场效应晶体管（MOSFET, Metal－Oxide－Semiconductor Field Effect Transistor，又称为绝缘栅型场效应晶体管）。与 BJT 的导电机制不同，FET 只有电子或空穴一种多数载流子导电，所以 FET 也称为单极型器件。BJT 属于电流控制电流型器件，而 FET 属于电压控制电流型器件。

本章首先介绍 JFET 的结构和工作原理，然后着重分析 MOSFET 的结构和工作原理，以及场效应晶体管放大电路的 3 种组态：共源极、共漏极和共栅极结构 FET 放大电路。

3.1　结型场效应晶体管（JFET）

场效应晶体管主要分为结型场效应晶体管（JFET）和绝缘栅型场效应晶体管（MOS-FET）两大类。

结型场效应晶体管（JFET）是利用半导体内的电场效应进行工作的，也称为体内场效应器件。结型场效应晶体管可以由 P 型半导体和 N 型半导体结合在一起构成，内部存在普通的 PN 结，称为 JFET；也可以是一个金属－半导体场效应晶体管结构，存在一个肖特基（Schottky）势垒栅结，称为 MESFET（Metal－Semiconductor Field Effect Transistor）。MESFET 响应速度很快，可用在高速或高频电路中。JFET 又分为导电沟道为 N 沟道的 JFET 和导电沟道为 P 沟道的 JFET。

3.1.1　JFET 的结构和工作原理

1. 结构

N 沟道结型场效应晶体管（JFET）的结构示意图如图 3.1.1a 所示。在一块 N 型半导体材料两边扩散出高浓度的 P$^+$ 型区，然后两边 P$^+$ 型区引出两个连在一起的电极称为栅极 g（Gate），在 N 型半导体材料的两端各引出一个电极，分别称为源极 s（Source）和漏极 d（Drain），P 型区与 N 型区交界处形成两个 PN 结。

N 沟道 JFET 的立体结构图如图 3.1.1b 所示。图中衬底和中间顶部的 P$^+$ 型半导体连接在一起引出来，称为栅极 g。漏极 d 和源极 s 之间的 N 型低阻通路，是通过光刻和扩散等工艺形成的 N 型导电沟道。s、g、d 电极分别由不同的铝接触层引出。JFET 的栅极 g 与 BJT 的基极 b 相对应，源极 s 与 BJT 的发射级 e 相对应，漏极 d 与 BJT 的集电极 c 相对应。

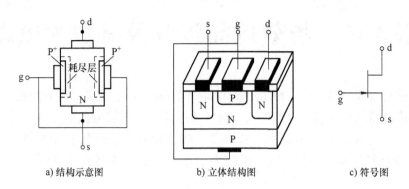

a) 结构示意图　　　　　b) 立体结构图　　　　　c) 符号图

图 3.1.1　N 沟道 JFET 的结构和符号

两个 PN 结中间的 N 型区域是导电沟道。这种导电沟道中以电子为载流子的结型场效应晶体管称为 N 型沟道 JFET。图 3.1.1c 是它的代表符号，其中箭头的方向表示栅结正向偏置时，栅极电流的方向是由 P 指向 N。

按照类似的方法，可以制成 P 沟道 JFET，如图 3.1.2 所示。

2. 工作原理

下面开始分析 N 沟道 JFET 的工作原理。

如果栅极与源极之间不加电压，$u_{GS} = 0$，栅

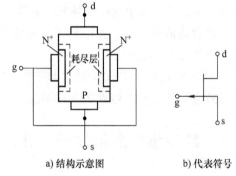

a) 结构示意图　　　b) 代表符号

图 3.1.2　P 沟道 JFET 的结构和符号

极与沟道间存在耗尽层，但是漏极与源极之间导电沟道是存在的。此时如果在漏极与源极间加一正电压（$u_{DS} > 0$），使 N 沟道中的多数载流子电子在电场作用下由源极向漏极运动，可以形成电流 i_D。如果在栅极与源极之间加一负电压，$u_{GS} < 0$，使栅极与沟道之间的 PN 结反偏，耗尽层增厚，场效应晶体管呈现出巨大的输入电阻，此时栅极电流 $i_G \approx 0$，i_D 减小。如果 u_{GS} 达到某一负的数值，栅极与沟道间的耗尽层可以增厚到阻塞整个导电沟道，此时 i_D 可以减小到趋于 0。i_D 的大小受到 u_{GS} 的控制。可以通过分析 u_{GS} 对 i_D 的控制作用，来讨论 JFET 的工作原理。

如果 $u_{DS} = 0$，当 $u_{GS} < 0$ 时，栅极与沟道之间的 PN 结反偏，u_{GS} 由零往负方向继续变化时，PN 结的耗尽层将加宽，导电沟道继续变窄，沟道电阻增大，当 u_{GS} 变化到某一负的数值时，两侧耗尽层在中间合拢，沟道可以全部被夹断，此时漏 - 源间的电阻将趋于无穷大，对应的栅 - 源电压称为夹断电压 U_{PN}（P 表示夹断，N 表示 N 沟道），如图 3.1.3 所示。N 沟道 JFET 的夹断电压 $U_{PN} < 0$，它也可以表示为 $U_{GS(off)}$。

上述分析表明，通过改变 u_{GS} 的大小，可以改变导电沟道电阻的大小。如果在漏 - 源间加上了正电压 u_{DS}，改变 u_{GS} 也就可以改变漏极流向源极的电流 i_D 的大小，$|u_{GS}|$ 增大时，沟道电阻增大，i_D 减小。所以 i_D 是受 u_{GS} 控制的电流。

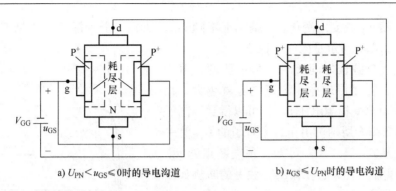

a) $U_{PN} < u_{GS} \leqslant 0$ 时的导电沟道　　　　b) $u_{GS} \leqslant U_{PN}$ 时的导电沟道

图 3.1.3　当 $u_{DS} = 0$ 时改变栅源电压 u_{GS} 对导电沟道的影响

3.1.2　电压电流（$U—I$）特性曲线及特性方程

1. 电压电流（$U—I$）输出特性曲线

假设 $u_{GS} = 0$，当 $u_{DS} = 0$ 时，$i_D = 0$。如果 u_{DS} 从 0 开始逐渐增加，就会产生一个逐渐增加的漏极电流 i_D。如果栅极与源极接零电位，漏极与源极之间加上正电压 u_{DS}，那么栅极与漏极之间 PN 结反向偏置的电压较大则耗尽层较厚，此处导电沟道较窄，栅极与源极之间 PN 结反偏电压较小则耗尽层较薄，此处导电沟道较宽，就会产生一个楔形分布的导电沟道，离源极越近导电沟道越宽，越靠近漏极导电沟道越窄。如图 3.1.4 所示。

从另一方面来说，如果增加 u_{DS}，又会增加栅极与漏极之间的反向偏置电压，就会限制导电沟道，从而影响漏极电流 i_D 的提高。但在 u_{DS} 较小时，导电沟道靠近漏端区域仍较宽，此时 i_D 随 u_{DS} 升高快速增大，构成如图 3.1.5 所示输出特性曲线 Ⅱ 区的上升段。

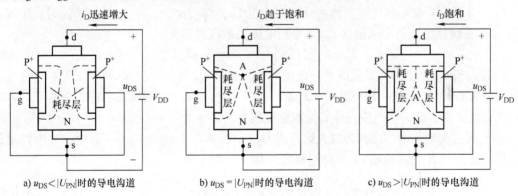

a) $u_{DS} < |U_{PN}|$ 时的导电沟道　　b) $u_{DS} = |U_{PN}|$ 时的导电沟道　　c) $u_{DS} > |U_{PN}|$ 时的导电沟道

图 3.1.4　$u_{GS} = 0$ 时，改变 u_{DS} 对导电沟道的影响

如果 u_{DS} 继续增加，当达到某一电压值时，栅极与漏极之间的反向偏置电压使耗尽层达到最宽，两耗尽层相遇导电沟道开始夹断，此时的状态称为预夹断。此时夹断点 A 点耗尽层两边的电位差为夹断电压 U_{PN}。在预夹断点 A 处，U_{PN} 与 u_{GS}、u_{DS} 之间满足如下关系：

$$u_{GD} = u_{GS} - u_{DS} = U_{PN} \tag{3.1.1}$$

如果 $u_{GS} = 0$，则 $u_{GD} = -u_{DS} = U_{PN}$。

导电沟道在 A 点开始预夹断后，如果 u_{DS} 继续上升，导电沟道夹断点将会向源极方向延伸。但是 u_{DS} 电压上升所形成的电场仍能将电子拉过夹断区，形成漏极电流。此时，沟道内

电场基本上不随 u_{DS} 改变而变化，i_D 基本上不随 u_{DS} 增加而上升，漏极电流趋于饱和。输出特性曲线如图 3.1.5 所示Ⅲ区的平稳段。

如果在栅极与源极之间接一个负电压源，由于栅源电压越负，耗尽层越宽，沟道电阻就越大，相应的 i_D 就越小。改变栅源电压 u_{GS} 就可以得到不同的 i_D 曲线，如图 3.1.5 所示。由于每个管子的 U_{PN} 为一定值，因此，从式（3.1.1）可知，预夹断点处 u_{DS} 电压随 u_{GS} 改变而变化，它在输出特性上的轨迹如图 3.1.5 中左边虚线所示。

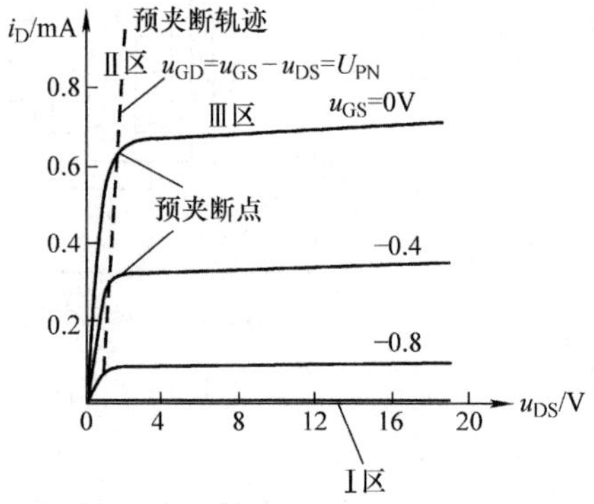

综上所述，可得如下结论：

1）JFET 栅极与导电沟道之间的 PN 结是没有开启甚至反向偏置的，电流 $i_G \approx 0$。

图 3.1.5　栅源电压改变时 N 沟道 JFET 的
输出特性曲线

2）JFET 是电压控制电流器件，i_D 受 u_{GS} 控制。

3）预夹断前，i_D 与 u_{GS} 呈近似线性关系；预夹断后，i_D 趋于饱和。

P 沟道 JFET 的工作原理与上述分析相似，其电源极性与 N 沟道 JFET 的电源极性相反。因为结型场效应晶体管 $i_G \approx 0$，所以不需要考虑 $U—I$ 输入特性。

2. 电压电流（$U—I$）特性方程

N 沟道结型场效应晶体管的输出特性曲线如图 3.1.5 所示。它的工作情况可分为截止、线性、饱和三个区域，下面分别加以讨论。

（1）Ⅰ区为截止区，也称为夹断区

当 $u_{GS} < U_{PN}$ 时，$i_D = 0$。

（2）Ⅱ区为可变电阻区，也称为线性区　当 $U_{PN} < u_{GS} \leq 0$ 且 $u_{DS} < u_{GS} - U_{PN}$ 时，N 沟道 JFET 工作在线性区（可变电阻区），其电压电流关系可表示为

$$i_D = K_n \left[2(u_{GS} - U_{PN})u_{DS} - u_{DS}^2 \right] \tag{3.1.2}$$

此时 i_D 与 u_{DS} 之间的关系曲线是一条抛物线。如果 u_{DS} 很小，远远小于（$u_{GS} - U_{PN}$）时，忽略式（3.1.2）的最后一部分，$i_D \approx K_n 2$（$u_{GS} - U_{PN}$）u_{DS}，i_D 与 u_{DS} 之间的关系可以看成是近似线性关系，此时场效应晶体管处在深度线性区。

（3）Ⅲ区为饱和区，也称为放大区　当 $U_{PN} < u_{GS} \leq 0$ 且 $u_{DS} \geq u_{GS} - U_{PN}$ 时，导电沟道处在夹断状态，则 N 沟道 JFET 工作在饱和区，此时

$$i_D = K_n (u_{GS} - U_{PN})^2 = I_{DSS} \left(1 - \frac{u_{GS}}{U_{PN}} \right)^2 \tag{3.1.3}$$

式中，$K_n = I_{DSS}/U_{PN}^2$，I_{DSS} 为 $u_{GS} = 0$ 时的 i_D 电流，称为饱和电流。

可见，当 $U_{PN} < u_{GS} \leq 0$，且 $u_{DS} = u_{GS} - U_{PN}$ 时，$u_{GD} = U_{PN}$ 导电沟道处在预夹断状态，此时为饱和区与可变电阻区的临界状态。

3. 沟道长度调制效应

当场效应晶体管工作在饱和区时，理想情况下，漏极电流 i_D 由 u_{GS} 决定，与漏源电压 u_{DS} 无关。而实际上场效应晶体管在饱和区的输出特性还应考虑 u_{DS} 对导电沟道长度的影响，进而对电流 i_D 产生的影响。当 u_{GS} 固定，u_{DS} 增加时，i_D 会有所增加。也就是说，输出特性的每根曲线都不是水平的，而是会向上倾斜，如图 3.1.5 所示。因此，常用沟道长度调制参数

λ 对描述输出特性的公式进行修正。对于 N 沟道 JFET，如果考虑沟道调制效应（$\lambda \neq 0$），则式（3.1.3）应修改为

$$i_{\mathrm{D}} = K_{\mathrm{n}} \left(u_{\mathrm{GS}} - U_{\mathrm{PN}} \right)^2 (1 + \lambda u_{\mathrm{DS}}) = I_{\mathrm{DSS}} \left(1 - \frac{u_{\mathrm{GS}}}{U_{\mathrm{PN}}} \right)^2 (1 + \lambda u_{\mathrm{DS}}) \qquad (3.1.4)$$

4. 转移特性

与 BJT 不同，场效应晶体管是电压控制器件，正常工作时栅极输入端基本上没有电流，不需要讨论它的输入特性，只需要用输出特性及一些参数来描述其性能。转移特性是栅源电压 u_{GS} 对漏极电流 i_{D} 的控制特性。输出特性与转移特性都是反映 FET 工作的同一物理过程，转移特性曲线可以根据输出特性曲线直接用作图法求出。转移特性曲线描述当漏源电压 u_{DS} 为常量时，漏极电流 i_{D} 与栅源电压 u_{GS} 之间的关系，如图 3.1.6 所示。

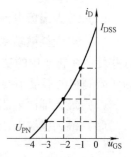

图 3.1.6　N 沟道 JFET 转移特性

在饱和区内，当 $u_{\mathrm{GS}} = 0$ 且 $u_{\mathrm{DS}} \geqslant u_{\mathrm{GS}} - U_{\mathrm{PN}}$ 时（即进入预夹断后），由式（3.1.3）可得

$$i_{\mathrm{D}} \approx K_{\mathrm{n}} U_{\mathrm{PN}}^2 = I_{\mathrm{DSS}} \qquad (3.1.5)$$

式中，I_{DSS} 为零栅源电压的漏极电流，为饱和电流。

对于 N 沟道的 JFET，$U_{\mathrm{PN}} < 0$，当 u_{GS} 变化到等于 U_{PN} 时，由式（3.1.3）可得 $i_{\mathrm{D}} \approx 0$。

3.1.3　JFET 的主要参数

1. 直流参数

（1）夹断电压 U_{PN}　N 沟道 JFET 为耗尽型场效应晶体管，夹断电压为耗尽型 FET 的参数。当 u_{DS} 为某一固定值（例如 5V），使 i_{D} 趋于 0 时，栅源之间所加的电压称为夹断电压 U_{PN}。

（2）饱和漏极电流 I_{DSS}　I_{DSS} 是耗尽型场效应管的参数。在 $u_{\mathrm{GS}} = 0$ 的情况下，当 $|u_{\mathrm{DS}}| \geqslant |U_{\mathrm{PN}}|$ 时的漏极电流称为饱和漏极电流 I_{DSS}。在转移特性上，就是 $u_{\mathrm{GS}} = 0$ 时的漏极电流，如图 3.1.6 所示。

（3）直流输入电阻　在漏源之间短路的条件下，栅源之间加一定电压时的栅源直流电阻就是直流输入电阻 R_{GS}。

2. 交流参数

（1）输出电阻 r_{ds}　输出电阻 r_{ds} 说明了 u_{GS} 为某一常数时 u_{DS} 对 i_{D} 的影响，是输出特性某一点上切线斜率的倒数。

$$r_{\mathrm{ds}} = \left. \frac{\partial u_{\mathrm{DS}}}{\partial i_{\mathrm{D}}} \right|_{u_{\mathrm{GS}} = \mathrm{const}} = \left. \frac{1}{\dfrac{\partial i_{\mathrm{D}}}{\partial u_{\mathrm{DS}}}} \right|_{u_{\mathrm{GS}} = \mathrm{const}} = \left. \frac{1}{\lambda K_{\mathrm{n}} (u_{\mathrm{GS}} - U_{\mathrm{PN}})^2} \right|_{u_{\mathrm{GS}} = \mathrm{const}} \approx \left. \frac{1}{\lambda i_{\mathrm{D}}} \right|_{u_{\mathrm{GS}} = \mathrm{const}} \qquad (3.1.6)$$

当不考虑沟道调制效应（$\lambda = 0$）时，在饱和区输出特性曲线的斜率为零，$r_{\mathrm{ds}} \to \infty$。当考虑沟道调制效应（$\lambda \neq 0$）时，输出特性曲线的斜率，约为 $1/(\lambda i_{\mathrm{D}})$。

（2）低频互导 g_{m}　在 u_{DS} 等于常数时，漏极电流的微变量和引起这个变化的栅源电压的微变量之比称为互导，即

$$g_{\mathrm{m}} = \left. \frac{\partial i_{\mathrm{D}}}{\partial u_{\mathrm{GS}}} \right|_{U_{\mathrm{DS}} = \mathrm{const}} = \left. \frac{\partial \left[K_{\mathrm{n}} (u_{\mathrm{GS}} - U_{\mathrm{PN}})^2 \right]}{\partial u_{\mathrm{GS}}} \right|_{u_{\mathrm{DS}} = \mathrm{const}} = 2 K_{\mathrm{n}} (u_{\mathrm{GS}} - U_{\mathrm{PN}}) \big|_{u_{\mathrm{DS}} = \mathrm{const}} \qquad (3.1.7)$$

互导也称为跨导，反映了栅源电压对漏极电流的控制能力，它相当于转移特性曲线上工作点的斜率。互导是表征场效应晶体管放大能力的一个重要参数，单位为 mS 或 mA/V。互导随着 FET 的静态工作点不同而改变，它是 FET 小信号建模的重要参数之一。

3. 极限参数

（1）最大漏极电流 I_{DM}　　I_{DM} 是场效应晶体管正常工作时漏极电流允许的上限值。

（2）最大耗散功率 P_{DM}　　场效应晶体管的耗散功率等于 u_{DS} 和 i_D 的乘积，即 $P_D = u_{DS} i_D$，这些耗散在管子中的功率将变为热能，使管子的温度升高，P_D 受管子最高工作温度的限制。为了限制它的温度不要升高太高，就要限制它的耗散功率不能超过最大数值 P_{DM}。

（3）最大漏源电压 $U_{(BR)DS}$　　$U_{(BR)DS}$ 是指发生雪崩击穿、i_D 开始急剧上升时的 u_{DS} 值。

（4）最大栅源电压 $U_{(BR)GS}$　　$U_{(BR)GS}$ 是指栅源间反向击穿、反向电流开始急剧增加时的 u_{GS} 值。

除以上参数外，还有极间电容、高频参数等其他参数。

3.2　金属－氧化物－半导体场效应晶体管（MOSFET）

MOSFET 场效应晶体管利用栅极电压形成的电场效应来控制电流大小，栅极与源极、漏极之间均采用 SiO_2 绝缘层隔离，又称为绝缘栅型场效应晶体管。它功耗很小，体积可以做得很小，适合于设计制造高密度的超大规模集成（VLSI）电路和大容量的可编程器件或存储器。

从导电载流子的带电极性来看，MOSFET 有电子导电的 N 型沟道 MOSFET（简称 NMOS）和空穴导电的 P 型沟道 MOSFET（简称 PMOS）；按照导电沟道形成机理不同，NMOS 管和 PMOS 管又各有增强型（简称 E 型）和耗尽型（简称 D 型）。因此 MOSFET 有 4 种：增强型 NMOS 管、耗尽型 NMOS 管、增强型 PMOS 管、耗尽型 PMOS 管。

3.2.1　N 沟道增强型 MOSFET

1. N 沟道增强型 MOSFET 的结构及工作原理

N 沟道增强型 MOSFET 的结构如图 3.2.1 所示。它在一块掺杂浓度较低、电阻率较高的 P 型硅半导体薄片衬底上，利用扩散的方法在 P 型硅中形成两个高掺杂的 N^+ 型区，然后安置两个铝电极引出，形成源极 s（Source）和漏极 d（Drain）。在 P 型硅表面生长一层很薄的二氧化硅绝缘层，并在二氧化硅的表面覆盖多晶硅安置铝电极引出，形成栅极 g（Gate）。这样就形成了 N 沟道增强型 MOS 管。MOSFET 的栅极 g 与 BJT 的基极 b 相对应，源极 s 与 BJT 的发射级 e 相对应，漏极 d 与 BJT 的集电极 c 相对应。

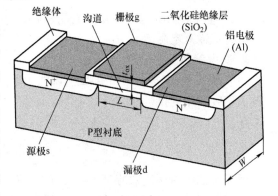

图 3.2.1　N 沟道增强型 MOSFET 的结构图

图 3.2.1 中标出了沟道长度 L 和宽度 W，通常 $W > L$，L 的典型值小于 $1\mu m$，现在最小单位已经做到了几个纳米，MOSFET 是一个很小的器件，电流也小，功耗也低，所以有利于

大规模集成。

N 沟道增强型 MOSFET 的简图和代表符号如图 3.2.2a、b 所示，栅极与源极、漏极之间都是隔绝不导电的，所以又称为绝缘栅极。图 3.2.2b 是 N 沟道增强型 MOSFET 的符号。图中虚线代表导电沟道，虚线表示在未加适当栅极电压之前漏极与源极之间无导电沟道，箭头方向由衬底指向 N 型导电沟道。

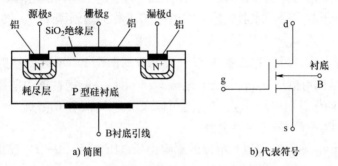

图 3.2.2　N 沟道增强型 MOSFET 的简图及代表符号

当 $u_{GS} < U_{TN}$ 时，没有形成导电沟道。U_{TN} 称为开启电压（T 为 Threshold 一词的字头，N 表示 N 沟道）。

在图 3.2.3a 中，当栅源电压 $u_{GS} = 0$ 时，N^+ 型源区、P 型衬底和 N^+ 型漏区就形成两个背靠背的 PN 结。如果栅极 g、源极 s 与衬底 B 相连且接电源 V_{DD} 的负极，漏极 d 接电源正极时，漏极与衬底之间的 PN 结是反偏的；反过来，源极与衬底之间的 PN 结也没有开启。此时漏源之间的电阻阻值很大，漏极 d、源极 s 之间不能形成导电沟道，即使在 d、s 之间有电压 u_{DS}，也不会产生电流，$i_D = 0$。

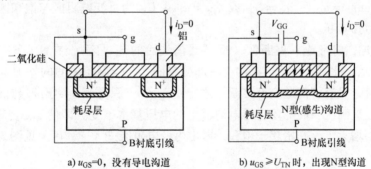

图 3.2.3　N 沟道增强型 MOSFET 的 u_{GS} 对沟道的控制作用示意图

当 $0 < u_{GS} < U_{TN}$ 时，若栅极接正、源极接负加上正向电压 u_{GS}，则栅极 g 和 P 型衬底之间相当于以二氧化硅为介质的平板电容器，在正向的栅源电压作用下，产生了一个由栅极指向 P 型衬底的电场，但不会产生电流 i_G。这个电场是排斥空穴的，因此，使栅极附近的 P 型衬底中的空穴被排斥，留下不能移动的受主离子（负离子），形成耗尽层，但没有吸引电子过来形成导电沟道。d、s 间加电压 u_{DS} 后，也不能产生电流，$i_D = 0$。场效应晶体管工作于输出特性曲线的截止区，如图 3.2.5a 所示靠近横坐标处的曲线。

当 $u_{GS} \geq U_{TN}$ 时，在电场作用下产生导电沟道。

如图 3.2.3b 所示，当 $u_{DS} = 0$，栅极与衬底之间产生了电场，电场排斥空穴并同时吸引

P 型衬底中的少数载流子电子到栅极下的衬底表面。当正的栅源电压达到一定数值时，这些电子在栅极附近的 P 型硅表面便形成了一个 N 型薄层，称之为反型层，这个反型层实际上就组成了源、漏两极之间的 N 型导电沟道。它是栅源正电压感应产生的，所以也称为感生沟道。显然栅源电压 u_{GS} 的值越大，则作用于半导体表面的电场就越强，吸引到 P 型硅表面的电子就越多，感生沟道将越厚，沟道电阻的阻值将越小。这种在 $u_{GS}=0$ 时没有导电沟道，而必须依靠栅源电压的作用，才形成感生沟道的 FET 称为增强型 FET。图 3.2.2b 中符号的虚线表示增强型 FET 在 $u_{GS}=0$ 时没有形成导电沟道。

产生了感生导电沟道后，原来被 P 型衬底隔开的两个 N^+ 型区就被感生导电沟道连通了。如果此时 d、s 间有电压 u_{DS}，将会有电流 i_{DS} 产生。一般把在漏源电压作用下开始导电时的栅源电压 u_{GS} 叫做开启电压 U_{TN}。U_{TN} 也可以表示为 U_T 或者 $U_{GS(th)}$。

2. 电压电流（$U—I$）输出特性曲线

可以通过分析 u_{DS} 对导电沟道和电流的影响得到电压电流（$U—I$）输出特性曲线。

当 $u_{GS} \geqslant U_{TN}$ 时，如图 3.2.4a 所示，外加较小的 u_{DS} 时，漏极电流 i_D 将随 u_{DS} 上升迅速增大，u_{DS} 与 i_D 关系的输出特性如图 3.2.5a 的 oA 段所示，输出特性曲线的斜率较大。如果 u_{DS} 上升，由于 u_{GS} 与 u_{GD} 的电位差不一样，导电沟道存在电位梯度，因此沟道厚度是不均匀的：源极与栅极的电位差大，靠近源极厚，漏极与栅极的电位差小，电场强度减小，靠近漏极沟道变薄，整个沟道呈楔形分布。此时电压 u_{DS} 与电流 i_D 成近似线性关系，d、s 之间可以近似看做一个由 u_{GS} 决定的可变电阻，所以这个区域称为线性区或者可变电阻区。

当 u_{DS} 增加到一定数值，使 $u_{GD} = u_{GS} - u_{DS} = U_{TN}$ 时，这时靠近漏端，反型层开始消失，在紧靠漏极处导电沟道出现夹断。此时 $u_{DS} = u_{GS} - U_{TN}$，i_D 开始趋于饱和。我们常将这种夹断称为预夹断。$u_{GD} = u_{GS} - u_{DS} = U_{TN}$ 或 $u_{DS} = u_{GS} - U_{TN}$ 为可变电阻区与饱和区的临界点，此时导电沟道产生预夹断。

u_{DS} 继续增加，将形成一夹断区（反型层消失后的耗尽区），夹断点向源极方向移动，如图 3.2.4b 所示。此时，虽然导电沟道有部分夹断了，但漏源之间的外加电场使得耗尽区仍可有电流通过，只有将沟道全部夹断，才能使 $i_D=0$。只是当 u_{DS} 继续增加时，u_{DS} 增加的部分主要降落在夹断区，而降落在导电沟道上的电压基本不变。即使 u_{DS} 上升，i_D 基本不再随着电压增大而增大了，开始趋于饱和，即由可变电阻区进入饱和区，见图 3.2.5a 中的 AB

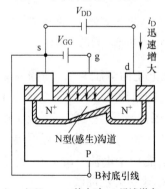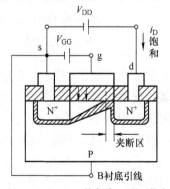

a) $u_{GS} \geqslant U_{TN}$，u_{DS} 较小时，i_D 迅速增大   b) $u_{GS} \geqslant U_{TN}$，u_{DS} 较大时，i_D 趋于饱和

图 3.2.4 N 沟道增强型 MOSFET 的 u_{DS} 对沟道的影响作用示意图

段曲线。每给定一个 U_{GS}，就有一条不同的 $i_D - u_{DS}$ 曲线，如图 3.2.5b 所示。

因为 MOSFET 场效应晶体管 $i_G \approx 0$，所以不需要考虑 U—I 输入特性。

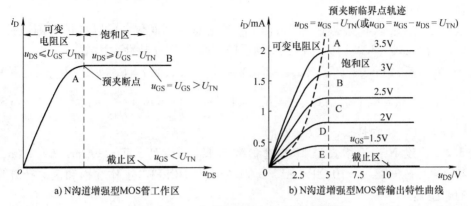

a) N沟道增强型MOS管工作区　　　　　b) N沟道增强型MOS管输出特性曲线

图 3.2.5　N 沟道增强型 MOS 管输出特性

3. 电压电流（U—I）特性方程

由前述分析可知，在栅源电压 u_{GS}、漏源电压 u_{DS} 不同的情况下，场效应晶体管可以工作在截止、线性（可变电阻）、饱和 3 种状态，相应的输出特性曲线就可以分为截止、线性（可变电阻）、饱和 3 个区域。

场效应晶体管的输出特性是指在栅源电压 u_{GS} 一定的情况下，漏极电流 i_D 与漏源电压 u_{DS} 之间的关系。图 3.2.5b 所示为一 N 沟道增强型 MOS 管完整的输出特性。因为 $u_{GD} = u_{GS} - u_{DS} = U_{TN}$ 是预夹断的临界条件，如果把不同 u_{GS} 对应的输出特性曲线上的临界点相连，可以得到如图 3.2.5b 中左边的虚线，该虚线是线性（可变电阻）区和饱和区的分界线。下面分别对 3 个区域进行讨论。

（1）截止区　当 $u_{GS} < U_{TN}$ 时，没有形成导电沟道，$i_D = 0$，MOSFET 为截止工作状态。

（2）线性（可变电阻）区　当 $u_{GS} \geqslant U_{TN}$，且 $u_{DS} < (u_{GS} - U_{TN})$ 时，MOSFET 工作在线性（可变电阻）区，其电压电流（U—I）特性方程可近似表示为

$$i_D = K_n [2(u_{GS} - U_{TN}) u_{DS} - u_{DS}^2] \tag{3.2.1}$$

其中

$$K_n = \frac{\mu_n C_{ox}}{2} \frac{W}{L} \tag{3.2.2}$$

式中，μ_n 为反型层中电子迁移率；C_{ox} 为栅极（与衬底间）氧化层单位面积电容；C_{ox} = 氧化物介电常数 ε_{ox}/氧化物的厚度 t_{ox}；W 为导电沟道宽度；L 为导电沟道长度。K_n 为电导常数，单位一般为 mA/V^2。

当 u_{DS} 很小时，远远小于（$u_{GS} - U_{TN}$）时，比如在靠近输出特性曲线原点附近，可以忽略 u_{DS}^2，式（3.2.1）可近似为

$$i_D \approx 2K_n (u_{GS} - U_{TN}) u_{DS} \tag{3.2.3}$$

此时电压 u_{DS} 与电流 i_{DS} 为近似线性关系，场效应晶体管处在深度线性区。当 u_{GS} 一定且 u_{DS} 很小时，在可变电阻区内，靠近原点附近的输出电阻 r_{dso} 可以近似表示为

$$r_{dso} = \frac{du_{DS}}{di_D} \bigg|_{U_{GS} = const} = \frac{1}{2K_n (u_{GS} - U_{TN})} \tag{3.2.4}$$

式（3.2.4）表明，r_{dso} 是一个受 u_{GS} 控制的可变电阻。

（3）饱和区（恒流区又称放大区） 当 $u_{GS} \geqslant U_{TN}$，且 $u_{DS} \geqslant (u_{GS} - U_{TN})$ 时，MOSFET 进入饱和区。

在饱和区内，i_D 基本稳定了，不再随 u_{DS} 变化而急剧变化。可以将预夹断条件 $u_{DS} = (u_{GS} - U_{TN})$ 代入式（3.2.1），这样就得到了饱和区的 U—I 特性表达式

$$i_D = K_n \left[2(u_{GS} - U_{TN})(u_{GS} - U_{TN}) - (u_{GS} - U_{TN})^2 \right] = K_n (u_{GS} - U_{TN})^2 \quad (3.2.5)$$

$$i_D = K_n (u_{GS} - U_{TN})^2 = K_n U_{TN}^2 \left(\frac{u_{GS}}{U_{TN}} - 1 \right)^2 = I_{DO} \left(\frac{u_{GS}}{U_{TN}} - 1 \right)^2 \quad (3.2.6)$$

式中，$I_{DO} = K_n U_{TN}^2$，它是 $u_{GS} = 2U_{TN}$ 时的 i_D。

例 3.2.1 设 N 沟道增强型 MOS 管参数为 $U_{TN} = 0.7\text{V}$，$W = 20\mu\text{m}$，$L = 2\mu\text{m}$，$\mu_n = 650\text{cm}^2/\text{V} \cdot \text{s}$，$C_{ox} = 76.7 \times 10^{-9}\text{F/cm}^2$，$u_{GS} = 2U_{TN}$，MOSFET 工作在饱和区，计算场效应晶体管的电流 i_D。

解：由式（3.2.2）可求得电导参数值

$$K_n = \frac{\mu_N C_{OX} W}{2L} = \frac{650\text{cm}^2/\text{V} \cdot \text{s} \times 76.7 \times 10^{-9}\text{F/cm}^2 \times 20 \times 10^{-4}\text{cm}}{2 \times 2 \times 10^{-4}\text{cm}}$$

$$= 0.249 \times 10^{-3}\text{F/V} \cdot \text{s} = 0.249 \times 10^{-3} \frac{\text{C/V}}{\text{V} \cdot \text{s}} = 0.249\text{mA/V}^2$$

$$u_{GS} = 2U_{TN} = 1.4\text{V}$$

$$i_D = K_n (u_{GS} - U_{TN})^2$$

$$i_D = 0.249 \times (1.4 - 0.7)^2 \text{mA} = 0.122\text{mA}$$

4. 转移特性

转移特性为栅源电压 u_{GS} 对漏极电流 i_D 的控制特性。转移特性曲线描述当漏源电压 u_{DS} 为常量时，漏极电流 i_D 与栅源电压 u_{GS} 之间的相互关系。转移特性曲线可以根据输出特性曲线直接用作图法求出。例如，在图 3.2.5b 的输出特性曲线中，做 $u_{DS} = 5\text{V}$ 的一条垂直线，此垂直线与各条输出特性曲线的交点分别为 A、B、C、D 和 E，将上述各点相应的 i_D 及 u_{GS} 值画在 u_{GS}—i_D 的直角坐标系中，就可得到转移特性曲线，如图 3.2.6 所示。

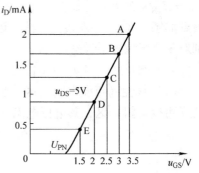

图 3.2.6 由图 3.2.5 作出的转移特性曲线

在饱和区内，i_D 基本稳定，主要由 u_{GS} 决定，受 u_{DS} 的影响很小，不同 u_{DS} 下的转移特性曲线基本重合。

转移特性曲线也可由式（3.2.5）画出，它是一条二次曲线，而 BJT 的输入特性，i_C 与 u_{BE} 的关系是指数关系。

3.2.2 N 沟道耗尽型 MOSFET

1. N 沟道耗尽型 MOSFET 结构和工作原理

N 沟道耗尽型（D 型）MOSFET 的结构与前面讨论过的 N 沟道增强型（E 型）MOSFET 大体上相同，不同之处主要在于导电沟道。对于 N 沟道增强型 MOSFET，必须在 $u_{GS} \geqslant U_{TN}$

的情况下从源极到漏极才有导电沟道，而 N 沟道耗尽型 MOSFET 在栅极不加电 $u_{GS}=0$ 的时候就存在导电沟道。

　　N 沟道耗尽型 MOSFET 在制造时，在二氧化硅绝缘层中掺入大量的正离子，这样即使在 $u_{GS}=0$ 时，由于正离子的作用，也能在 N^+ 源区和 N^+ 漏区的中间 P 型衬底上感应出较多带负电荷的电子，形成 N 型沟道，将源区和漏区连通起来，如图 3.2.7a 所示，图 3.2.7b 是它的电路符号，以实线表示导电沟道原本就存在。如果存在正的漏源电压 u_{DS}，即使栅源电压为零，也就能够产生由漏极流向源极的漏极电流 i_D。

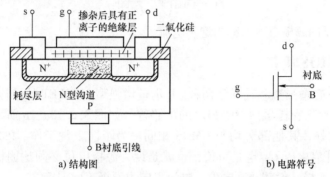

a) 结构图　　　　　　　　　　　　　　　　　b) 电路符号

图 3.2.7　N 沟道耗尽型 MOSFET 结构图及其电路符号

　　由于栅极与衬底之间存在绝缘层，因此同样不会产生栅极电流 i_G。当 $u_{GS}>0$ 时，会在沟道中感应出更多的负电荷，使沟道变宽，在 u_{DS} 作用下，可以产生更大的电流 i_D。

　　如果加上负的栅源电压 u_{GS}，可以使沟道中感应的负电荷电子减少，沟道变窄，从而使漏极电流减小。当 u_{GS} 达到某个负电压值时，可以使感应的负电荷电子消失，整个沟道都变成耗尽区，沟道完全被夹断。这时即使有漏源电压 u_{DS}，也会使漏极电流 $i_D=0$。此时的栅源电压称为夹断电压或截止电压 U_{PN}，也可以表示为 $U_{GS(off)}$。显然夹断电压为负值。

　　N 沟道耗尽型 MOSFET 可以在正或负的栅源电压下工作，栅极电流基本上为零。

2. 电压电流 （$U—I$） 特性曲线及特性方程

　　N 沟道耗尽型 MOS 管的输出特性和转移特性曲线如图 3.2.8a、b 所示。

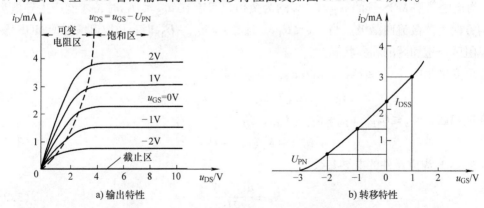

a) 输出特性　　　　　　　　　　　　　　　b) 转移特性

图 3.2.8　N 沟道耗尽型 MOS 管的输出特性及转移特性

　　耗尽型 MOS 管的工作区域同样可以分为截止区、线性（可变电阻）区和饱和区。N 沟道增强型 MOS 管的开启电压 U_{TN} 为正值，而 N 沟道耗尽型 MOS 管的夹断电压 U_{PN} 为负值。

耗尽型 MOSFET 的电流方程与增强型 MOSFET 的电流方程表示方法一样，如式（3.2.1）、式（3.2.3）和式（3.2.5）中 U_{TN} 使用 U_{PN} 取代即可。

在饱和区内，当 $u_{GS} = 0$，且 $u_{DS} \geq (u_{GS} - U_{PN})$ 时，进入预夹断后，由式（3.2.5）可得

$$i_D = K_n (u_{GS} - U_{PN})^2 = K_n U_{PN}^2 = I_{DSS} \tag{3.2.7}$$

由式（3.2.6）可得

$$i_D = I_{DSS} \left(1 - \frac{u_{GS}}{U_{PN}} \right)^2 \tag{3.2.8}$$

式中，I_{DSS} 为零栅压的漏极电流，称为饱和电流。

3.2.3 P 沟道 MOSFET

P 型 MOS 管也有增强型和耗尽型两种。P 沟道增强型 MOSFET 的结构如图 3.2.9 所示，P 沟道增强型 MOSFET 和耗尽型 MOSFET 的电路符号如图 3.2.10a、b 所示。电路符号中衬底 B 的箭头方向向外，其他部分均与 NMOS 相同。为了能正常工作，PMOS 管外加的电压 u_{DS} 必须是负值，开启电压 U_{TP} 也是负值，也就是说，源极电位必须比栅极和漏极电位高才能开启工作，所以源极一般都接高电位，电流方向为源极流向漏极。

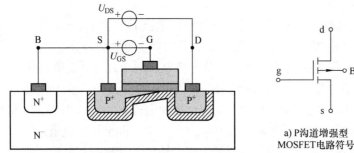

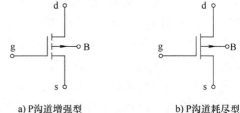

a) P沟道增强型 MOSFET电路符号　　b) P沟道耗尽型 MOSFET电路符号

图 3.2.9　P 沟道增强型 MOSFET 结构图　　图 3.2.10　P 沟道增强型及耗尽型 MOSFET 电路符号

P 沟道增强型 MOS 管的 u_{GS} 和 U_{TP} 均为负值，只有在 $u_{GS} \leq U_{TP}$ 时，才能产生导电沟道，电流的方向为源极流向漏极。当 $u_{GS} \leq U_{TP}$，且 $u_{DS} = u_{GS} - U_{TP}$ 时，P 沟道增强型 MOS 管处在可变电阻区与饱和区的临界状态。

在可变电阻区，$u_{GS} \leq U_{TP}$，$u_{DS} > u_{GS} - U_{TP}$，此时

$$i_D = -K_P \left[2(u_{GS} - U_{TP}) u_{DS} - u_{DS}^2 \right] \tag{3.2.9}$$

在饱和区，$u_{GS} \leq U_{TP}$，$u_{DS} \leq u_{GS} - U_{TP}$，则

$$i_D = -K_P (u_{GS} - U_{TP})^2 \tag{3.2.10}$$

式中，K_P 是 P 沟道器件的电导参数。

$$K_P = \frac{\mu_p C_{ox} W}{2L} \tag{3.2.11}$$

式中，W 为沟道宽度；L 为沟道长度；C_{ox} 为栅极氧化层单位面积上电容；μ_p 为反型层中空穴的迁移率。

在通常情况下，空穴反型层中空穴的迁移率比电子反型层中电子迁移率要小，也就是说

P 型 MOS 管空穴比 N 型 MOS 管电子移动速率慢，μ_p 约为 $\mu_n/2$。

3.2.4　沟道长度调制效应

当 MOSFET 工作在饱和区时，在理想情况下，漏极电流 i_D 由 u_{GS} 决定，与漏源电压 u_{DS} 无关。实际上 MOS 管在饱和区的输出特性曲线，还会受到 u_{DS} 对导电沟道长度 L 的调制影响，当 u_{GS} 不变，u_{DS} 增加时，i_D 会略有增加。也就是说，实际上饱和区的曲线并不是平坦的，输出特性的每根曲线都会向上倾斜，如图 3.2.11 所示。常用沟道长度调制参数 λ 对描述输出特性的公式进行修正。对于 N 沟道 MOSFET，如果考虑沟道调制效应（$\lambda \neq 0$），则饱和区公式（3.2.5）应修改为

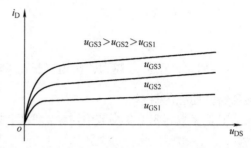

图 3.2.11　N 沟道增强型 MOSFET 输出特性曲线

$$i_D = K_n (u_{GS} - U_{TN})^2 (1 + \lambda u_{DS}) \tag{3.2.12}$$

当不考虑沟道调制效应时，$\lambda = 0$，曲线是平坦的。

3.2.5　MOSFET 的主要参数

1. 直流参数

（1）开启电压 U_{TN}　开启电压 U_{TN} 是 N 沟道增强型 MOSFET 的参数。当 u_{DS} 为某一固定值（例如 5V）时，使 i_D 等于某一电流（例如 $10\mu A$）的栅源间的电压，称为开启电压 U_{TN}。

（2）夹断电压 U_{PN}　N 沟道耗尽型 MOSFET 的夹断电压为 U_{PN}，与 N 沟道 JFET 的参数一致。当 u_{DS} 为某一固定值，使 i_D 等于一个可以忽略不计的微小电流时，栅源之间所加的电压即为夹断电压。

（3）饱和漏极电流 I_{DSS}　饱和漏极电流 I_{DSS} 也是耗尽型 MOSFET 的参数，与 JFET 的参数类似。在转移特性上，就是 $u_{GS} = 0$ 时的漏极电流，如图 3.2.8b 所示。

（4）输入电阻　在漏源之间短路的条件下，栅源之间加一定电压时的栅源直流电阻就是输入电阻 R_{GS}。MOSFET 栅极源极之间是绝缘的，栅源电流接近于 0，因而输入电阻 $R_{GS} \rightarrow \infty$。

2. 交流参数

（1）输出电阻 r_{ds}　输出电阻 r_{ds} 说明了 u_{GS} 为某一常数时 u_{DS} 对 i_D 的影响，是输出特性某一点上切线斜率的倒数。MOSFET 的输出电阻 r_{ds} 与 JFET 的参数类似，对于 N 沟道增强型 MOSFET，用 U_{TN} 代替式（3.1.6）中的 U_{PN} 可得

$$r_{ds} = \frac{\partial u_{DS}}{\partial i_D}\bigg|_{u_{GS}=\text{const}} = \frac{1}{\dfrac{\partial i_D}{\partial u_{DS}}}\bigg|_{u_{GS}=\text{const}} = \frac{1}{\lambda K_n (u_{GS} - U_{TN})^2}\bigg|_{u_{GS}=\text{const}} \approx \frac{1}{\lambda i_D}\bigg|_{u_{GS}=\text{const}}$$

$$\tag{3.2.13}$$

当不考虑沟道调制效应（$\lambda = 0$）时，在饱和区输出特性曲线的斜率为零，$r_{ds} \rightarrow \infty$。当考虑沟道调制效应（$\lambda \neq 0$）时，输出特性曲线的斜率，约为 $1/(\lambda i_D)$。对增强型 NMOS，r_{ds} 是一个有限值，一般在几十千欧到几百千欧之间。

（2）低频互导 g_m　在 u_{DS} 等于常数时，漏极电流的微变量和引起这个变化的栅源电压

的微变量之比即为互导，也称为跨导。MOSFET 的互导与 JFET 的参数类似，用 U_{TN} 代替式 (3.1.7) 中的 U_{PN} 可得 N 沟道增强型 MOSFET 的互导即为

$$g_{\mathrm{m}} = \frac{\partial i_{\mathrm{D}}}{\partial u_{\mathrm{GS}}}\bigg|_{u_{\mathrm{DS}}=\mathrm{const}} = \frac{\partial\left[K_{\mathrm{n}}\left(u_{\mathrm{GS}} - U_{\mathrm{TN}}\right)^{2}\right]}{\partial u_{\mathrm{GS}}}\bigg|_{u_{\mathrm{DS}}=\mathrm{const}} = 2K_{\mathrm{n}}\left(u_{\mathrm{GS}} - U_{\mathrm{TN}}\right)\big|_{u_{\mathrm{DS}}=\mathrm{const}}$$

$$(3.2.14)$$

u_{GS} 越大，互导 g_{m} 越大，沟道宽长比 W/L 越大，g_{m} 也越大。$g_{\mathrm{m}} = \dfrac{\Delta i_{\mathrm{D}}}{\Delta u_{\mathrm{GS}}}\bigg|_{u_{\mathrm{DS}}=\mathrm{const}}$，它也是转移特性曲线的斜率。

其他参数与 3.1.3 小节中讨论的 JFET 的主要参数相似，这里不再赘述。

3.3　场效应管放大电路

场效应晶体管通过栅源之间的电压 u_{GS} 来控制漏级电流 i_{D}，因此，它和 BJT 一样可以构成放大电路。由于栅源之间电阻非常大，所以常作为高输入阻抗放大器的输入级。

3.3.1　场效应管放大电路的直流特性分析

1. JFET 放大电路的直流特性分析

结型场效应管的栅极与 BJT 的基极相对应，源极与发射级相对应，漏极与集电极相对应，因此在组成放大电路时也有三种接法，即共源极放大电路、共漏极放大电路和共栅极放大电路。这里主要以 N 沟道结型场效应晶体管为例，对共源极放大电路进行分析。

与 BJT 放大电路一样，为了使电路可以对信号正常放大，必须设置合适的静态工作点，以保证在信号的整个周期内结型场效应晶体管都工作在放大区。下面以共源极放大电路为例，说明静态工作点的设置方法。

（1）自给偏压 JFET 共源极放大电路　图 3.3.1 所示电路为 N 沟道结型场效应晶体管共源极放大电路，它只有在场效应晶体管栅源之间电压 U_{GS} 小于等于零时，电路才能正常工作。该电路是典型的自给偏压电路，它是靠源极电阻上的电压为栅源提供一个负的偏压，故称自给偏压。

在静态时，由于场效应晶体管栅极电流为零，因而电阻 R_{g} 的电流为零，栅极电位 V_{GQ} 也就为零；而漏极电流 I_{DQ} 流过源极电阻 R_{s} 必然产生电压，使源极电位 $V_{\mathrm{SQ}} = I_{\mathrm{DQ}}R_{\mathrm{s}}$，因此栅源之间静态电压

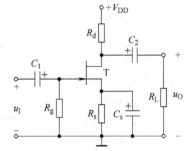

图 3.3.1　自给偏压结型场效应晶体管共源极放大电路

$$U_{\mathrm{GSQ}} = V_{\mathrm{GQ}} - V_{\mathrm{SQ}} = -I_{\mathrm{DQ}}R_{\mathrm{s}} \qquad (3.3.1)$$

上式与场效应管的电流方程式（3.1.3）联立，可以解出 I_{DQ} 和 U_{GSQ}。

$$I_{\mathrm{DQ}} = K_{\mathrm{n}}\left(U_{\mathrm{GSQ}} - U_{\mathrm{PN}}\right)^{2} = I_{\mathrm{DSS}}\left(1 - \frac{U_{\mathrm{GSQ}}}{U_{\mathrm{PN}}}\right)^{2} \qquad (3.3.2)$$

将式（3.3.1）代入上式可得

$$I_{\mathrm{DQ}} = K_{\mathrm{n}}\left(I_{\mathrm{DQ}}R_{\mathrm{s}} + U_{\mathrm{PN}}\right)^{2} = I_{\mathrm{DSS}}\left(1 + \frac{I_{\mathrm{DQ}}R_{\mathrm{s}}}{U_{\mathrm{PN}}}\right)^{2} \qquad (3.3.3)$$

式中，$K_n = I_{DSS}/U_{PN}^2$，I_{DSS} 为 $U_{GS} = 0$ 时的 I_D 电流，为饱和电流。

$$U_{DSQ} = V_{DD} - I_{DQ}(R_d + R_s) \qquad (3.3.4)$$

也可以用图解法分析静态工作点。

（2）JFET 分压式偏置电路　图 3.3.2 所示为 N 沟道结型场效应晶体管共源极放大电路，它靠 R_{g1} 和 R_{g2} 对电源 V_{DD} 分压来设置偏压，故称分压式偏置电路。

静态时，由于栅极电流为 0，所以电阻 R_{g3} 上的电流为 0，栅极电位

$$V_{GQ} = \frac{R_{g2}}{R_{g1} + R_{g2}} V_{DD}$$

源极电位 $V_{SQ} = I_{DQ} R_s$

因此，栅源电压为

$$U_{GSQ} = V_{GQ} - V_{SQ} = \frac{R_{g2}}{R_{g1} + R_{g2}} V_{DD} - I_{DQ} R_s \quad (3.3.5)$$

漏源电压 $U_{DSQ} = V_{DD} - I_{DQ}(R_d + R_s)$ 。

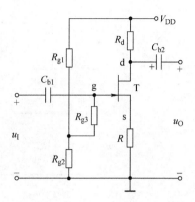

图 3.3.2　分压式偏置电路

例 3.3.1　电路如图 3.3.2 所示，已知 $R_{g3} = 10M\Omega$，$R_{g1} = 1950k\Omega$，$R_{g2} = 50k\Omega$，$R_d = 30k\Omega$，$R = 2k\Omega$，$V_{DD} = 16V$，JFET 的 $U_{PN} = -1V$，$I_{DSS} = 0.5mA$，$\lambda = 0$，试确定静态工作点。

解：由于 $I_G = 0$，在静态时无电流流过 R_{g3}，栅极电位取决于 R_{g1} 和 R_{g2} 对 V_{DD} 的分压，而与 R_{g3} 无关。因此

$$U_{GS} = \frac{R_{g2} V_{DD}}{R_{g1} + R_{g2}} - I_D R = \frac{50 \times 16}{1950 + 50} - 2I_D \approx 0.4 - 2I_D$$

设 JFET 工作在饱和区信号放大状态，因为 $I_{DSS} = K_n U_P^2$

则　$K_n = \dfrac{I_{DSS}}{U_{PN}^2} = 0.5mA/V^2$

根据式（3.1.3）有

$$I_D = K_n(U_{GS} - U_{PN})^2 = 0.5(U_{GS} + 1)^2 = 0.5(0.4 - 2I_D + 1)^2$$

解出 $I_D = (0.95 \pm 0.64)mA$，I_D 不应该大于 I_{DSS}，所以 $I_D = 0.31mA$

$$U_{GSQ} = -0.22V$$

$$U_{DSQ} = V_{DD} - I_D(R_d + R) = 6.08V > U_{GSQ} - U_{PN} = 0.78V$$

JFET 的确工作在饱和区，与假设一致。因此，前面的计算正确。

2. MOSFET 放大电路的直流特性分析

由 MOSFET 组成的放大电路和 BJT、JFET 一样，也要建立合适的静态工作点。FET 是电压控制器件，因此它需要有合适的栅极—源极电压，使之开启导通并工作在放大状态。下面以 N 沟道增强型 MOSFET 为例来进行分析说明。

（1）简单的 N 沟道 MOSFET 共源极放大电路　N 沟道增强型 MOSFET 构成的共源极放大电路如图 3.3.3a 所示。直流分析时，耦合电容 C_{b1}、C_{b2} 视为开路，交流分析时 C_{b1}、C_{b2} 视为短路，输入电压信号被耦合到 MOSFET 的栅极，通过 C_{b2} 的隔离和耦合将放大后的交流信号输出。

图 3.3.3b 所示为图 3.3.3a 的直流通路。绝缘栅极没有电流流入，栅源电压 U_{GS} 由 R_{g1}、

R_{g2}组成的分压电路对V_{DD}分压而得

$$U_{GS} = \frac{R_{g2}V_{DD}}{R_{g1}+R_{g2}} \qquad (3.3.6)$$

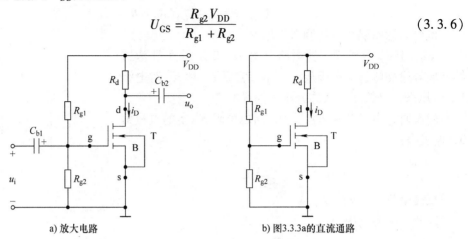

a) 放大电路   b) 图3.3.3a的直流通路

图 3.3.3　NMOS 共源极放大电路及其直流通路

假设场效应晶体管的开启电压为U_{TN}，满足$U_{GS} \geqslant U_{TN}$，且$U_{DS} \geqslant (U_{GS}-U_{TN})$，NMOS管工作在饱和区，则漏极电流为

$$I_D = K_n(U_{GS}-U_{TN})^2 \qquad (3.3.7)$$

漏源电压为

$$U_{DS} = V_{DD} - I_D R_d \qquad (3.3.8)$$

以上表达式代入数据，若计算出来的$U_{DS} \geqslant (U_{GS}-U_{TN})$，则说明 NMOS 管的确工作在饱和区，前面的分析正确。若$U_{DS} < (U_{GS}-U_{TN})$，说明管子工作于可变电阻区，漏极电流可由式（3.3.9）确定。

$$I_D = K_n\left[2(U_{GS}-U_{TN})U_{DS}-U_{DS}^2\right] \qquad (3.3.9)$$

例 3.3.2　电路如图 3.3.3b 所示，设$R_{g1}=60\text{k}\Omega$，$R_{g2}=40\text{k}\Omega$，$R_d=15\text{k}\Omega$，$V_{DD}=5\text{V}$，$U_{TN}=1\text{V}$，$K_n=0.2\text{mA/V}^2$，试计算电路的静态漏极电流I_{DQ}和漏源电压U_{DSQ}。

解：栅极－源极之间的电压由R_{g1}、R_{g2}对V_{DD}进行分压可得

$$U_{GSQ} = \left(\frac{R_{g2}}{R_{g1}+R_{g2}}\right)V_{DD} = \frac{40\text{k}\Omega}{60\text{k}\Omega+40\text{k}\Omega}\times 5\text{V} = 2\text{V}$$

设 NMOS 管工作于饱和区，其漏极电流由式（3.3.7）决定：

$$I_D = K_n(U_{GS}-U_{TN})^2 = 0.2\text{mA}$$

漏源电压为

$$U_{DS} = V_{DD}-I_D R_d = 5\text{V}-0.2\text{mA}\times 15\text{k}\Omega = 2\text{V}$$

由于$U_{DSQ} > (U_{GSQ}-U_{TN}) = (2-1)\text{V} = 1\text{V}$，说明$U_{DS} > (U_{GS}-U_{TN})$，NMOS 管的确工作在饱和区，上面的分析是正确的。

对于 N 沟道增强型管电路的直流分析计算，采取的步骤可以总结如下：

1）设 MOS 管工作于饱和区，则有$U_{GSQ} \geqslant U_{TN}$，且$U_{DSQ} \geqslant (U_{GSQ}-U_{TN})$，采用饱和区的电流－电压关系式分析电路。

2）如果出现$U_{GSQ} < U_{TN}$，则 MOS 管可能截止。

3）如果$U_{DSQ} < (U_{GSQ}-U_{TN})$，则 MOS 管可能工作在可变电阻区。

4）如果初始假设被证明是错误的，则必须做出新的假设，同时重新分析电路。

P 沟道 MOS 管电路的分析与 N 沟道类似，但要注意其电源极性与电流方向不同。

（2）带源极电阻的 NMOS 共源极放大电路

图 3.3.4 所示为带源极电阻的 NMOS 共源极放大电路。栅源电压 U_{GS} 为

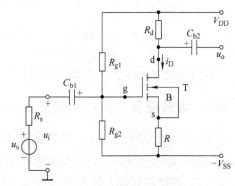

$$U_{GS} = \frac{R_{g2}}{R_{g1} + R_{g2}}(V_{DD} + V_{SS}) - I_D R$$

$$(3.3.10)$$

当 NMOS 管工作在饱和区时，其漏极电流为

$$I_D = K_n(U_{GS} - U_{TN})^2 \qquad (3.3.11)$$

漏源电压为

$$U_{DS} = V_{DD} + V_{SS} - I_D(R_d + R) \qquad (3.3.12)$$

具体参数代入上式后可以验证是否满足 $U_{DS} \geqslant (U_{GS} - U_{TN})$。

图 3.3.4　带源极电阻的 NMOS 共源极放大电路

例 3.3.3　电路如图 3.3.4 所示，设 MOS 管的参数为 $U_{TN} = 1V$，$K_n = 500\mu A/V^2$。$V_{DD} = 5V$，$V_{SS} = 5V$，$R_d = 10k\Omega$，$R = 0.5k\Omega$，$R_{g1} = 155k\Omega$，$R_{g2} = 45k\Omega$，试求电流 I_D。

解： $V_G = \dfrac{R_{g2}}{R_{g1} + R_{g2}}(V_{DD} + V_{SS}) = \dfrac{45k\Omega \times 10V}{155k\Omega + 45k\Omega} = 2.25V$

$$U_{GS} = \frac{R_{g2}}{R_{g1} + R_{g2}}(V_{DD} + V_{SS}) - I_D R = 2.25 - 0.5I_D$$

设 MOS 管工作于饱和区，则有

$$I_D = 0.5(U_{GS} - 1)^2 = 0.5(1.25 - 0.5I_D)^2$$

$$I_D^2 - 13I_D + 6.25 = 0, \quad I_D = 12.5mA, \text{ 或 } I_D = 0.5mA$$

当 $I_D = 0.5mA$ 时，$U_{GS} = 2V$

$$U_{DS} = 10V - 0.5mA(10 + 0.5)k\Omega = 4.75V > U_{GS} - U_{TN} = 1V$$

说明 MOS 管的确工作于饱和区，与假设一致。舍弃另一个不符合题意的电流 I_D。

在 MOS 管电路中接入源极电阻，也起到负反馈的作用，可以稳定静态工作点，与 BJT 电路接入射极电阻类似。另外，现在很多 MOS 管电路中的源极电阻已被电流源所代替。

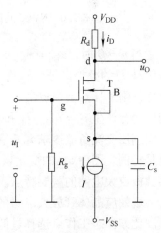

例 3.3.4　电路如图 3.3.5 所示，MOS 管源极接电流源，以提供偏置电流（这种电流源可以由其他 MOS 管构成）。设 MOS 管的参数为 $U_{TN} = 1V$，$K_n = 160\mu A/V^2$。电源电压 $V_{DD} = V_{SS} = 5V$，$R_d = 10k\Omega$，$V_S = -2.25V$，试求 I_D、U_{DS}。

解： 静态时，$u_i = 0$，栅极相当于接地，且 R_g 上无电流通过。$V_G = 0$，$V_S = -2.25V$，则 $U_{GS} = 2.25V$。

图 3.3.5　由电流源提供偏置的 NMOS 共源极放大电路

设场效应晶体管工作于饱和区，漏极电流：

$$I_{DQ} = K_n(U_{GSQ} - U_{TN})^2 = 0.16\text{mA/V}^2 \times (1.25\text{V})^2 = 0.25\text{mA}$$

漏源电压：

$$U_{DSQ} = V_{DD} - I_D R_d - V_S = 5\text{V} - 0.25\text{mA} \times 10\text{k}\Omega - (-2.25\text{V}) = 4.75\text{V}$$

$$U_{DSQ} = 4.75\text{V} > U_{GSQ} - U_{TN} = 2.25\text{V} - 1\text{V} = 1.25\text{V}$$

可知场效应晶体管工作在饱和区，与假设相符，上述分析正确。

3.3.2　场效应管放大电路的图解分析

采用 N 沟道增强型 MOS 管的共源极放大电路如图 3.3.6 所示，图中直流电压源 $V_{GG} > U_{TN}$，电压源 V_{DD} 足够大，能够使场效应晶体管工作于饱和区。R_d 的作用与 BJT 共发射放大电路中 R_c 的作用相同，将漏极电流 i_D 的变化转换成电压 u_{DS} 的变化，从而实现电压放大。

如果令动态输入信号 $u_i = 0$，则有 $u_{GS} = U_{GSQ} = V_{GG}$。从场效应晶体管的输出特性曲线图上可以找出 $i_D = f(u_{DS})|_{u_{GS}=V_{GG}}$ 对应的那条曲线，然后作直流负载线 $u_{DS} = V_{DD} - i_D R_d$，曲线与负载线的交点就是静态工作点 Q，其相应的坐标值为 I_{DQ} 和 U_{DSQ}，如图 3.3.7 所示。

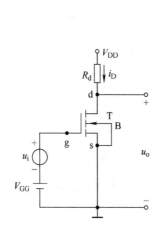

图 3.3.6　NMOS 共源极放大电路

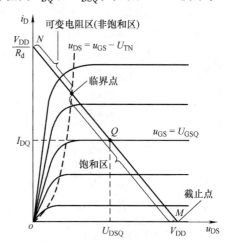

图 3.3.7　图 3.3.6 电路的静态特性图解分析

当 $u_i \neq 0$ 时，$u_{GS} = V_{GG} + u_i = U_{GS} + u_i = U_{GS} + u_{gs}$，可以把 u_{GS} 看成是直流信号 V_{GG} 和交流信号 u_i 的叠加信号，u_{gs} 等于加在栅源上的电压变化量 u_i。u_i 的动态变化引起 u_{GS} 的相应变化，则工作点会沿着负载线上移至 Q' 或者下移至 Q''，u_{GS} 的变化又会引起 i_D、u_{DS} 的变化，相应的会产生 $i_D = I_{DQ} + i_d$ 和 $u_{DS} = U_{DSQ} + u_{ds}$ 的变化量，如图 3.3.8 所示。注意：一般情况下应利用交流负载线求 i_D 和 u_{DS}，本电路由于负载开路，交流负载线与直流负载线相同，这里是特例。图中 u_{DS} 的变化量 u_{ds} 就是输出电压，它与输入信号 u_i 频率相同相位相反，这是共源极放大电路的重要特点。通常 u_{ds} 远大于 $u_{gs}(=u_i)$，从而实现了电压放大。

场效应晶体管放大电路的静态工作点的设置如果不合理，同样也会引起输出波形的失真。比如静态工作点选择过低，则容易导致场效应晶体管进入截止状态而引起截止失真；静态工作点选择过高，则容易导致场效应晶体管进入可变电阻区（线性状态）而引起饱和失真。截止失真和饱和失真的分析过程与 BJT 类似，在此不再赘述。

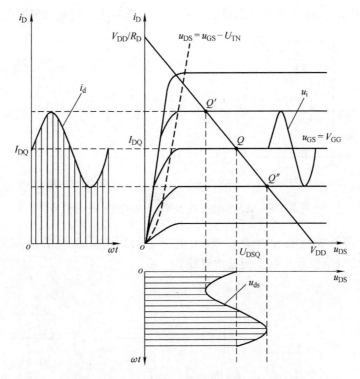

图 3.3.8　图 3.3.6 电路的动态特性图解分析

3.3.3　场效应管放大电路的交流特性分析

作为一个三端器件，场效应晶体管工作在饱和区放大状态时，也可以被看成是一个双口网络，栅极与源极之间看成输入口，漏极与源极之间看成输出口，跟 BJT 类似。

以 N 沟道增强型 MOS 管为例，栅源之间加电压 u_{GS}，栅极电流为零。设在饱和区内，忽略沟道调制效应，可看成 i_D 近似由 u_{GS} 决定，不受 u_{DS} 变化影响，工作在饱和区的漏极电流可分析如下：

$$i_D = K_n(u_{GS} - U_{TN})^2 = K_n(U_{GSQ} + u_{gs} - U_{TN})^2$$
$$= K_n(U_{GSQ} - U_{TN})^2 + 2K_n(U_{GSQ} - U_{TN})u_{gs} + K_n u_{gs}^2 \tag{3.3.13}$$

如果满足：

$$u_{gs} \ll 2(U_{GSQ} - U_{TN}) \tag{3.3.14}$$

则式（3.3.13）忽略最后一项后简化为

$$i_D = K_n(U_{GSQ} - U_{TN})^2 + 2K_n(U_{GSQ} - U_{TN})u_{gs}$$
$$= I_{DQ} + g_m u_{gs} = I_{DQ} + i_d \tag{3.3.15}$$

式（3.3.14）是线性放大器必须满足的小信号条件。

1. JFET 放大电路的小信号模型分析法

（1）JFET 的小信号模型　如图 3.3.9a 所示的三端器件 JFET，可以导出其低频小信号模型，如图 3.3.9b 所示。由于 JFET 为电压控制器件，其栅源间的电阻 r_{gs} 的阻值很大，因此图 3.3.9b 中将栅源间近似看成开路，漏源之间可以等效为一个电压控制的电流源和输出电阻。图 3.3.9b 中 g_m 为在 3.1 节讨论过的互导，r_{ds} 为场效应晶体管的输出电阻。

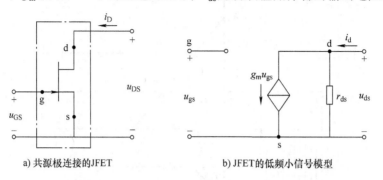

a) 共源极连接的 JFET   b) JFET的低频小信号模型

图 3.3.9 共源极连接的 JFET 及其低频小信号模型

（2）应用小信号模型法分析 JFET 放大电路 可以应用上面的小信号模型来分析如图 3.3.10a 所示的分压偏置式共源极放大电路。

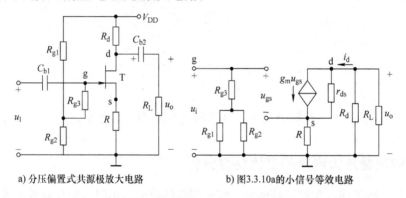

a) 分压偏置式共源极放大电路   b) 图3.3.10a的小信号等效电路

图 3.3.10 分压偏置式共源极放大电路及其小信号等效电路

图 3.3.10a 所示电路的小信号等效电路如图 3.3.10b 所示。图中 r_{ds} 通常在几百千欧的数量级，一般负载电阻比 r_{ds} 小很多，故此时可以近似认为 r_{ds} 开路。

1）电压增益：

$$u_i = u_{gs} + g_m u_{gs} R = u_{gs}(1 + g_m R)$$
$$u_o = -g_m u_{gs}(R_d /\!/ R_L)$$
$$A_v = \frac{u_o}{u_i} = -\frac{g_m(R_d /\!/ R_L)}{1 + g_m R} \tag{3.3.16}$$

式（3.3.16）中的负号表示 u_o 与 u_i 反相，共源极电路属于反相电压放大电路。

2）输入电阻：

$$R_i = R_{g3} + R_{g1} /\!/ R_{g2} \tag{3.3.17}$$

3）输出电阻：

$$R_o \approx R_d \tag{3.3.18}$$

2. MOSFET 放大电路的小信号模型分析

N 沟道增强型 MOS 管栅源极间可看成开路，栅极电流为 0，而 $i_d = g_m u_{gs}$，可以画出与

图 3.3.9b 所示一致的 NMOS 管共源极的低频小信号模型，如图 3.3.11b 所示。

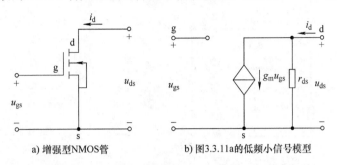

a) 增强型NMOS管　　　　b) 图3.3.11a的低频小信号模型

图 3.3.11　增强型 NMOS 管及其低频小信号模型

可以使用上述低频小信号模型对 MOSFET 放大电路进行动态特性分析。

例 3.3.5　电路如图 3.3.6 所示，设 $V_{DD}=5V$，$R_d=4k\Omega$。场效应晶体管的参数为 $U_{GS}=2V$，$U_{TN}=1V$，$K_n=0.6mA/V^2$，$\lambda=0.02V^{-1}$。当 MOS 管工作于饱和区，试确定电路的小信号增益。

解：1）求静态值：

$$I_{DQ}\approx K_n(U_{GS}-U_{TN})^2=0.6mA$$
$$U_{DSQ}=V_{DD}-I_{DQ}R_d=5V-0.6mA\times4k\Omega=2.6V$$

$U_{DS}>U_{GS}-U_{TN}=1V$，MOS 管的确工作于饱和区，满足线性放大器的电路的要求。

2）求 FET 的互导和输出电阻：

$$g_m=2K_n(U_{GS}-U_{TN})=1.2mS$$

$$r_{ds}=\frac{1}{\lambda K_n(U_{GS}-U_{TN})^2}=\frac{1}{0.02V^{-1}\times(0.6mA/V^2\times(1V)^2}=83.3k\Omega$$

3）求电压增益：

图 3.3.6 所示电路的小信号等效电路如图 3.3.12 所示，由图可得

$$u_o=-g_m u_{gs}(r_{ds}/\!/R_d)$$
$$A_u=-g_m(r_{ds}/\!/R_d)=-4.58$$

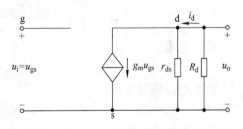

图 3.3.12　图 3.3.6 的小信号等效电路

上式中，A_u 带负号表示若输入为正弦信号，输出电压 u_o 与输入电压 u_i 之间的相位相反。共源极放大电路属于反相电压放大电路。由于场效应晶体管的 g_m 较低，与 BJT 放大电路相比，MOS 管放大电路的电压增益也较低。

例 3.3.6　电路如图 3.3.13a 所示，MOS 管的参数为 $U_{TN}=1V$，$K_n=0.5mA/V^2$，$\lambda=0$。电路参数为 $V_{DD}=5V$，$-V_{SS}=-5V$，$R_d=10k\Omega$，$R_L=10k\Omega$，$R=0.5k\Omega$，$R_{g1}=155k\Omega$，$R_{g2}=45k\Omega$，$R_s=4k\Omega$。试确定电路的电压增益、源电压增益、输入电阻和输出电阻。

解：由例 3.3.3 的直流分析可知

$$U_{GS}=\frac{R_{g2}}{R_{g1}+R_{g2}}(V_{DD}+V_{SS})-I_D R=\frac{45\times10}{155+45}-0.5I_D$$
$$I_D=K_n(U_{GS}-V_{TN})^2=0.5(U_{GS}-1)^2$$

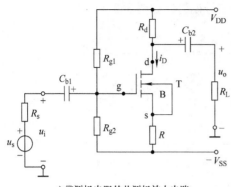 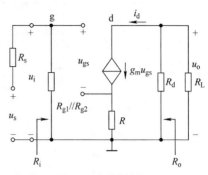

a) 带源极电阻的共源极放大电路　　　　　　b) 图3.3.13a的小信号模型

图 3.3.13　带源极电阻的共源极放大电路及其小信号模型

可以解得　$I_{DQ} = 0.5\text{mA}$，$U_{GSQ} = 2\text{V}$

$$U_{DSQ} = (V_{DD} + V_{SS}) - I_D(R_D + R) = (5\text{V} + 5\text{V}) - 0.5\text{mA}(10\text{kV} + 0.5\text{kV}) = 4.75\text{V}$$

互导为

$$g_m = 2K_n(U_{GSQ} - U_{TN}) = [2 \times 0.5 \times (2-1)]\text{mS} = 1\text{mS}$$

由于 $\lambda = 0$，场效应管输出电阻 $r_{ds} = \infty$。

小信号模型如图 3.3.13b 所示，由图可得

输出电压：

$$u_o = -g_m u_{gs}(R_d /\!/ R_L)$$

输入电压：

$$u_i = u_{gs} + (g_m u_{gs})R = u_{gs}(1 + g_m R)$$

电压增益：

$$A_u = \frac{u_o}{u_i} = -\frac{g_m(R_d /\!/ R_L)}{1 + g_m R} = -\frac{1 \times 5}{1 + 1 \times 0.5} \approx -3.33$$

输入电阻：

$$R_i = R_{g1} /\!/ R_{g2} \approx 34.875\text{k}\Omega$$

放大电路输出电阻：

$$R_o \approx R_d = 10\text{k}\Omega$$

信号源电压增益：

$$A_{us} = \frac{u_o}{u_s} = \frac{u_o}{u_i} \cdot \frac{u_i}{u_s} = A_u \frac{R_i}{R_i + R_s} = -3.33 \times \frac{34.875}{34.875 + 4} \approx -2.99$$

例 3.3.7　NMOS 共漏极放大电路（源极跟随器）如图 3.3.14a 所示，设耦合电容对交流信号可视为短路，场效应晶体管工作在饱和区，r_{ds} 很大，可以忽略。试画出其小信号等效电路，求出其小信号电压增益、源电压小信号电压增益、输入电阻和输出电阻。

解：图 3.3.14a 的小信号等效电路如图 3.3.14b 所示。由图可得

输出电压：

$$u_o = (g_m u_{gs})(R /\!/ r_{ds})$$

输入电压：

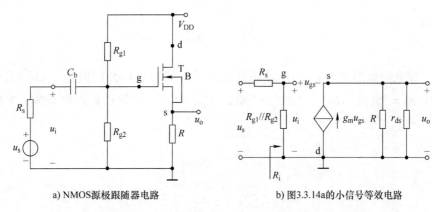

a) NMOS源极跟随器电路   b) 图3.3.14a的小信号等效电路

图 3.3.14   NMOS 源极跟随器电路及其小信号等效电路

$$u_i = u_{gs} + g_m u_{gs} (R /\!/ r_{ds})$$

电压增益：

$$A_u = \frac{u_o}{u_i} = \frac{(g_m u_{gs})(R /\!/ r_{ds})}{u_{gs} + g_m u_{gs}(R /\!/ r_{ds})} = \frac{g_m(R /\!/ r_{ds})}{1 + g_m(R /\!/ r_{ds})} \approx 1 \tag{3.3.19}$$

源电压增益：

$$A_{us} = \frac{u_o}{u_s} = \frac{u_o}{u_i} \cdot \frac{u_i}{u_s} = \frac{g_m(R /\!/ r_{ds})}{1 + g_m(R /\!/ r_{ds})} \cdot \left(\frac{R_i}{R_i + R_s} \right) \tag{3.3.20}$$

输入电阻：

$$R_i = R_{g1} /\!/ R_{g2}$$

式（3.3.19）和式（3.3.20）表明，与 BJT 的射极跟随器一样，源极跟随器电压增益小于 1，且接近于 1。

求输出电阻的方法与 BJT 电路类似，令 $u_s = 0$，保留其内阻 R_s，若有 R_L 应将 R_L 开路，然后在输出端加一测试电压 u_t，由此可画出求源极跟随器输出电阻 R_o 的电路，如图 3.3.15 所示。

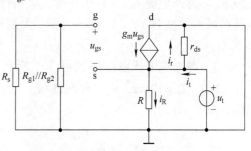

图 3.3.15   **例 3.3.7** 求 R_o 的电路

由图 3.3.15 可知，从输出端来看，R_o 为电阻 R、r_{ds} 以及受控电流源三条支路阻抗的并联，其中受控电流源支路的阻抗为两端电压与电流之比，为 $1/g_m$。

$$R_o = \frac{u_t}{i_t} = \frac{1}{\dfrac{1}{R} + \dfrac{1}{r_{ds}} + g_m} = R /\!/ r_{ds} /\!/ \frac{1}{g_m} \tag{3.3.21}$$

由式（3.3.21）可知，当源极电阻 $R = \infty$ 时，输出等效电阻 $R_o = r_{ds} /\!/ \dfrac{1}{g_m}$，当 r_{ds} 大到可以忽略时，$R_o = 1/g_m$。

前面分析了共源极电路和共漏极电路，与 BJT 的共基极电路相对应，FET 放大电路也有共栅极电路，读者可以自行分析共栅极放大电路的特性。

习　　题

3.1 已知电路如图题3.1a所示，场效应晶体管的输出特性如图题3.1b所示，$U_{PN} = -1$，电路中 $R_d = 15\text{k}\Omega$，$R = 1\text{k}\Omega$，$R_g = 5\text{M}\Omega$，$V_{DD} = 12\text{V}$。试用计算法和图解法求静态工作点 Q。

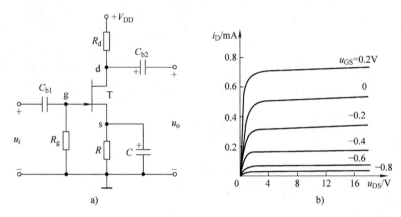

图题3.1

3.2 在图题3.2所示 FET 放大电路中，已知 $V_{DD} = 12\text{V}$，$U_{GS} = -1\text{V}$，$R_d = 10\text{k}\Omega$，$R_g = 1\text{M}\Omega$，管子参数 $I_{DSS} = 2\text{mA}$，$U_{PN} = -2\text{V}$。设 C_1、C_2 在交流通路中可视为短路。1）求电阻 R_1 和静态电流 I_D；2）求正常放大条件下 R_2 可能的最大值（提示：正常放大时，工作点落在恒流放大区）；3）设 r_{ds}、R_g 大到可以忽略，R_2 为前面计算的最大值，计算 A_u 和 R_o。

3.3 源极输出器电路如图题3.3所示，已知 $V_{DD} = 12\text{V}$，$R_{g1} = 300\text{k}\Omega$，$R_{g2} = 100\text{k}\Omega$，$R_{g3} = 2\text{M}\Omega$，$R = 12\text{k}\Omega$，$K_n = 0.5\text{mA/V}^2$，$U_{PN} = -2\text{V}$，求电压增益 A_u、输入电阻 R_i 和输出电阻 R_o。

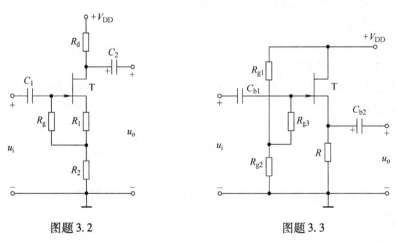

图题3.2　　　　　　　　　　图题3.3

3.4 电路如图题3.4所示，已知 $V_{DD} = 15\text{V}$，$V_{GG} = 2\text{V}$，$R_d = 15\text{k}\Omega$，$R_g = 10\text{M}\Omega$，场效

应晶体管的 $U_{\mathrm{TN}} = 0.8\mathrm{V}$，$K_{\mathrm{n}} = 0.5\mathrm{mA/V^2}$，$\lambda = 0$，$r_{\mathrm{ds}} = \infty$，求电路的静态工作点和电压增益 A_{u}。

3.5　已知电路和场效应晶体管的输出特性如图题 3.5a、b 所示。电路参数为 $R_{\mathrm{g1}} = 180\mathrm{k\Omega}$，$R_{\mathrm{g2}} = 60\mathrm{k\Omega}$，$R_{\mathrm{d}} = 10\mathrm{k\Omega}$，$R_{\mathrm{L}} = 20\mathrm{k\Omega}$，$V_{\mathrm{DD}} = 10\mathrm{V}$，$U_{\mathrm{TN}} = 1.5\mathrm{V}$，$K_{\mathrm{n}} = 0.5\mathrm{mA/V^2}$，$\lambda = 0$，$r_{\mathrm{ds}} = \infty$。1）试求静态工作点 Q；2）画出直流负载线和交流负载线；3）求电压增益。

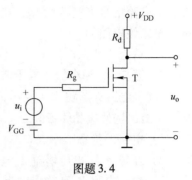

图题 3.4

3.6　已知电路如图题 3.5a 所示，该电路的输出特性曲线和直流、交流负载线绘于图题 3.6 中，试求：

1）电源电压 V_{DD}、静态栅源电压 U_{GSQ}、漏极电流 I_{DQ} 和漏源电压 U_{DSQ} 的值；

2）R_{d}、R_{L} 的值；

3）$R_{\mathrm{g1}} = 200\mathrm{k\Omega}$ 时 R_{g2} 的值；

4）u_{i} 为正弦信号时输出电压的最大不失真幅度 U_{om}。

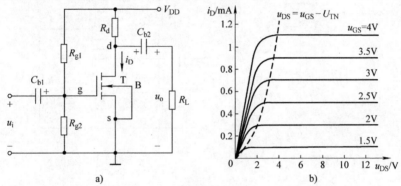

图题 3.5

3.7　电路如图题 3.7 所示，已知 $R_{\mathrm{d}} = 10\mathrm{k\Omega}$，$R_{\mathrm{s}} = R = 0.5\mathrm{k\Omega}$，$R_{\mathrm{g1}} = 165\mathrm{k\Omega}$，$R_{\mathrm{g2}} = 35\mathrm{k\Omega}$，场效应晶体管的 $U_{\mathrm{TN}} = 0.8\mathrm{V}$，$K_{\mathrm{n}} = 1\mathrm{mA/V^2}$，$\lambda = 0$，$r_{\mathrm{ds}} = \infty$，电路静态工作点处 $U_{\mathrm{GS}} = 1.5\mathrm{V}$。试求该共源极电路的互导 g_{m}、输入阻抗 R_{i}、小信号电压增益 $A_{\mathrm{u}} = u_{\mathrm{o}}/u_{\mathrm{i}}$ 和源电压增益 $A_{\mathrm{us}} = u_{\mathrm{o}}/u_{\mathrm{s}}$。

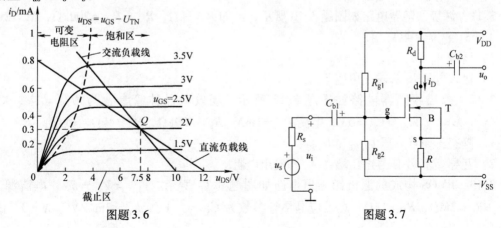

图题 3.6　　　　　　　　图题 3.7

3.8　电路如图题 3.8 所示，已知电流源 $I = 0.5\mathrm{mA}$，$V_{\mathrm{DD}} = V_{\mathrm{SS}} = 5\mathrm{V}$，$R_{\mathrm{d}} = 9\mathrm{k\Omega}$，$C_{\mathrm{S}}$ 很

大，对交流信号可视为短路，场效应晶体管的 $U_{TN} = 0.8V$，$K_n = 0.5mA/V^2$，$\lambda = 0$，$r_{ds} = \infty$，试求该电路的

1）静态工作点电压 U_{GSQ} 和 U_{DSQ}；

2）互导 g_m 和小信号电压增益 A_u。

3.9 电路如图题3.9所示，$V_{DD} = 10V$，$R_1 = R_2 = 200k\Omega$，$R_3 = 2M\Omega$，$R_d = R_s = 4k\Omega$，$R_L = 4k\Omega$，场效应晶体管的 $U_{TN} = 1V$，$K_n = 1mA/V^2$，$\lambda = 0$，$r_{ds} = \infty$。试求：

1）电路的静态工作点 Q；

2）互导 g_m、电压增益 $A_u = u_o/u_i$；

3）输入电阻 R_i 和输出电阻 R_o。

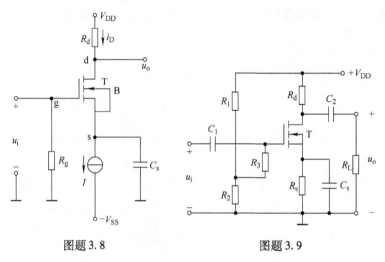

图题3.8   图题3.9

3.10 源极跟随器电路如图题3.10所示，已知 $V_{DD} = 12V$，$R_{g1} = 200k\Omega$，$R_{g2} = 400k\Omega$，$R = 1k\Omega$，$R_s = 10k\Omega$，场效应晶体管的 $U_{TN} = 2V$，$K_n = 2mA/V^2$，$\lambda = 0$，$r_{ds} = \infty$。求：

1）电路的静态工作点 Q；

2）增益 $A_u = u_o/u_i$、$A_{us} = u_o/u_s$；

3）输入电阻 R_i 和输出电阻 R_o。

3.11 源极跟随器电路如图题3.10所示，已知 $R = 1k\Omega$，$R_{g1} = R_{g2} = 200k\Omega$，$R_s = 2k\Omega$，$g_m = 10mS$，$r_{ds} = 50k\Omega$，求：

1）增益 $A_u = u_o/u_i$、$A_{us} = u_o/u_s$；

2）输入电阻 R_i 和输出电阻 R_o。

3.12 源极跟随器电路如图题3.12所示。场效应晶体管参数为 $U_{TN} = 1V$，$K_n = 1mA/V^2$，$\lambda = 0$。$V_{DD} = V_{SS} = 5V$，电流源 $I = 1mA$，$R_g = 500k\Omega$，$R_L = 4k\Omega$，试求：

1）静态工作点电压 U_{GSQ} 和 U_{DSQ}；

2）互导 g_m、小信号电压增益 A_u 和输出电阻。

3.13 PMOS 构成的源极跟随器电路如图题3.13所示。$V_{DD} = V_{SS} = 5V$，电流源 $I = 2mA$，$R_g = 2M\Omega$，$R_L = 1k\Omega$，场效应晶体管参数为 $U_{TP} = -1V$，$K_p = 2mA/V^2$，$\lambda = 0$。试求电路的

1）静态工作点 Q；

2）输入电阻、输出电阻；

3）小信号电压增益。

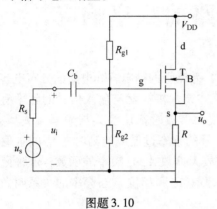

图题 3.10

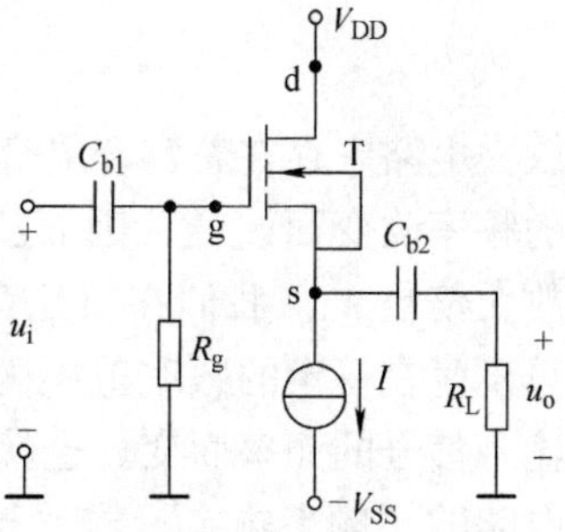

图题 3.12

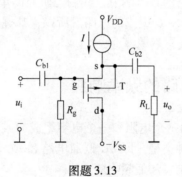

图题 3.13

第4章 放大电路的频率响应

由于放大电路中存在着耦合电容、旁路电容、晶体管的结电容和电路的分布电容等，它们的容抗随频率改变而改变，因而放大电路中某些技术指标就与输入信号的频率有关，例如，电压放大倍数 A_u。我们在前几章分析电压放大倍数时都认为其与频率无关。实际上，这种情况只发生在一定的频率范围内。当输入信号的频率过低或过高时，A_u 的幅值与相位都会随着输入信号的频率而变。也就是说，电压放大倍数 A_u 是频率的函数，这种函数关系叫做放大电路的"频率响应"或"频率特性"。幅值 A_u 和相位 φ 与频率的关系叫做放大电路的"幅频特性"和"相频特性"。

为了能顺利地研究放大电路的频率响应，我们先研究简单的 RC 电路的频率响应。因为在放大电路中无非是包含多个 R，C 组成的电路。所以，掌握了简单的 RC 电路的频率响应，再研究放大电路的频率响应就比较容易了。

4.1 单时间常数 RC 电路的频率响应

单时间常数 RC 电路是指由一个电阻和一个电容组成的或者最终可以简化成一个电阻和一个电容组成的电路，它有两种类型，即 RC 低通电路和 RC 高通电路。它们的频率响应可分别用来模拟放大电路的高频响应和低频响应。

4.1.1 RC 低通电路的频率响应

1. RC 低通电路

图 4.1.1 所示为无源 RC 串联电路。

当输入频率为零（直流）时，容抗趋于无穷大，输出 $\dot{U}_o = \dot{U}_i$，随着频率的增加，容抗逐渐减小，输出及放大倍数都减小，而 $\dot{U}_o$ 的相位也愈来愈落后 $\dot{U}_i$。由于只有在直流或频率很低时，输入信号才能顺利通过电路传输到输出端，所以这种 RC 电路叫做（低通电路）。

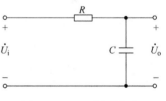

图 4.1.1 RC 低通电路

2. 电压传输特性的幅频特性和相频特性

图 4.1.1 所示电路的传输特性不难推导：

$$A_{uh}(s) = \frac{U_o(s)}{U_i(s)} = \frac{1/sC}{R + 1/sC} = \frac{1}{1 + sRC} \tag{4.1.1}$$

对于实际频率，$s = j\omega = j2\pi f$，并令

$$f_H = \frac{1}{2\pi RC} \tag{4.1.2}$$

则式（4.1.1）变为

$$\dot{A}_{uh} = \frac{\dot{U}_o}{\dot{U}_i} = \frac{1}{1 + j(f/f_H)} \tag{4.1.3}$$

式中，$\dot{A}_{uh}$ 为高频电压传输系数，其幅值（模）$|\dot{A}_{uh}|$ 和相角 φ_H 分别为

$$|\dot{A}_{uh}| = \frac{1}{\sqrt{1 + (f/f_H)^2}} \tag{4.1.4}$$

$$\varphi_H = -\arctan(f/f_H) \tag{4.1.5}$$

3. 通频带和上限截止频率

从式（4.1.3）看出，当 $f < < f_H$ 时，$A_{uh} = 1$，而当 $f = f_H$ 时，$|\dot{A}_{uh}| = 1/\sqrt{2} = 0.707$。我们把 A_{uh} 下降到直流（$f = 0$，$A_{uh} = 1$）时的 0.707 倍的频率 f_H 叫做电路的"上限截止频率"，而把从 $f = 0$（直流）到 $f = f_H$ 的频率范围叫做低通电路的"通频带"。

4. 频率特性的一种画法——波特（Bode）图

1）横坐标轴的取法：在电子技术领域，信号的频率一般从几 Hz 到几十 MHz。为了把如此宽广的频率范围画在一张图上，幅频特性和相频特性的横坐标（频率）都采用对数刻度。这样，每一个十倍频率范围在横轴上所对应的长度是相等的。

2）幅频特性：由于放大电路的电压放大倍数可以从几倍到几百万倍，变化范围也很广，所以纵坐标采用对数刻度 $20 \lg A_u$，单位是分贝（dB）。

3）相频特性：纵坐标仍然采用原来的线性坐标——"度"（°）表示。

5. RC 低通电路的波特图

（1）幅频响应　幅频响应波特图可由式（4.1.4）按下列步骤绘出：

1）当 $f \ll f_H$ 时

$$|\dot{A}_{uh}| = 1/\sqrt{1 + (f/f_H)^2} \approx 1$$

用分贝（dB）表示，则有　　$20 \lg |\dot{A}_{uh}| \approx 20 \lg 1 = 0 \text{dB}$

这是一条与横轴平行的零分贝线。

2）当 $f \gg f_H$ 时

$$|\dot{A}_{uh}| = 1/\sqrt{1 + (f/f_H)^2} \approx f_H/f$$

用分贝表示，则有 $20 \lg |\dot{A}_{uh}| \approx 20 \lg(f_H/f)$。

这是一条斜率为 $-20 \text{dB}/$ 十倍频程的直线。

这两条线在 $f = f_H$ 处相交，所以 f_H 又称为转折频率。

幅频响应就是由以上两条直线构成的折线，如图 4.1.2a 所示。

当 $f = f_H$ 时，$|\dot{A}_{uh}| = 1/\sqrt{2} = 0.707$，即在 f_H 处，电压传输系数下降为中频值的 0.707 倍，用分贝表示时，下降了 3dB。

（2）相频响应　由式（4.1.5）可作出其相频响应的波特图，它可用三条直线来近似描述：

1）当 $f \ll f_H$ 时，$\varphi \to 0°$，得到一条 $\varphi = 0°$ 的直线。

2）当 $f \gg f_H$ 时，$\varphi \to -90°$，得到一条 $\varphi = -90°$ 的直线。

3）当 $f = f_H$ 时，$\varphi = -45°$。

由于当 $f/f_H = 0.1$ 和 $f/f_H = 10$ 时，相应地可近似得 $\varphi_H = 0°$ 和 $\varphi_H = -90°$，故在 $0.1 f_H$ 和 $10 f_H$ 之间，可用一条斜率为 $-45°/$ 十倍频程的直线来表示，于是可画得相频响应曲线如图

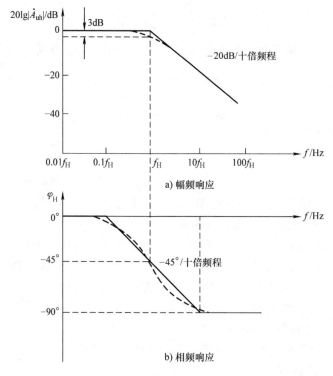

a) 幅频响应

b) 相频响应

图 4.1.2　RC 低通电路的波特图

4.1.2b 所示。图中亦用虚线画出了实际的相频响应。

由波特图可以得到：

1）当 $f < f_H$ 时，RC 低通电路的电压传输系数的幅值 A_{uh} 最大（$A_{uh} = 1$），而且不随信号频率而变化，即低频信号能够不衰减地传输到输出端。

2）当 $f = f_H$ 时，A_{uh} 下降 3dB，且产生 $-45°$ 相移。（这里的负号表示输出电压滞后于输入电压）

3）当 $f > f_H$ 后，随着 f 的增加，A_{uh} 按 -20dB/十倍频程规律衰减，且相移逐渐增大，最终趋于 $-90°$。

掌握 RC 低通电路的频率响应，将有助于对放大电路高频响应的分析与理解。

4.1.2　RC 高通电路的频率响应

如图 4.1.3 所示，当输入频率趋于无穷大时，容抗趋于零，输出 $\dot{U}_o = \dot{U}_i$；随着频率的减少，容抗逐渐增加，输出及放大倍数都减小；当输入频率为零（直流）时，则电容开路，$\dot{U}_o = 0$。由于只有在频率较高时，输入信号才能顺利通过电路传输到输出端，所以这种 RC 电路叫做高通电路。

参照 RC 低通电路的分析方法，可得图 4.1.3 所示的高通电路的电压传递函数为

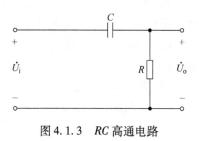

图 4.1.3　RC 高通电路

$$A_{ul}(s) = \frac{U_o(s)}{U_i(s)} = \frac{R}{R + 1/sC} = \frac{s}{s + 1/RC} \qquad (4.1.6)$$

对于实际频率，$s = j\omega = j2\pi f$，并令

$$f_L = \frac{1}{2\pi RC} \qquad (4.1.7)$$

则式（4.1.6）变为

$$\dot{A}_{ul} = \frac{\dot{U}_o}{\dot{U}_i} = \frac{1}{1 - j(f_L/f)} \qquad (4.1.8)$$

式中，$\dot{A}_{ul}$ 为低频电压传输系数，其幅频响应和相频响应的表达式分别为

$$|\dot{A}_{ul}| = \frac{1}{\sqrt{1 + (f_L/f)^2}} \qquad (4.1.9)$$

$$\varphi_L = \arctan(f_L/f) \qquad (4.1.10)$$

式中，f_L 是高通电路的下限截止频率（或称下限转折频率）。

　　仿照 RC 低通电路波特图的绘制方法，由式（4.1.9）和式（4.1.10）可画出 RC 高通电路的波特图，如图 4.1.4 所示。

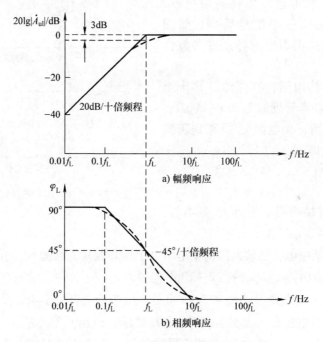

图 4.1.4　RC 高通电路的波特图

由波特图可得到：

1）当 $f > f_L$ 时，RC 高通电路的电压传输系数的幅值 $|\dot{A}_{ul}|$ 最大 $A_{ul} = 1$，且不随信号频率变化而变化。

2）当 $f = f_L$ 时，$|\dot{A}_{ul}|$ 下降 3dB，且产生 +45° 相移。

3）当 $f < f_L$ 后，随着 f 的改变，$|\dot{A}_{ul}|$ 按 +20dB/十倍频程规律变化，且相移最终趋于 +90°。

通过对 RC 低通和高通电路频率响应的分析，可以得到下列具有普遍意义的结论：

1）电路的截止频率决定于相关电容所在回路的时间常数 $\tau = RC$。

2）当输入信号的频率等于上限频率 f_H，或下限频率 f_L 时，放大电路的增益比通带增益下降 3dB，或下降为通带增益的 0.707 倍，且在通带相移的基础上产生 $-45°$ 或 $+45°$ 的相移。

3）工程上常用折线化的近似波特图表示放大电路的频率响应。

4.2 双极结型晶体管的高频小信号模型

4.2.1 BJT 的物理模型——混合参数 π 形等效模型

1. 从结构引出物理模型

在研究放大电路频率响应时，本书 2.3 节所介绍的 BJT 交流小信号模型已不再适用。在高频情况下，必须考虑晶体管的结电容，由此可得到 BJT 的高频小信号模型，如图 4.2.1a 所示。现就此模型中的各元件参数作简要说明：

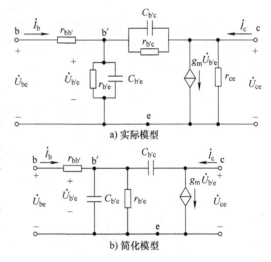

a) 实际模型

b) 简化模型

图 4.2.1 BJT 的高频小信号模型

1）$r_{bb'}$ 是基区体电阻，其值约在几十至几百欧之间。对小功率管近似为 $200 \sim 300\Omega$。

2）$r_{b'e}$ 是发射结正偏电阻 r_e 折算到基极回路的等效电阻，即 $r_{b'e} = (1+\beta)r_e = (1+\beta)\dfrac{U_T}{I_{EQ}}$。

3）$C_{b'e}$ 是发射结电容，对于小功率管，$C_{b'e}$ 约在几十至几百皮法范围。

4）$r_{b'c}$ 是集电结电阻，在放大区内集电结处于反向偏置，因此 $r_{b'c}$ 的值很大。

5）$C_{b'c}$ 是集电结电容，$C_{b'c}$ 约在 $2 \sim 10$pF 范围内。

6）$g_m \dot{U}_{b'e}$ 是受控电流源，由图 4.2.1a 可见，由于结电容的影响，晶体管中受控电流源不再完全受控于基极电流 $\dot{I}_b$，因而不能再用 $\beta \dot{I}_b$ 表示，改用 $g_m \dot{U}_{b'e}$ 表示，即受控电流源受控于发射结上所加的电压。这里的 g_m 称为互导或跨导，它表明发射结电压对受控电流的控制能力，定义为

$$g_m = \left.\frac{\partial i_c}{\partial u_{B'E}}\right|_{U_{CE}} = \left.\frac{\Delta i_c}{\Delta u_{B'E}}\right|_{U_{CE}} \tag{4.2.1}$$

g_m 的量纲为电导，对于高频小功率管，其值约为几十 mA/V 或毫西门子。

2. BJT 的混合参数 π 形等效电路

由上述各元件的参数可知，$r_{b'c}$ 的数值很大，在高频时远大于 $1/\omega C_{b'c}$，与 $C_{b'c}$ 并联可视为开路；另外，r_{ce} 与负载电阻 R_L 相比，一般有 r_{ce} 远大于 R_L，因此 r_{ce} 也可忽略，这样便可

得到图 4.2.1b 所示的简化模型。由于其形状像字母 π，各元件参数具有不同的量纲，故又称之为混合 π 形高频小信号模型。

3. 混合参数与 H 参数的关系

由于 BJT 高频小信号模型中电阻等元件的参数值在很宽的频率范围内（$f < f_T/3$，f_T 是晶体管的特征频率，稍后再作介绍）与频率无关，而且在低频情况下，电容 $C_{b'e}$ 和 $C_{b'c}$ 可视为开路，于是图 4.2.1b 所示的简化模型可变为图 4.2.2a 的形式，它与图 4.2.2b 所示的 H 参数低频小信号模型一样，所以可以由 H 参数低频小信号模型获得混合 π 形小信号模型中的一些参数值。

比较图 4.2.2 所示的两个模型，可得以下关系：

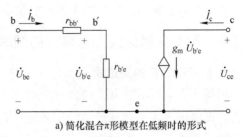

a) 简化混合 π 形模型在低频时的形式

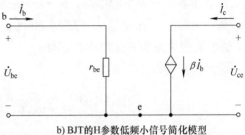

b) BJT 的 H 参数低频小信号简化模型

$$r_{be} = r_{bb'} + r_{b'e} \qquad \dot{U}_{b'e} = \dot{I}_b r_{b'e}$$

$$r_{b'e} = (1 + \beta_o)\frac{U_T}{I_{EQ}} \qquad (4.2.2)$$

图 4.2.2 BJT 两种模型在低频时的比较

故有

$$g_m = \frac{\beta_o}{r_{b'e}} = \frac{\beta_o}{(1+\beta_o)\dfrac{U_T}{I_{EQ}}} \approx \frac{I_{EQ}}{U_T} \qquad (4.2.3)$$

由式（4.2.2）、式（4.2.3）可知，晶体管高频小信号模型中也要采用 Q 点上的参数。

高频小信号模型中的电容 $C_{b'c}$，在近似估算时，可用器件手册中提供的 C_{ob} 代替，一般在 2～10pF 范围内。电容 $C_{b'e}$ 可由下式计算得到

$$C_{b'e} \approx \frac{g_m}{2\pi f_T} \qquad (4.2.4)$$

式中，特征频率 f_T 可查器件手册得到。

4. 混合参数 π 形等效电路的简化

由于电容 $C_{b'c}$ 跨接在输入和输出回路之间，使电路分析较为复杂，为了方便起见，可将 $C_{b'c}$ 进行单向化处理，即将 $C_{b'c}$ 等效变换到输入回路（b′ - e 之间）和输出回路中（c - e 之间），如图 4.2.3 所示（参考密勒定理）。其变换过程如下：

$$C_{M1} = (1 - \dot{A}'_u)C_{b'c} \qquad (4.2.5)$$

$$C_{M2} = \left(1 - \frac{1}{\dot{A}'_u}\right)C_{b'c} \qquad (4.2.6)$$

$$C = C_{b'e} + C_{M1} \qquad (4.2.7)$$

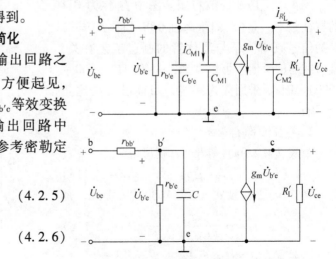

图 4.2.3 简化的混合参数 π 形等效电路

其中 $\dot{A}'_u = \dfrac{\dot{U}_o}{\dot{U}_{b'e}}$

由于 C_{M2} 非常小，故在图 4.2.3 中忽略了它的影响。

4.2.2 BJT 共射极放大电路 β 的频率响应

1. β 频率响应的表达式

由图 4.2.2 所示的 BJT 混合 π 形模型可以看出，电容 $C_{b'e}$ 和 $C_{b'c}$ 会对晶体管的电流放大能力，即电流放大系数 $\dot{\beta}$ 产生频率效应。在高频情况下，若注入基极的交流电流 $\dot{I}_b$ 的大小不变，则随着信号频率的增加，$b'-e$ 间的阻抗将减小，电压 $\dot{U}_{b'e}$ 的幅值将减小，相移将增大，从而引起集电极电流 $\dot{I}_c$ 的大小随 $|\dot{U}_{b'e}|$ 而线性下降，并产生相同的相移。由此可知，BJT 的电流放大系数 $\dot{\beta}$ 是频率的函数。

经分析，可推出

$$\dot{\beta} = \frac{\beta_o}{1 + j\omega(C_{b'e} + C_{b'c})r_{b'e}} = \frac{\beta_o}{1 + j\dfrac{f}{f_\beta}} \tag{4.2.8}$$

其幅频特性和相频特性的表达式为

$$|\dot{\beta}| = \frac{\beta_o}{\sqrt{1 + (f/f_\beta)^2}} \tag{4.2.9a}$$

$$\varphi = -\arctan\frac{f}{f_\beta} \tag{4.2.9b}$$

$$f_\beta = \frac{1}{2\pi(C_{b'e} + C_{b'c})r_{b'e}} \tag{4.2.10}$$

式中，f_β 称为 BJT 的共射极截止频率，是使 $|\dot{\beta}|$ 下降为 $0.707\beta_o$ 时的信号频率，其值主要决定于管子的结构。

图 4.2.4 是 $\dot{\beta}$ 的波特图。图中 f_T 称为 BJT 的特征频率，是使 $|\dot{\beta}|$ 下降到 0dB（即 $|\dot{\beta}| = 1$）时的信号频率。f_T 与晶体管的制造工艺有关，其值在器件手册中可以查到，一般约在（300 ~ 1000）MHz。采用先进工艺，目前已可高达几个 GHz。

2. 特征频率 f_T

令式（4.2.9a）等于 1，则可得

$$f_T \approx \beta_o f_\beta \tag{4.2.11a}$$

将 $\beta_o = g_m r_{b'e}$ 及式（4.2.10）代入上式，则

$$f_T \approx \frac{g_m}{2\pi(C_{b'e} + C_{b'c})} \tag{4.2.11b}$$

一般有 $C_{b'e} \gg C_{b'c}$，故

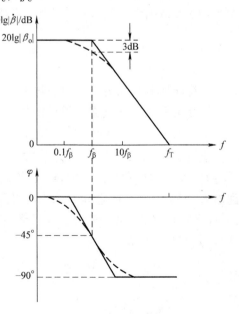

图 4.2.4 $\dot{\beta}$ 的波特图

$$f_{\mathrm{T}} \approx \frac{g_{\mathrm{m}}}{2\pi C_{\mathrm{b'e}}}$$

$$(4.2.11\mathrm{c})$$

4.2.3 共基极放大电路的高频响应

从 2.6 节的分析已知，共基极放大电路具有低输入阻抗、高输出阻抗和接近于 1 的电流增益。这里着重分析它的高频响应。图 4.2.5a 是图 2.6.1 所示共基极放大电路的交流通路，其中 $R'_{\mathrm{L}} = R_{\mathrm{c}} /\!/ R_{\mathrm{L}}$。图 4.2.5b 是它的高频小信号等效电路。

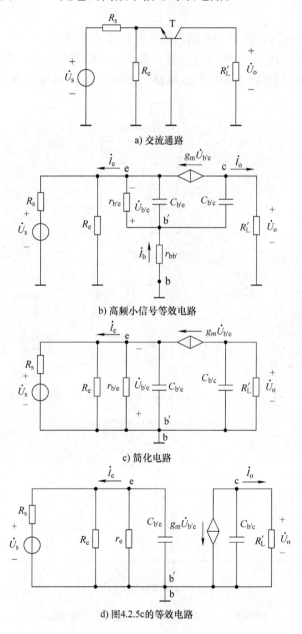

a) 交流通路

b) 高频小信号等效电路

c) 简化电路

d) 图4.2.5c的等效电路

图 4.2.5 共基极放大电路

91

从图中可以看出，在共基接法时，由于电路输入端与输出端之间没有元件电容，因此不存在密勒效应。所以晶体管输入回路的等效电阻的电容都非常小，上限截止频率非常高。

4.3 基本放大电路的频率响应

4.3.1 单级共射极放大电路的频率响应

1. 高频响应

现以图 4.3.1a 所示的射极偏置电路为例，分析其频率响应。

在高频范围内，放大电路中的耦合电容、旁路电容的容抗很小，更可视为对交流信号短路，于是可画出该电路的高频小信号等效电路，如图 4.3.1b 所示。现按以下步骤进行分析：

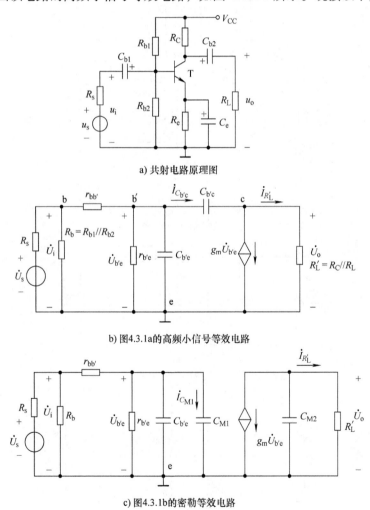

a) 共射电路原理图

b) 图4.3.1a的高频小信号等效电路

c) 图4.3.1b的密勒等效电路

图 4.3.1 共射电路及其高频小信号等效电路

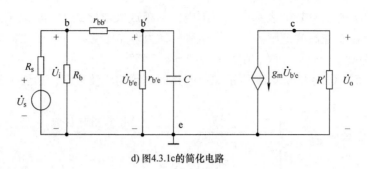

d) 图4.3.1c的简化电路

图 4.3.1　共射电路及其高频小信号等效电路（续）

（1）求密勒电容　由于电容 $C_{b'c}$ 跨接在输入和输出回路之间，使电路分析较为复杂，为了方便起见，可将 $C_{b'c}$ 进行意向化处理，即将 $C_{b'c}$ 等效变换到输入回路（b′−e 之间）和输出回路中（c−e 之间），如图 4.3.1c 所示。其变换过程如下：

根据式（4.2.5）～式（4.2.7）可求出等效电容 $C = C_{b'e} + C_{M1} = C_{b'e} + (1 + g_m R'_L) C_{b'c}$

$$A'_u = -g_m R'_L \tag{4.3.1}$$

（2）高频响应和上限频率　利用戴维南定理将图 4.3.1d 所示的电路进一步变换为图 4.3.2 所示的形式，其中

$$\dot{U}'_s = \frac{r_{b'e}}{r_{bb'} + r_{b'e}} \dot{U}_i = \frac{r_{b'e}}{r_{be}} \cdot \frac{R_b /\!/ r_{be}}{R_s + R_b /\!/ r_{be}} \dot{U}_s,$$

$$R = r_{b'e} /\!/ (r_{bb'} + R_b /\!/ R_s)$$

这时只有输入回路含有电容元件，它

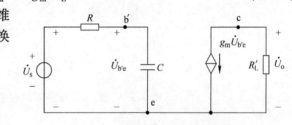

图 4.3.2　图 4.3.1d 的等效电路

与图 4.1.2 所示的 RC 低通电路相似。由此图及 $\dot{U}'_s$ 与 $\dot{U}_s$ 的关系，可得图 4.3.1a 所示放大电路的高频源电压增益的表达式为

$$\dot{A}_{ush} = \frac{\dot{U}_o}{\dot{U}_s} = \frac{\dot{U}_o}{\dot{U}_{b'e}} \cdot \frac{\dot{U}_{b'e}}{\dot{U}'_s} \cdot \frac{\dot{U}'_s}{\dot{U}_s} = \frac{-g_m \dot{U}_{b'e} R'_L}{\dot{U}_{b'e}} \cdot \frac{\dfrac{1}{j\omega C}}{R + \dfrac{1}{j\omega C}} \cdot \frac{r_{b'e}}{r_{be}} \cdot \frac{R_b /\!/ r_{be}}{R_s + R_b /\!/ r_{be}}$$

$$\approx \dot{A}_{usm} \frac{1}{1 + j\omega RC} = \frac{\dot{A}_{usm}}{1 + j\dfrac{f}{f_H}} \tag{4.3.2}$$

式中

$$\dot{A}_{usm} = -g_m R'_L \frac{r_{b'e}}{r_{be}} \cdot \frac{R_b /\!/ r_{be}}{R_s + R_b /\!/ r_{be}} = -\frac{\beta_o}{r_{b'e}} R'_L \frac{r_{b'e}}{r_{be}} \cdot \frac{R_b /\!/ r_{be}}{R_s + R_b /\!/ r_{be}}$$

$$= -\frac{\beta_o R'_L}{r_{be}} \cdot \frac{R_b /\!/ r_{be}}{R_s + R_b /\!/ r_{be}} \text{（中频（即通带）源电压增益）} \tag{4.3.3}$$

$$f_H = \frac{1}{2\pi RC} \text{（上限频率）} \tag{4.3.4}$$

$\dot{A}_{ush}$ 的对数幅频特性和相频特性的表达式为

$$20\lg |\dot{A}_{ush}| = 20\lg |\dot{A}_{usm}| - 20\lg \sqrt{1 + (f/f_H)^2} \tag{4.3.5a}$$

$$\varphi = -180° - \arctan(f/f_H) \tag{4.3.5b}$$

式（4.3.5b）中的 $-180°$ 表示中频范围内共射极放大电路的 $\dot{U}_o$ 与 $\dot{U}_s$ 反相，而 $-\arctan(f/f_H)$ 是等效电容 C 在高频范围内引起的相移，称为附加相移，一般用 $\Delta\varphi$ 表示，这里的最大附加相移为 $-90°$，当 $f=f_H$ 时，附加相移 $\Delta\varphi = -45°$。

由式（4.3.5）可画出 4.3.1a 所示共射电路的高频响应波特图，如图 4.3.3 所示。

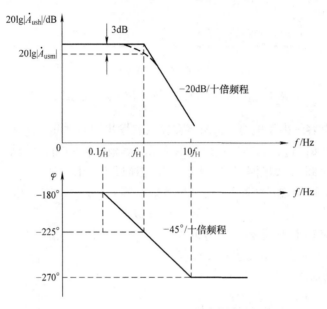

图 4.3.3　图 4.3.1a 所示共射电路的高频响应波特图

例 4.3.1　设图 4.3.1a 所示电路在室温（300K）下运行，且 BJT 的 $U_{BEQ} = 0.6V$，$r_{bb'} = 100\Omega$，$\beta_o = 100$，$C_{b'c} = 0.5pF$，$f_T = 400MHz$；$V_{CC} = 12V$，$R_{b1} = 100k\Omega$，$R_{b2} = 16k\Omega$，$R_e = 1k\Omega$，$R_c = R_L = 5.1k\Omega$，$R_s = 1k\Omega$，试计算该电路的中频源电压增益及上限频率。

解：由电路元件参数求得静态电流为

$$I_{CQ} \approx I_{EQ} = \frac{U_{BQ} - U_{BEQ}}{R_e} = \frac{\dfrac{R_{b2}}{R_{b1} + R_{b2}} V_{CC} - U_{BEQ}}{R_e} \approx 1mA$$

由式（4.2.3）求得

$$g_m = \frac{I_{EQ}}{U_T} = \frac{1mA}{26mV} \approx 0.038S$$

由式（4.2.2）求得

$$r_{b'e} = (1 + \beta_o)\frac{U_T}{I_{EQ}} = (1 + 100) \times \frac{26mV}{1mA} \approx 2.63k\Omega$$

由式（4.2.4）求得

$$C_{b'e} \approx \frac{g_m}{2\pi f_T} = \frac{0.038S}{2 \times 3.14 \times 400 \times 10^6 Hz} \approx 15.1pF$$

由式（4.2.5）及式（4.3.1）求得密勒等效电容为

$$C_{M1} = (1 + g_m R'_L)C_{b'c} \approx 49pF$$

由式（4.3.3）求得中频源电压增益为

$$\dot{A}_{\text{usm}} = -\frac{\beta_{\text{o}} R'_{\text{L}}}{r_{\text{be}}} \cdot \frac{R_{\text{b}} /\!/ r_{\text{be}}}{R_{\text{s}} + R_{\text{b}} /\!/ r_{\text{be}}} \approx -65$$

图 4.3.2 所示等效电路中，输入回路的等效电阻和等效电容分别为

$$R = r_{\text{b'e}} /\!/ (r_{\text{bb'}} + R_{\text{b}} /\!/ R_{\text{s}}) \approx 0.74\text{k}\Omega$$

$$C = C_{\text{b'e}} + C_{\text{M1}} = (15.1 + 49)\text{pF} = 64.1\text{pF}$$

由式（4.3.4）求得上限频率

$$f_{\text{H}} = \frac{1}{2\pi RC} = \frac{1}{2 \times 3.14 \times 0.74 \times 10^{3}\Omega \times 64.1 \times 10^{-12}\text{F}} \approx 3.36\text{MHz}$$

2. 低频响应

在低频范围内，晶体管的极间电容可视
为开路，而电路中的耦合电容、旁路电容的
电抗增大，不能再视其为短路。据此可画出
图 4.3.1a 电路的低频小信号等效电路，如
图 4.3.4a 所示。由此等效电路直接求低频
区的电压增益表达式比较麻烦，因此需要作
一些合理的近似。首先假设 $R_{\text{b}} = (R_{\text{b1}} /\!/ R_{\text{b2}})$
远大于此放大电路的输入阻抗，以至 R_{b} 的
影响可以忽略；其次假设 C_{e} 的值足够大，
以至在低频范围内，它的容抗 $X_{C_{\text{e}}}$ 远小于 R_{e}
的值，即

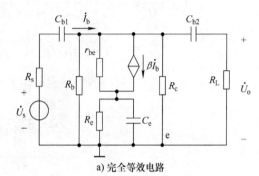

a) 完全等效电路

$$\frac{1}{\omega C_{\text{e}}} \ll R_{\text{e}} \quad \text{或} \quad \omega C_{\text{e}} R_{\text{e}} \gg 1 \quad (4.3.6)$$

于是得到图 4.3.4b 所示的简化等效电
路。然后再将电容 C_{e} 折合到基极回路，用
C'_{e} 表示，其容抗为

$$X_{C'_{\text{e}}} = \frac{1}{\omega C'_{\text{e}}} = (1 + \beta)\frac{1}{\omega C_{\text{e}}}$$

则折算后的电容为

$$C'_{\text{e}} = \frac{C_{\text{e}}}{1 + \beta}$$

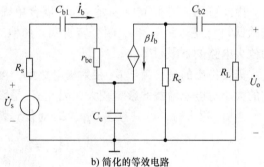

b) 简化的等效电路

它与耦合电容 C_{b1} 串联连接，所以基极
回路的总电容为

$$C_1 = \frac{C_{\text{b1}} C_{\text{e}}}{(1 + \beta) C_{\text{b1}} + C_{\text{e}}} \quad (4.3.7)$$

当 $C'_{\text{e}} \ll C_{\text{b1}}$ 时，C_{b1} 可以忽略，即 $C_1 =$

$\dfrac{C_{\text{e}}}{1 + \beta}$

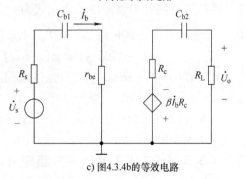

c) 图4.3.4b的等效电路

图 4.3.4　图 4.3.1a 的低频小信号等效电路

C_{e} 对输出回路基本上不存在折算问题，因为 $\dot{I}_{\text{e}} \approx \dot{I}_{\text{c}}$，而且一般有 $C_{\text{e}} \ll C_{\text{b2}}$，因而 C_{e} 对
输出回路的作用可忽略（作短路处理），这样就可得图 4.3.4c 所示的简化电路，图中还把

受控电流源 $\beta \dot{I}_b$ 与 R_c 的并联回路转换成了等效的电压源形式。

图 4.3.4c 的输入回路和输出回路都与图 4.1.4 所示的高通电路相似。由图 4.3.4c 可得

$$\dot{U}_o = -\frac{R_L}{R_c + R_L + \dfrac{1}{j\omega C_{b2}}}\beta \dot{I}_b R_e = -\frac{\beta R'_L \dot{I}_b}{1 - j/\omega C_{b2}(R_c + R_L)}$$

$$\dot{U}_s = (R_s + r_{be} - j/\omega C_1)\dot{I}_b = (R_s + r_{be})[1 - j/\omega C_1(R_s + r_{be})]\dot{I}_b$$

则低频源电压增益为

$$\dot{A}_{usl} = \frac{\dot{U}_o}{\dot{U}_s} = -\frac{\beta R'_L}{R_s + r_{be}} \cdot \frac{1}{1 - j/\omega C_1(R_s + r_{be})} \cdot \frac{1}{1 - j/\omega C_{b2}(R_c + R_L)}$$

$$= \dot{A}_{usm} \cdot \frac{1}{1 - j(f_{L1}/f)} \cdot \frac{1}{1 - j(f_{L2}/f)} \tag{4.3.8}$$

式中，$\dot{A}_{usm} = -\dfrac{\beta R'_1}{R_s + r_{be}}$ 是忽略基极偏置电阻 R_b 时的中频（即通带）源电压增益。

$$f_{L1} = \frac{1}{2\pi C_1(R_s + r_{be})} \tag{4.3.9}$$

$$f_{L2} = \frac{1}{2\pi C_{b2}(R_c + R_L)} \tag{4.3.10}$$

由此可见，图 4.3.1a 所示的 RC 耦合单级共射放大电路在满足式（4.3.7）的条件下，它的低频响应具有 f_{L1} 和 f_{L2} 两个转折率，如果二者间的比值在四倍以上，则取值大的那个作为放大电路的下限频率。

需要指出的是，由于 C_e 在射极电路里，流过它的电流 $\dot{I}_e$ 是基极电流 $\dot{I}_b$ 的 $(1+\beta)$ 倍，它的大小对电压增益的影响较大，因此 C_e 是影响低频响应的主要因素。

当 C_{b2} 很大时，可只考虑 C_{b1}、C_e 对低频特性的影响，此时式（4.3.8）简化为

$$\dot{A}_{usl} = \dot{A}_{usm}\frac{1}{1 - j(f_{L1}/f)} \tag{4.3.11}$$

其对数幅频特性和相频特性的表达式为

$$20\lg|\dot{A}_{usl}| = 20\lg|\dot{A}_{usm}| - 20\lg\sqrt{1 + (f_{L1}/f)^2} \tag{4.3.12a}$$

$$\varphi = -180° - \arctan(-f_{L1}/f) = -180° + \arctan(f_{L1}/f) \tag{4.3.12b}$$

式（4.3.12b）中 $+\arctan(f_{L1}/f)$ 是输入回路中，等效电容 C_1 在低频范围内引起的附加相移 $\Delta\varphi$，其最大值为 $+90°$，当 $f = f_{L1}$ 时，$\Delta\varphi = +45°$。

由式（4.3.12）可画出图 4.3.1a 所示电路在只考虑电容 C_{b1} 和 C_e 影响时的低频响应波特图，如图 4.3.5 所示。

将图 4.3.5 与图 4.3.3 组合在一起即可得图 4.3.1a 所示电路的完整的频率响应波特图。

例 4.3.2 已知图 4.3.6 所示放大电路中 BJT 的 $\beta = 80$，$r_{be} = 2k\Omega$。

1）求中频电压放大倍数 $\dot{A}_{usm}(\dot{U}_o/\dot{U}_s)$；

2）设 C_1、C_2 很大，$\dot{A}_{us}$ 的下限截止频率 f_L 由 C_e 决定。试求 f_L 的值（设 f_L 附近容抗 $\dfrac{1}{\omega C_e} \ll R_e$）。

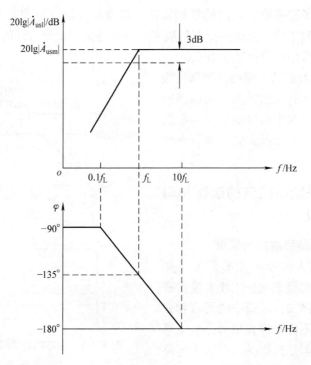

图 4.3.5 只考虑 C_{b1}、C_e 影响时，图 4.3.1a 所示电路的低频响应波特图

解：

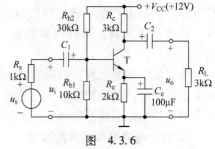

图 4.3.6

1）$\dot{A}_{usm} = -\dfrac{\beta(R_c /\!/ R_L)}{r_{be}} \cdot \dfrac{R_{b1} /\!/ R_{b2} /\!/ r_{be}}{R_s + R_{b1} /\!/ R_{b2} /\!/ r_{be}} \approx -37$

2）设 $R'_s = R_s /\!/ R_{b1} /\!/ R_{b2}$

$$f_L \approx \dfrac{1}{2\pi\left(\dfrac{r_{be} + R'_s}{1+\beta} /\!/ R_e\right)C_e} \approx 46\text{Hz}$$

例 4.3.3 在图 4.3.1a 所示电路中，设 BJT 的 $\beta = 80$，$r_{be} \approx 1.5\text{k}\Omega$，$V_{CC} = 15\text{V}$，$R_s = 50\Omega$，$R_{b1} = 110\text{k}\Omega$，$R_{b2} = 33\text{k}\Omega$，$R_c = 4\text{k}\Omega$，$R_L = 2.7\text{k}\Omega$，$R_e = 1.8\text{k}\Omega$，$C_{b1} = 30\mu\text{F}$，$C_{b2} = 1\mu\text{F}$，$C_e = 50\mu\text{F}$，试估算该电路的下限频率。

解：由式（4.3.7）求得输入回路等效电容

$$C_1 = \dfrac{C_{b1}C_e}{(1+\beta)C_{b1} + C_e} \approx 0.6\mu\text{F}$$

由式（4.3.9）和式（4.3.10）分别求得

$$f_{L1} = \dfrac{1}{2\pi C_1(R_s + r_{be})} = \dfrac{1}{2\times 3.14\times 0.6\times 10^{-6}\times(50+1500)}\text{Hz} \approx 171.2\text{Hz}$$

$$f_{L2} = \dfrac{1}{2\pi C_{b2}(R_c + R_L)} = \dfrac{1}{2\times 3.14\times 1\times 10^{-6}\times(4+2.7)\times 10^3}\text{Hz} \approx 23.8\text{Hz}$$

f_{L1} 与 f_{L2} 的比值大于 4，因此下限频率为 $f_L \approx f_{L1} \approx 171.2\text{Hz}$。

在以上的讨论中，曾假设 $1/\omega C_e \ll R_e$，如果这个条件不满足，则 C_e 对低频响应的影响将存在较大误差。

由上可知，为了改善放大电路的低频特性，需要加大耦合电容及其相应回路的等效电阻，以增大回路时间常数，从而降低下限频率。但这种改善是很有限的，因此在信号频率很低的使用场合，可考虑用直接耦合方式。

3. 完整的单管共射放大电路的频率特性

将前面画出的单管共射放大电路频率特性的低频段、高频段和中频段画在同一张图上，就得到如图 4.3.7 所示的完整的频率特性（波特）图。

4.3.2 放大电路频率响应的改善和增益带宽积

1. 对放大电路频率响应的要求

放大电路的输入信号往往不是单一频率，而是具有复杂的频率成分，或者说占有一定的频率范围。例如，广播中的语言和音响信号、电视中的图像和伴音信号、数字系统中的脉冲信号等都是这样的。有放大电路的频率特性可知，只有在通频带的范围内，

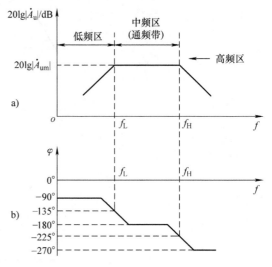

图 4.3.7　阻容耦合单级共射放大电路的频率响应

放大电路的放大倍数才有不变的幅值和相位，才能对不同频率的信号进行同样的放大。在通频带以外，对不同频率的信号放大效果是不同的。会导致输出信号不能完全复现输入信号，从而产生失真，这种失真叫做"频率失真"。频率失真又分"幅值失真"和"相位失真"。

为了减小频率失真，就要对放大电路的频率响应提出要求。很明显，为了实现不失真的放大，放大电路的通频带就应覆盖输入信号占有的整个频率范围。即放大电路的下限频率要小于输入信号中的最低频率，而上限频率要高于输入信号中的最高频率。

2. 放大电路频率响应的改善

（1）减小 f_L，改善低频响应　由式（4.1.7）看出，应使电容 C_{b1}（或 C_{b2}、C_e）所在的回路时间常数变大。一方面应使 C_{b1} 加大，另一方面应使相应的回路电阻加大。但这种改善是有限的，最好是去掉耦合电容，将电路改用直接耦合。此时 $f_L = 0$，即使对直流或变化换得信号也有同样的放大。

（2）增大 f_H，改善高频响应　由式（4.3.4）看出，为此应使 $C_{b'e}$ 和 $C_{b'c}$ 所在回路的电阻小。一方面应选 $r_{bb'}$ 小的管子，另一方面，由式 $C = C_{b'e} + C_{M1} = C_{b'e} + (1 + g_m R'_L) C_{b'c}$ 可知，不仅应选用特征频率 f_T 高、$C_{b'e}$ 小的高频管，还要减小 $g_m R'_L$，但减小 $g_m R'_L$ 会使电压放大倍数下降。可见扩展频带和提高电压放大倍数是有矛盾的。

（3）引入负反馈　在第 7 章将要介绍，在放大电路中引入"负反馈"，可以扩大放大电路的通频带，这也是常用的方法之一。

3. 放大电路的增益—带宽积

上面提到了扩展放大电路的通频带和提高电压放大倍数之间有矛盾。为了解决这一矛盾，应根据实际要求，对两方面进行综合考虑，并用一个综合指标——增益—带宽积

（GBP）来衡量。它是中频电压放大倍数 A_{usm} 与通频带 $f_{BW}(\approx f_H)$ 的乘积。

对于图 4.3.1a 所示电路，其增益—带宽积可由式（4.3.3）和式（4.3.4）相乘获得，即

$$|\dot{A}_{usm} \cdot f_H| = g_m R'_L \cdot \frac{r_{b'e}}{r_{be}} \cdot \frac{R_b // r_{be}}{R_s + R_b // r_{be}} \cdot \frac{1}{2\pi[r_{bb'} // (r_{bb'} + R_b // R_s)][C_{b'e} + (1 + g_m R'_L)C_{b'c}]}$$

当 $R_b \gg R_s$ 及 $R_b \gg r_{be}$ 时，有

$$|\dot{A}_{usm} f_H| \approx \frac{g_m R'_L}{2\pi(r_{bb'} + R_s)[C_{b'e} + (1 + g_m R'_L)C_{b'c}]} \tag{4.3.13}$$

当晶体管电路参数及电路参数都选定后，增益—带宽积基本上是个常数，即通带增益要增大多少倍，其带宽就要变窄多少倍。

4.3.3　多级放大电路的频率响应

1. 多级放大电路的频率响应表达式

设多级放大电路每一级的电压放大倍数分别为 A_{u1}、A_{u2}、…、A_{un}，则总的电压放大倍数 A_u 为

$$A_u = A_{u1} A_{u2} \cdots A_{un} \tag{4.3.14}$$

2. 波特图

由式（4.3.14）可写出多级放大倍数波特图的表达式为

$$20\lg A_u = 20\lg A_{u1} + 20\lg A_{u2} + \cdots + 20\lg A_{un} \tag{4.3.15}$$

$$\varphi = \varphi_1 + \varphi_2 + \cdots + \varphi_n \tag{4.3.16}$$

因此，只要把各级的波特图画在同一张图上，然后把对应于同一频率的各级纵坐标值叠加，就得到多级放大电路的波特图。

多级放大电路的通频带一定比它的任何一级都窄，级数愈多，则 f_L 越高而 f_H 越低，通频带越窄。这就是说，将几级放大电路串联起来后，总电压增益虽然提高了，但通频带变窄，这是多级放大电路一个重要的概念。

3. 多级放大电路的下限频率 f_L 的估算

假设放大电路的下限转折频率分别为 f_{L1}、f_{L2}、…、f_{Ln}，则

$$f_L \approx 1.1 \sqrt{f_{L1}^2 + f_{L2}^2 + \cdots + f_{Ln}^2} \tag{4.3.17}$$

4. 多级放大电路的上限频率 f_H 的估算

假设放大电路的上限转折频率分别为 f_{H1}、f_{H2}、…、f_{Hn}，则

$$f_H \approx \frac{1}{1.1 \sqrt{\left(\frac{1}{f_H}\right)^2 + \left(\frac{1}{f_{H2}}\right)^2 + \cdots + \left(\frac{1}{f_{Hn}}\right)^2}} \tag{4.3.18}$$

习　　题

4.1　已知某放大电路电的折线近似幅频特性如图题4.1所示，问：

1）该放大电路的中频电压增益为多少分贝？对应电压放大倍数多少倍？

2）上限截止频率和下限截止频率各为多少 Hz？

3）在信号频率正好为上限截止频率或下限截止频率时，该电路的电压增益为多少分贝？对应电压放大倍数多少倍？

4）在信号频率为 1MHz 时，该电路的电压增益为多少分贝？对应电压放大倍数多少倍？

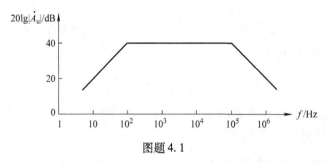

图题4.1

4.2 某同相放大电路的折线近似幅频特性如图题4.2所示。

1）写出复数电压放大倍数 $\dot{A}_u$ 的表达式；

2）画出该放大电路的相频特性曲线（用折线近似）。

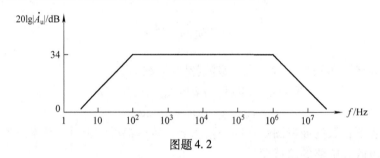

图题4.2

4.3 已知某放大电路的中频电压放大倍数 $|\dot{A}_{um}| = 100$，折线近似相频特性如图题4.3所示。

1）写出复数电压放大倍数 $\dot{A}_u$ 的表达式；

2）画出该放大电路的幅频特性曲线（用折线近似）。

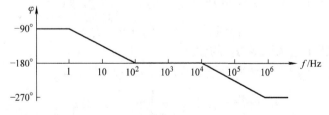

图题4.3

4.4 某阻容耦合多级放大电路的折线近似幅频特性如图题4.4所示，试问

1）该电路包含几级阻容耦合电路？

2）每级的上、下限截止频率各为多少？

3）这个多级放大电路的上、下限截止频率分别为多少？

4.5 已知组成两级放大电路的各单级放大电路的波特图分别如图题4.5中①、②所示。

1）画出两级放大电路 A_u 的波特图（可在原图上画，用折线近似，标明关键点坐标值）；

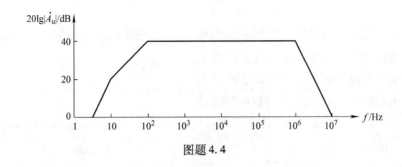

图题 4.4

2）估算两级放大电路上、下限截止频率 f_H 和 f_L。

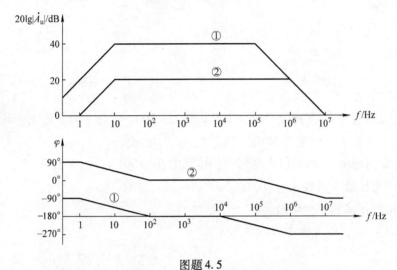

图题 4.5

4.6　某阻容耦合放大电路的电压放大倍数复数表达式为

$$\dot{A}_u = \frac{-0.2f^2}{\left(1 + j\dfrac{f}{5}\right)\left(1 + j\dfrac{f}{50}\right)\left(1 + j\dfrac{f}{10^5}\right)},\ \ \text{式中}f\text{的单位为 Hz。}$$

1）该放大电路中包含几级阻容耦合电路？

2）求该放大电路的中频电压放大倍数 $\dot{A}_{um}$；

3）求该放大电路的上、下限截止频率 f_H、f_L。

4.7　已知某 BJT 的 $f_T = 300\text{MHz}$，并在 $f = 1\text{kHz}$ 时，测得 $\beta = 100$，则该晶体管的 f_β 约为多大？另一 BJT 的 f_β 已知为 2MHz，并在 $f = 10\text{MHz}$ 时，测得 $\beta = 20$，则该晶体管的 f_T 约为多大？低频 β 值约为多少？

4.8　已知题 4.8 所示电路中晶体管的 $r_{bb'} = 100\Omega$，$r_{b'e} = 1\text{k}\Omega$，$g_m = 50\text{mS}$，$C'_{b'e} = 500\text{pF}$。

1）用简化的混合 π 模型画出该放大电路在高频段的交流等效电路图；

2）估算中频电压放大倍数 $\dot{A}_{um}$；

3）估算上限截止频率 f_H。

4.9　已知题 4.9 所示电路中晶体管的 $r_{bb'} = 100\Omega$，$r_{b'e} = 1\text{k}\Omega$，$C'_{b'e} = 600\text{pF}$，

$g_m = 100\text{mS}$。

1）画出包含简化的混合模型和耦合电容 C_1、C_2 在内的放大电路的交流等效电路图；

2）估算该放大电路的中频电压放大倍数 $\dot{A}_{um}$；

3）估算该放大电路的上、下限截止频率 f_H、f_L；

4）画出电压放大倍数 $|\dot{A}_u|$ 的对数幅频特性。

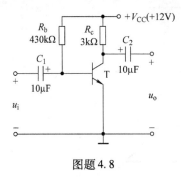

图题 4.8   图题 4.9

4.10 已知图题 4.10 所示放大电路中晶体管 $\beta = 100$，$r_{be} = 2\text{k}\Omega$，要求中频电压放大倍数 $|\dot{A}_{um}| = 150$，下限截止频率为 20Hz。确定 R_c 和 C_1 的值。

4.11 已知图题 4.11 所示放大电路中晶体管的 $\beta = 150$，$r_{be} = 3\text{k}\Omega$。

1）求中频电压放大倍数 $\dot{A}_{usm}(\dot{U}_o/\dot{U}_s)$；

2）画出低频段交流等效电路图；

3）求 $\dot{A}_{us}(\dot{U}_o/\dot{U}_s)$ 的下限截止频率 f_L。

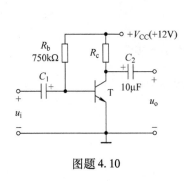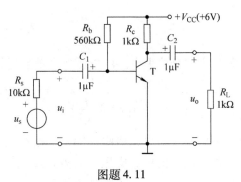

图题 4.10   图题 4.11

4.12 已知图题 4.12 所示放大电路中晶体管的 $\beta = 120$，$r_{be} = 3\text{k}\Omega$。

1）求中频电压放大倍数 $\dot{A}_{usm}(\dot{U}_o/\dot{U}_s)$；

2）画出低频段的交流等效电路图；

3）设 C_1、C_2 很大，$\dot{A}_{us}$ 的下限截止频率 f_L 由 C_e 决定。试求 f_L 的值（设 f_L 附近容抗 $\dfrac{1}{\omega C_e} \ll R_e$）。

4.13 已知图题 4.13 所示放大电路的中频电压放大倍数 $|\dot{A}_{um}| = 50$，上限截止频率为 500kHz，下限截止频率为 500Hz，最大不失真输出电压幅值为 3V。当输入电压分别为下列三种情况时，针对每种情况回答输出电压幅值为多大？输出电压波形是否存在非线性失真？

若不失真，输出电压与输入电压之间相位差约等于多少度?

1）$u_i = 50\sin(10^4\pi t)\,\text{mV}$

2）$u_i = 100\sin(10^3\pi t)\,\text{mV}$

3）$u_i = 100\sin(10^7\pi t)\,\text{mV}$

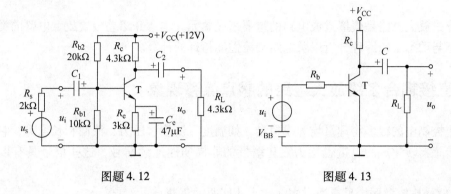

图题 4. 12　　　　　　　　　　图题 4. 13

第5章　差分式放大电路

差分式放大电路是模拟集成电路的重要组成单元。本章介绍差分式放大电路的类型与结构、静态与动态工作原理分析以及电路交流性能指标的计算。

5.1　直接耦合多级放大电路的零点漂移现象

工业控制中的很多物理量均为模拟量，如温度、流量、压力、液面和长度等，它们通过不同的传感器转化成的电量也均为变化缓慢的非周期性连续信号，这些信号具有以下两个特点：

1）信号比较微弱，只有通过多级放大才能驱动负载；

2）信号变化缓慢，一般采用直接耦合多级放大电路将其放大。

人们在试验中发现，在直接耦合的多级放大电路中，即使将输入端短路（即 $u_i = 0$）时，输出端还会产生缓慢变化的电压（即 $u_o \neq 0$），这种现象称为零点漂移（简称为零漂），如图 5.1.1 所示。

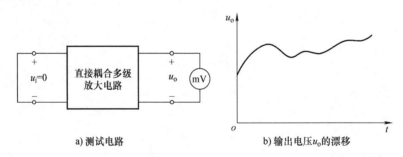

a) 测试电路　　　　　　　　　b) 输出电压u_o的漂移

图 5.1.1　零点漂移现象

5.2　零点漂移产生的主要原因

在放大电路中，任何参数的变化，如电源电压的波动、元件的老化以及半导体元器件参数随温度变化而产生的变化，都将产生输出电压的漂移，在阻容耦合放大电路中，耦合电容对这种缓慢变化的漂移电压相当于开路，所以漂移电压将不会传递到下一级电路进一步放大。但是，在直接耦合的多级放大电路中，前一级产生的漂移电压会和有用的信号（即要求放大的输入信号）一起被送到下一级进一步放大，当漂移电压的大小可以和有用信号相当时，在负载上就无法分辨是有效信号电压还是漂移电压，严重时漂移电压甚至把有效信号电压淹没了，使放大电路无法正常工作。

采用高质量的稳压电源和使用经过老化实验的元件就可以大大减小由此而产生的漂移，所以由温度变化所引起的半导体器件参数的变化是产生零点漂移现象的主要原因，因而也称零点漂移为温度漂移，简称温漂，从某种意义上讲零点漂移就是静态工作点 Q 点随温度的漂移。

5.3　抑制温漂的方法

对于直接耦合多级放大电路，如果不采取措施来抑制温度漂移，其他方面的性能再优良，也不能成为实用电路。抑制温漂的方法主要有以下几种：

1）采用稳定静态工作点的分压式偏置放大电路中 R_e 的负反馈作用；

2）采用温度补偿的方法，利用热敏元件来抵消放大管的变化；

3）采用特性完全相同的晶体管构成"差分式放大电路"。

5.4　差分式放大电路的分析

差分式放大电路是构成多级直接耦合放大电路的基本单元电路。直接耦合的多级放大电路的组成框图如图 5.4.1 所示。

图 5.4.1　多级放大电路的组成框图

从上图可知输入级一旦产生了温漂，会经中间级放大 A_{u2} 倍后传送到负载上，对电路造成严重的影响，而中间级产生的温漂，由于直接到达功放级而功放的 $A_u \approx 1$，对电路造成的影响跟输入级相比少得多，所以，我们主要应设法抑制输入级产生的温漂，故在直接耦合的多级放大电路中只有输入级常采用差分式放大电路的形式来抑制温漂。

差分式放大电路主要有长尾式差分式放大电路和具有恒流源式差分式放大电路。

5.4.1　差分式放大电路的组成及结构特点

1. 电路组成

以长尾式差分式放大电路为例来说明差分式放大电路的结构特点，长尾式差分式放大电路的结构如图 5.4.2 所示。

图 5.4.2 中的差分式放大电路由两个特性相同的晶体管 T_1 和 T_2 组成对称电路，$\beta_1 = \beta_2 = \beta$，$r_{be1} = r_{be2} = r_{be}$，电路参数也对称，$R_{b1} = R_{b2} = R_b$，$R_{c1} = R_{c2} = R_c$。$T_1$ 和 T_2 的发射极连接在一起通过 R_e 接负电源 $-V_{EE}$，像拖了一个长长的尾巴，故称为长尾式差分式放大电路。

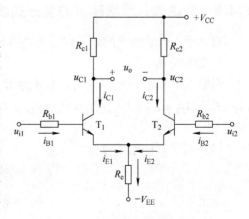

图 5.4.2　长尾式差分式放大电路

2. 结构特点

图 5.4.2 中的差分式放大电路具有以下特点：

1）电路结构对称；

2）用了正负两组直流电源 V_{CC} 和 $-V_{EE}$；

3）由于电路中无耦合电容，所以差分式放大电路既可以放大直流信号也可以放大交流信号；

4）因为有两个输入端，两个输出端，所以差分式放大电路构成了四种接法：双端输入双端输出；双端输入单端输出；单端输入双端输出；单端输入单端输出。

5）差分式放大电路的功能：一方面将两个输入信号 u_{i1} 与 u_{i2} 的差值进行放大，另一方面抑制放大电路的温度漂移。

5.4.2 抑制温漂的原理

对于差分式放大电路的分析，多是假设在理想情况下，即电路参数理想对称的情况下进行的。所谓电路参数理想对称，是指在对称位置的电阻阻值绝对相等，两只晶体管在任何温度下的特性曲线完全相同。应当指出，实际的电路参数不可能理想对称，在以后的学习中，如果没有特别说明，均指电路参数理想对称。

1. 双端输出的差分式放大电路能完全抑制温漂

当图 5.4.2 所示电路中的 $u_{i1} = u_{i2} = 0$ 时，即使温度发生变化，由于电路参数理想对称，所以 V_1 管的集电极的电位总是等于 V_2 管的集电极电位，此时，差分式放大电路的输出 $u_o = u_{C1} - u_{C2} = 0$，电路不会产生漂移电压。

2. 单端输出的差分式放大电路不能完全抑制温漂，但可以大大减少温漂

有关这方面内容的探讨将在 5.4.4 节单端输出的差分式放大电路的分析和计算共模电压放大倍数时再进行讲解。

对于差分式发大电路的分析多是在电路参数理想对称情况下进行的，应当指出，由于实际电阻的阻值误差各不相同，特别是晶体管特性的分散性，任何实际差分放大电路的参数不可能理想对称。

5.4.3 双端输入双端输出的差分式放大电路

双端输入双端输出的差分式放大电路如图 5.4.3a 所示。

1. 静态分析

当输入信号 $u_{i1} = u_{i2} = 0$ 时，直流通路如图 5.4.3b 所示，由于电路理想对称，则 $I_{B1} = I_{B2} = I_{BQ}$，$I_{C1} = I_{C2} = I_{CQ}$，$I_{E1} = I_{E2} = I_{EQ}$，$U_{CE1} = U_{CE2} = U_{CEQ}$，$Q$ 点估算如下，列出以下三个方程。

（1）基极回路电压方程

$$V_{EE} = I_{BQ}R_b + U_{BEQ} + 2I_{EQ}R_e \qquad (5.4.1)$$

求出

$$I_{BQ} = \frac{V_{EE} - U_{BEQ}}{R_b + 2(1+\beta)R_e}$$

（2）电流控制方程

$$I_{CQ} = \beta I_{BQ} \qquad (5.4.2)$$

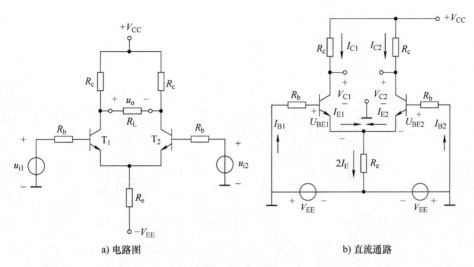

a) 电路图   b) 直流通路

图 5.4.3 双端输入双端输出的差分式放大电路

（3）集电极回路电压方程

$$U_{CEQ} = V_{CQ} - V_{EQ} = V_{CC} - I_{CQ}R_c - 2I_{EQ}R_e + V_{EE} \qquad (5.4.3)$$

只要合理地选择 R_e 的阻值，并与电源 V_{EE} 相配合，就可以设置 T_1、T_2 管合适的静态工作点。

2. 动态分析

在对差分式放大电路进行动态分析时，需要把输入信号 u_{i1} 和 u_{i2} 分解成差模输入信号和共模输入信号。差模输入信号（用 u_{id} 表示）指的是两个输入信号的差值，即 $u_{id} = u_{i1} - u_{i2}$；共模输入信号（用 u_{ic} 表示）指的是两个输入信号的算术平均值，即 $u_{ic} = \dfrac{1}{2}(u_{i1} + u_{i2})$。

当两个输入信号 u_{i1} 与 u_{i2} 之间的关系不同时，负载上所获得的输出电压 u_o 也不一样。下面就 u_{i1} 与 u_{i2} 之间的关系分以下三种情况进行讨论。

（1）差模信号输入（$u_{i1} = -u_{i2}$ 的情况）

1）差模信号输入时交流电压和交流电流的特点：当 u_{i1} 与 u_{i2} 为一对大小相等、极性相反的输入信号时，即 $u_{i1} = -u_{i2}$，则 $u_{id} = u_{i1} - u_{i2} = 2u_{i1} = -2u_{i2}$，$u_{ic} = \dfrac{1}{2}(u_{i1} + u_{i2}) = 0$，此时电路中只有差模信号输入而没有共模信号输入。图 5.4.3a 电路差模信号输入时的交流通路如图 5.4.4a 所示。

如图 5.4.4a 所示，设 u_{i1} 为正电压时，则 u_{i2} 为大小相等的负电压，则 i_{B1} 是在原来的 I_{BQ} 上线性增加交流 i_{b1}，而 i_{B2} 是在原来的 I_{BQ} 上线性减小交流 i_{b2}，又因为电路理想对称，$|u_{i1}| = |u_{i2}|$，所以 $|i_{b1}| = |i_{b2}|$。同理 $|i_{c1}| = |i_{c2}|$，$|i_{e1}| = |i_{e2}|$，方向如图中所示。当差模信号输入时，可以得出以下重要结论：

① 流过 R_e 上的交流电流 $i_{Re} = 0$；

② $u_e = 0$，即发射极在差模信号输入时，相当于交流接地；

③ $u_{o1} = -u_{o2}$，所以 $u_{od} = u_{o1} - u_{o2} = 2u_{o1} \neq 0$，且 $\dfrac{R_L}{2}$ 处为交流零电位；

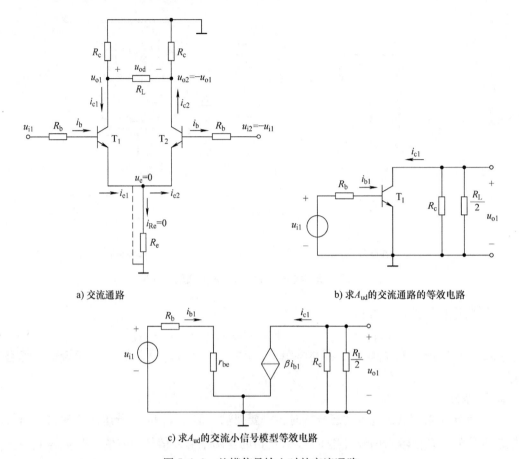

a) 交流通路

b) 求 A_{ud} 的交流通路的等效电路

c) 求 A_{ud} 的交流小信号模型等效电路

图 5.4.4 差模信号输入时的交流通路

2）差模电压放大倍数 A_{ud}：A_{ud} 表示电路中只有差模信号输入时，负载上得到的输出电压（用 u_{od} 来表示）与两个输入信号之差（即差模信号用 u_{id} 表示）的比值，它表示了差分式放大电路对两个输入信号之差的放大能力。

求差模电压放大倍数 A_{id} 的交流等效电路如图 5.4.4b 所示。

$$A_{ud} = \frac{u_{od}}{u_{id}} = \frac{u_{o1} - u_{o2}}{u_{i1} - u_{i2}} = \frac{2u_{o1}}{2u_{i1}} = \frac{u_{o1}}{u_{i1}} = \frac{-i_{c1}\left(R_c /\!/ \dfrac{R_L}{2}\right)}{i_{b1}(R_b + r_{be})} = \frac{-\beta\left(R_c /\!/ \dfrac{R_L}{2}\right)}{R_b + r_{be}} \tag{5.4.4}$$

从式（5.4.4）得知，差分式放大电路对两个输入信号的差能进行放大，放大能力和共发射极基本放大电路一样。负载上得到的输出电压 u_{od} 为

$$u_{od} = A_{ud}u_{id} = 2A_{ud}u_{i1} \tag{5.4.5}$$

由此可见，虽然差分式放大电路用了两只晶体管，但它的电压放大能力只相当于单管共射放大电路。因而差分式放大电路是以牺牲一只管子的放大倍数为代价，来换取低温漂的效果

3）差模输入电阻 R_{id}：根据输入电阻的定义，求差模输入电阻的电路如图 5.4.5 所示。

$$R_{id} = \frac{u_{id}}{i_i} = \frac{2u_{i1}}{i_i} = \frac{2i_i(R_b + r_{be})}{i_i} = 2(R_b + r_{be}) \tag{5.4.6}$$

4）输出电阻 R_o：用"加压求流"的方法求解 R_o，电路如图 5.4.6 所示。

$$R_o = \frac{U_t}{i}\bigg|_{\substack{R_L = \infty \\ u_{i1} = u_{i2} = 0}}$$

因为　　　　　　　　　　　　$i_{b1}(R_b + r_{be}) = 0$

则　　　　　　　　　　　　　　　$i_{b1} = 0$

则　　　　　　　　　　　　　$i_{c1} = \beta i_{b1} = 0$

同理　　　　　　　　　　　　$i_{b2} = 0\quad i_{c2} = 0$

故　　　　　　　　　　　$R_o = \frac{U_t}{i} = 2R_c$

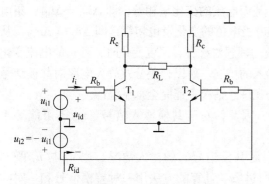

图 5.4.5　差模输入电阻 R_{id} 求解的等效电路

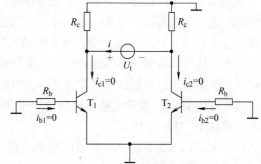

图 5.4.6　输出电阻 R_o 的求解

（2）共模信号输入（$u_{i1} = u_{i2}$ 情况）

1）共模信号输入时交流电压和交流电流的特点：当 u_{i1} 完全等于 u_{i2} 时，则 $u_{ic} = \dfrac{u_{i1} + u_{i2}}{2} = u_{i1} = u_{i2}$，$u_{id} = u_{i1} - u_{i2} = 0$，此时电路中只有共模信号输入而没有差模信号输入。图 5.4.3a 电路共模信号输入时的交流通路如图 5.4.7 所示。

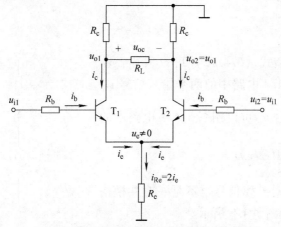

图 5.4.7　共模信号输入时的交流通路

由于 $u_{i1} = u_{i2}$，电路参数理想对称，所以 $i_{b1} = i_{b2} = i_b$，$i_{c1} = i_{c2} = i_c$，$i_{e1} = i_{e2} = i_e$，$i_{Re} = 2i_e$，方向如图中所示。共模信号输入时可以得出以下结论：

① 发射极不再交流接地，$u_e = 2R_e i_e$；

② $u_{o1} = u_{o2}$，所以 $u_{oc} = u_{o1} - u_{o2} = 0$，负载上没有信号输出；

2）共模电压放大倍数 A_{uc}：A_{uc} 表示共模信号输入时，负载上得到的输出电压（用 u_{oc} 来表示）与共模信号 u_{ic} 的比值。

$$A_{uc} = \frac{u_{oc}}{u_{ic}} = \frac{u_{o1} - u_{o2}}{u_{ic}} = 0 \tag{5.4.7}$$

从式（5.4.7）得知，差分式放大电路对共模信号不能进行放大，负载上得到的输出电压 u_{oc} 为

$$u_{oc} = A_{uc}u_{ic} = A_{uc}u_{i1} = A_{uc}u_{i2} = 0 \tag{5.4.8}$$

从图 5.4.7 可以看出，当输入共模信号时，基极电流的变化量相等，即 $\Delta i_{B1} = \Delta i_{B2}$，集电极电流的变化量也相等，即 $\Delta i_{C1} = \Delta i_{C2}$，因此集电极电位的变化量也相等，即 $\Delta u_{c1} = \Delta u_{c2}$，从而使得输出电压 $u_o = u_{o1} - u_{o2} = 0$。由于电路参数的理想对称性，温度变化时，管子的电流变化完全相同，故可以将温度漂移等效成共模信号输入的情况。所以，差分式放大电路对共模信号有很强的抑制作用，双端输出的差分式放大电路在理想情况下能完全抑制温漂。

在实际电路中，两管电路不可能完全相同，因此，对于共模输入信号，u_{oc} 不可能等于零，但要求 u_{oc} 越小越好。

（3）u_{i1} 与 u_{i2} 既不是一对差模信号也不是一对共模信号时的输入情况　当 u_{i1} 与 u_{i2} 既不是一对差模信号也不是一对共模信号时，可以通过数学计算的方法用一对差模信号和一对共模信号叠加来表示两个输入信号电压。

因为

$$u_{id} = u_{i1} - u_{i2} \tag{5.4.9}$$

$$u_{ic} = \frac{1}{2}(u_{i1} + u_{i2}) \tag{5.4.10}$$

解上面的方程组可得

$$u_{i1} = u_{ic} + \frac{u_{id}}{2} \tag{5.4.11}$$

$$u_{i2} = u_{ic} - \frac{u_{id}}{2} \tag{5.4.12}$$

从式（5.4.11）和式（5.4.12）可以得出：输入信号 u_{i1} 可以用图 5.4.8 电路中的两个输入信号 u_{ic} 和 $\frac{u_{id}}{2}$ 来等效；输入信号 u_{i2} 可以用图 5.4.8 电路中的两个输入信号 u_{ic} 和 $-\frac{u_{id}}{2}$ 来等效。

u_{i1} 与 u_{i2} 既不是一对差模信号也不是一对共模信号时等效的交流通路如图 5.4.8 所示。

从图 5.4.8 中可得出电路中同时输入了一对差模信号和一对共模信号，根据信号叠加原理，可得差模信号和共模信号分别作用的电路如图 5.4.9a 和 b 所示。

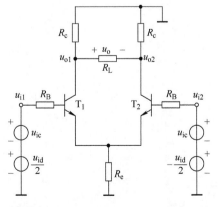

图 5.4.8　u_{i1} 与 u_{i2} 既不是一对差模信号也不是一对共模信号时等效的交流通路

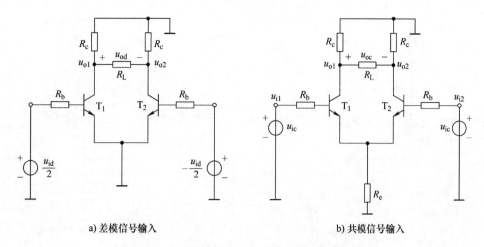

a) 差模信号输入　　　　　　　　　　　b) 共模信号输入

图 5.4.9　差模信号和共模信号分别作用的电路

根据信号叠加原理，可得负载 R_L 上得到的输出电压 u_o 为

$$u_o = u_{od} + u_{oc} = A_{ud}u_{id} + A_{uc}u_{ic}$$

$$= \frac{-\beta\left(R_c /\!/ \dfrac{R_L}{2}\right)}{R_b + r_{be}}(u_{i1} - u_{i2}) + 0 \times \frac{u_{i1} + u_{i2}}{2}$$

$$= \frac{-\beta\left(R_c /\!/ \dfrac{R_L}{2}\right)}{R_b + r_{be}}(u_{i1} - u_{i2}) \tag{5.4.13}$$

从式（5.4.13）中可知：双端输出的电压信号 u_o 中只包含了差模信号，不包含共模信号，即理想的双端输出的差分式放大电路可以完全抑制温漂。

（4）共模抑制比 K_{CMR}　为了综合考虑差分式放大电路对差模信号的放大能力和对共模信号的抑制能力，特引入一个指标系数共模抑制比 K_{CMR}，其值愈大，说明电路抑制温漂的性能越好。

$$K_{CMR} = \left| \frac{A_{ud}}{A_{uc}} \right| \tag{5.4.14}$$

根据上面的分析，在电路参数理想对称的情况下，双端输出的差分放大的 K_{CMR} 为

$$K_{CMR} = \left| \frac{A_{ud}}{A_{uc}} \right| = \left| \frac{A_{ud}}{0} \right| = \infty \tag{5.4.15}$$

5.4.4　双端输入单端输出的差分式放大电路

双端输入单端输出的差分式放大电路如图 5.4.10 所示。输出信号 u_o 可以取自 T_1 管的集电极和地之间，如图 5.4.10a 所示；也可以取自 T_2 管的集电极和地之间，如图 5.4.10b 所示。下面以图 5.4.10a 的电路为例进行分析，分析方法与双端输入双端输出的差分式放大电路的分析方法完全相同。

1. 差模信号输入（$u_{i1} = -u_{i2}$ 的情况）

图 5.4.10a 所示的电路在差模信号输入时的交流通路如图 5.4.11 所示，则

111

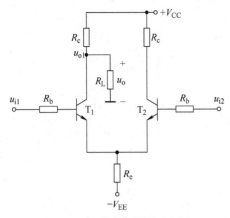

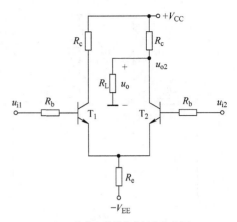

a) u_o 取自 T_1 管的集电极和地之间   b) u_o 取自 T_2 管的集电极和地之间

图 5.4.10 　双端输入单端输出的差分式放大电路

$$A_{ud} = \frac{u_{od(T_1 \text{管})}}{u_{id}} = \frac{u_{o1}}{u_{i1} - u_{i2}} = \frac{u_{o1}}{2u_{i1}} = -\frac{i_c(R_c /\!/ R_L)}{2i_b(R_b + r_{be})} = -\frac{\beta(R_c /\!/ R_L)}{2(R_b + r_{be})} \qquad (5.4.16)$$

$$u_{od} = A_{ud} u_{id} = 2A_{ud} u_{i1} \qquad (5.4.17)$$

双端输入单端输出的差模输入电阻 R_{id} 和输出电阻 R_o 跟双端输出的求解方法相同。

$$R_{id} = 2(R_b + r_{be})$$

$$R_o = R_c$$

2. 共模信号输入（即 $u_{i1} = u_{i2}$ 的情况）

图 5.4.10a 所示的电路在共模信号输入时的交流通路如图 5.4.12a 所示。求 A_{uc} 的交流小信号模型等效电路如图 5.4.12c 所示。

$$A_{uc} = \frac{u_{oc}}{u_{ic}} = \frac{u_{o1}}{u_{i1}} = \frac{-i_{c1}(R_c /\!/ R_L)}{i_b R_b + i_b r_{be} + 2(1+\beta)i_b R_e}$$

$$= \frac{-\beta(R_c /\!/ R_L)}{R_b + r_{be} + 2(1+\beta)R_e} \approx \frac{-R'_L}{2R_e} \qquad (5.4.18)$$

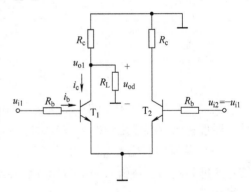

图 5.4.11 　差模输入时的交流通路

$$u_{oc} = A_{uc} u_{ic} \neq 0 \qquad (5.4.19)$$

在单端输出的长尾式差分放大电路中，由式（5.4.19）可以看出，单端输出有共模信号输出，即单端输出的差分式放大电路不能完全抑制温漂，但因为 $R_e \gg R'_L$，则 A_{uc} 很小，u_{oc} 也很小，也就是说单端输出的差分式放大电路虽然不能完全抑制温漂，但抑制温漂的能力还是很强，R_e 越大，A_{uc} 越小，电路抑制温漂的能力就越强，但 R_e 过大，会导致差动管 T_1 和 T_2 的静态偏置电流过小，使差动管不能正常工作，图 5.4.2 的静态偏置电流 I_B 计算如下：

$$I_B = \frac{V_{EE} - 0.7}{R_b + 2(1+\beta)R_e}$$

上式中，R_e 越大，I_B 越小，差动管易产生截止失真，所以，单端输出的差分式放大电路抑制温漂的能力受到了限制。改进型差分式放大电路就是采用恒流源式差分式放大电路，这种电路的特点，不仅具有稳定的静态工作点，也具有较高的抑制温漂的能力，具有恒流源

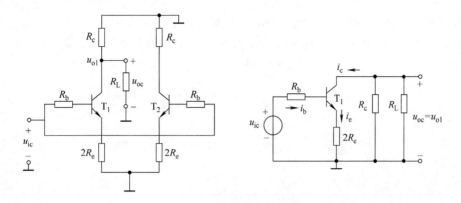

a) 交流通路　　　　　　　　　　b) 求 A_{uc} 的交流等效电路

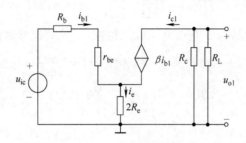

c) 求 A_{uc} 的交流小信号模型等效电路

图 5.4.12　共模输入时的交流通路

的差分式放大电路的分析见 5.4.6 节。

3. u_{i1} 与 u_{i2} 既不是一对差模也不是一对共模时的输入情况

根据信号叠加原理可得：

$$u_o = u_{od} + u_{oc}$$

$$= A_{ud}(u_{i1} - u_{i2}) + A_{uc}\frac{u_{i1} + u_{i2}}{2}$$

$$= -\frac{\beta(R_c /\!/ R_L)}{2(R_b + r_{be})}(u_{i1} - u_{i2}) + \frac{-\beta(R_c /\!/ R_L)}{R_b + r_{be} + 2(1 + \beta)R_e}\frac{u_{i1} + u_{i2}}{2} \tag{5.4.20}$$

从式 (5.4.20) 可以得知，单端输出的差分式放大电路的输出信号中包含了共模信号，一般情况下，共模信号可忽略不计。

例 5.4.1　电路如图 5.4.13 所示，已知晶体管 T_1 和 T_2 的电流放大系数均为 $\beta = 50$、$U_{BE} = 0.6V$、$r'_{bb} = 200\Omega$，R_b 上的直流压降可忽略不计。

1）估算晶体管的静态参数 I_{C1}、I_{C2}、V_{C1}、V_{C2}；

2）求差模电压放大倍数 A_{ud}、共模电压放大倍数 A_{uc} 及共模抑制比 K_{CMR}；

3）如果负载 R_L 改接在 T_1 管的集电极和 T_2 管

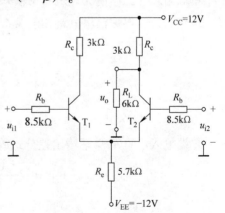

图 5.4.13　**例 5.4.1** 的电路

113

的集电极之间，已知 $u_{i1}=0.1V$、$u_{i2}=0.2V$，估算输出电压 u_o 的值。

解： 1）静态工作点（$u_{i1}=u_{i2}=0$），又因为 R_b 上的压降忽略不计，则

$$V_{B1}=V_{B2}\approx 0,\quad V_E=-U_{BE}=-0.6V$$

$$I_{C1}=I_{C2}\approx \frac{V_E-V_{EE}}{2R_e}=\frac{-0.6V+12V}{2\times 5.7k\Omega}=1mA$$

则

$$V_{C1}=V_{CC}-I_{C1}R_C=12V-1mA\times 3k\Omega=9V$$

对于 V_{C2}，有：

$$\frac{V_{C2}}{R_L}+I_{C2}=\frac{V_{CC}-V_{C2}}{R_c}$$

所以 $V_{C2}=\dfrac{R_L}{R_c+R_L}V_{CC}-I_{C2}(R_c /\!/ R_L)=\dfrac{6k\Omega\times 12V}{3k\Omega+6k\Omega}-1mA\times 2k\Omega=6V$

2）计算差模电压放大倍数 A_{ud}、共模电压放大倍数 A_{uc} 及共模抑制比 K_{CMR}

$$r_{be}=200\Omega+(1+\beta)\frac{26mV}{I_E(mA)}=200\Omega+51\times\frac{26mV}{1mA}\approx 1.5k\Omega$$

$$A_{ud}=\frac{u_o}{u_{i1}-u_{i2}}=\frac{\beta(R_c /\!/ R_L)}{2(R_b+r_{be})}=\frac{50\times 2k\Omega}{2\times(8.5+1.5)k\Omega}=5$$

$$A_{uc}=-\frac{\beta(R_c /\!/ R_L)}{R_b+r_{be}+2(1+\beta)R_e}=-\frac{50\times 2k\Omega}{8.5k\Omega+1.5k\Omega+2\times 51\times 5.7k\Omega}\approx -0.17$$

$$K_{CMR}=\left|\frac{A_{ud}}{A_{uc}}\right|\approx 29.4$$

3）当电路变成双端输入双端输出的差分式放大电路时，则

$$A_{ud}=\frac{u_o}{u_{i1}-u_{i2}}=-\frac{\beta\left(R_c /\!/ \dfrac{R_L}{2}\right)}{R_b+r_{be}}=-\frac{50\times 1.5k\Omega}{8.5k\Omega+1.5k\Omega}=-7.5$$

$$u_{od}=A_{ud}u_{id}=A_{ud}(u_{i1}-u_{i2})=-7.5\times(0.1-0.2)V=0.75V$$

5.4.5 单端输入的差分式放大电路

单端输入的工作情况只是双端输入中 $u_{i2}=0$ 的一种特殊情况，分析方法与双端输入一样。单端输入、双端输出电路如图 5.4.14a 所示，输入信号的等效变换如图 5.4.14b 所示。

$$A_{ud}=\frac{u_{od}}{u_{id}}=-\frac{2i_c\left(R_c /\!/ \dfrac{R_L}{2}\right)}{2i_b(R_b+r_{be})}=-\frac{\beta\left(R_c /\!/ \dfrac{R_L}{2}\right)}{R_b+r_{be}} \tag{5.4.21}$$

$$A_{uc}=0 \tag{5.4.22}$$

$$u_o=A_{ud}u_{id}=A_{ud}u_{i1} \tag{5.4.23}$$

单端输入、T_1 管单端输出差分式放大电路如图 5.4.15 所示。

$$A_{ud1}=-\frac{i_c(R_c /\!/ R_L)}{2i_b(R_b+r_{be})}=-\frac{\beta(R_c /\!/ R_L)}{2(R_b+r_{be})} \tag{5.4.24}$$

$$A_{uc}=\frac{-\beta(R_c /\!/ R_L)}{R_b+r_{be}+2(1+\beta)R_e}\approx\frac{-R'_L}{2R_e} \tag{5.4.25}$$

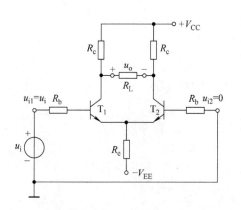 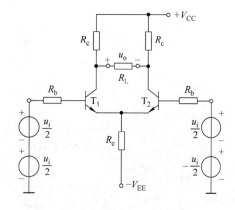

a) 电路图　　　　　　　　　　　　　　　　　　b) 输入信号的等效变换

图 5.4.14　单端输入、双端输出差分式放大电路

利用信号叠加原理，输出电压 u_o 为

$$u_o = u_{od} + u_{oc} = A_{ud}(u_i - 0) + A_{uc}\frac{u_i + 0}{2}$$

$$= A_{ud}u_i + A_{uc}\frac{u_i}{2} \qquad (5.4.26)$$

单端输入的差模输入电阻 R_{id} 和输出电阻 R_o 的求解方法跟双端输入的求解方法一样。

单端输入双端输出时

$$R_{id} = 2(R_b + r_{be})$$

$$R_o = 2R_c$$

单端输入单端输出时

$$R_{id} = 2(R_b + r_{be})$$

$$R_o = R_c$$

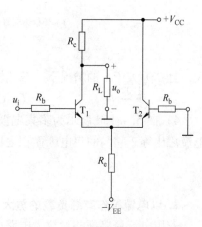

图 5.4.15　单端输入、T_1 管单端输出
差分式放大电路

5.4.6　具有恒流源的差分式放大电路

1. 常见的电流源电路

图 5.4.16 所示为几种常见的电流源电路，图中各管子均具有理想对称特性。

1）图 5.4.16a 所示为镜像电流源，I_R 为基准电流，输出电流

$$I_{C1} \approx I_R = \frac{V_{CC} - U_{BE}}{R}$$

2）图 5.4.16b 所示为微电流源，输出电流

$$I_{C1} \approx \frac{U_{BE0} - U_{BE1}}{R_e}$$

由于 U_{BE0} 和 U_{BE1} 的差值很小，因而在 R_e 取值不大的情况下就可以得到很小的输出电流，来满足输入级静态电流的需要。

3）图 5.4.16c 所示为晶体管组成的多路电流源，在 U_{BE0}、U_{BE1}、U_{BE2} 和 U_{BE3} 差别不

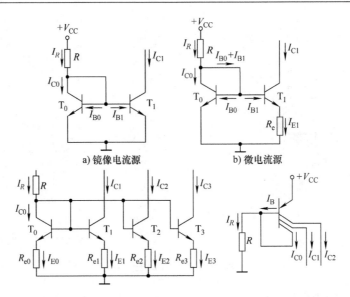

a) 镜像电流源　　　　　　b) 微电流源

c) 晶体管组成的多路电流源　　　　d) 多集电极晶体管组成的多路电流源

图 5.4.16　集成运放中常见的电流源电路

大，且 β 远大于 1 的情况下，三路输出电流与射极电阻的关系近似为

$$I_{C0}R_{e0} \approx I_{C1}R_{e1} \approx I_{C2}R_{e2} \approx I_{C3}R_{e3}$$

4）图 5.4.16d 所示为多集电极晶体管组成的多路电流源，当基极电流一定时，集电极电流之比等于它们的集电区面积之比，即设各集电区面积分别为 S_0、S_1、S_2，则

$$\frac{I_{C1}}{I_{C0}} = \frac{S_1}{S_0}, \ \frac{I_{C2}}{I_{C0}} = \frac{S_2}{S_0}$$

2. 以电流源作有源负载的放大电路

若用电流源接到共射放大电路放大管的集电极上，如图 5.4.17a 所示，则在交流通路中等效的集电极电阻趋于无穷大，增大了放大倍数。若用电流源接到差分式放大电路差动管的集电极上，如图 5.4.17b 所示，使单端输出电路的差模电压放大倍数非常大。

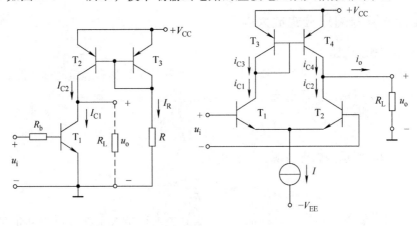

a) 共射放大电路　　　　　　　　b) 差分式放大电路

图 5.4.17　有源负载放大电路

3. 具有恒流源的差分式放大电路

具有恒流源的差分式放大电路的结构如图 5.4.18 所示。已知 BJT 的 $\beta_1 = \beta_2 = \beta_3 = 50$，小信号作用下，$T_3$ 管的 c－e 极间的动态电阻 $r_{ce} = 200\mathrm{k}\Omega$，$U_{BE} = 0.7\mathrm{V}$。电路参数如图中所示，$R_{b1}$、$R_{b2}$ 上的直流压降忽略不计。

图 5.4.18 电路中，T_3 管构成基极分压式射极偏置电路，$I_2 \gg I_{B3}$。

（1）静态分析　静态分析时，令 $u_{i1} = u_{i2} = 0$。图 5.4.18 电路的直流通路如图 5.4.19 所示。

T_3 构成基极分压式射极偏置电路，则

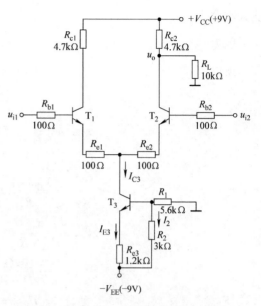

$$U_{R2} = \frac{V_{EE}}{R_1 + R_2} \times R_2 = \frac{9\mathrm{V} \times 3\mathrm{k}\Omega}{3\mathrm{k}\Omega + 5.6\mathrm{k}\Omega} \approx 3.1\mathrm{V}$$

$$I_{E3} = I_{R_{e3}} = \frac{U_{R2} - 0.7}{R_{e3}} = \frac{3.1\mathrm{V} - 0.7\mathrm{V}}{1.2\mathrm{k}\Omega} = 2\mathrm{mA}$$

图 5.4.18　具有恒流源的差分式放大电路结构

$$I_{C1} = I_{C2} \approx I_{E1} = I_{E2} = \frac{1}{2}I_{C3} = 1\mathrm{mA}$$

故

$$I_{B1} = I_{B2} = \frac{I_{C1}}{\beta_1} = \frac{1\mathrm{mA}}{50} = 20\mu\mathrm{A}$$

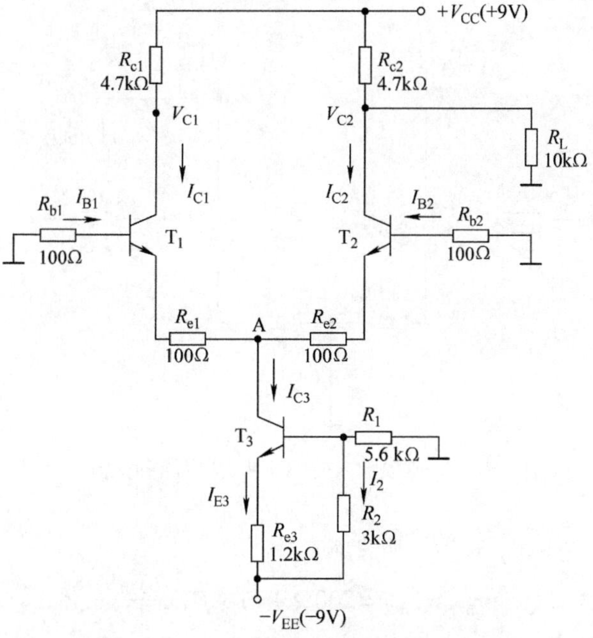

图 5.4.19　图 5.4.18 电路的直流通路

由于 I_{C3} 基本上不受温度影响，即 I_{C3} 可近似为恒流源，则差动管 T_1 和 T_2 的静态电流的温度稳定性能也非常好，同时，通过调节 T_3 管的静态电流就可以使 T_1 管和 T_2 管的静态电

流大小合适。

因为
$$V_E \approx -0.7V$$

所以
$$U_{CE1} = V_{C1} - V_{E1}$$
$$= V_{CC} - I_{C1}R_{c1} - V_{E1}$$
$$= 9V - 1mA \times 4.7k\Omega - (-0.7V)$$
$$= 5V$$

又因为
$$\frac{V_{CC} - V_{C2}}{R_{c2}} = I_{C2} + \frac{V_{C2}}{R_L}$$

则
$$V_{C2} = \frac{R_L}{R_{c2} + R_L}V_{CC} - I_{C2}(R_{c2} // R_L)$$
$$= \frac{10k\Omega}{4.7k\Omega + 10k\Omega} \times 9V - 1mA \times (4.7k\Omega // 10k\Omega) \approx 2.9V$$

所以
$$U_{CE2} = V_{C2} - V_{E2}$$
$$= 2.9V - (-0.7V)$$
$$= 3.6V$$

（2）动态分析

1）差模输入：T_3 管构成的恒流源对差模输入信号仍然没有交流电流流入。交流通路如图 5.4.20 所示。

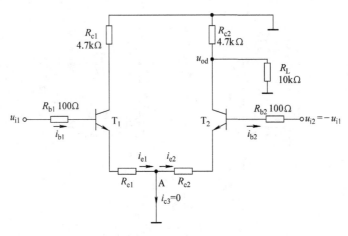

图 5.4.20 差模输入时图 5.4.19 电路的交流通路

图 5.4.20 中 r_{be1}、r_{be2}、r_{be3} 的求解如下：

$$r_{be1} = r_{be2} = 200\Omega + (1 + \beta_1)\frac{26mV}{I_{E1}}$$

$$= 200\Omega + (1 + 50)\frac{26mV}{1mA} \approx 1.53k\Omega$$

$$r_{be3} = 200\Omega + (1 + \beta_3)\frac{26mV}{I_{E3}}$$

$$= 200\Omega + (1 + 50)\frac{26\text{mV}}{2\text{mA}} \approx 0.86\text{k}\Omega$$

具有恒流源的差分放大电路的 A_{ud}、R_{id} 和 R_{o} 的求解方法与长尾式的差分放大电路的求解方法相同。

① 差模电压放大倍数 A_{ud2}

$$\begin{aligned}
A_{\text{ud2}} &= \frac{1}{2}\frac{\beta(R_{\text{c2}}/\!/R_{\text{L}})}{R_{\text{b}} + r_{\text{be2}} + (1 + \beta_2)R_{\text{e2}}} \\
&= \frac{1}{2} \times \frac{50(4.7\text{k}\Omega/\!/10\text{k}\Omega)}{0.1\text{k}\Omega + 1.53\text{k}\Omega + 51 \times 0.1\text{k}\Omega} \\
&\approx 12
\end{aligned}$$

② 差模输入电阻 R_{id}

$$\begin{aligned}
R_{\text{id}} &= 2[R_{\text{b}} + r_{\text{be1}} + (1 + \beta_1)R_{\text{e1}}] \\
&= 2[0.1\text{k}\Omega + 1.53\text{k}\Omega + 51 \times 0.1\text{k}\Omega] \approx 13.5\text{k}\Omega
\end{aligned}$$

③ 输出电阻 R_{o}

$$R_{\text{o}} = R_{\text{c2}} = 4.7\text{k}\Omega$$

2）共模输入：当 $u_{\text{i1}} = u_{\text{i2}}$ 时，图 5.4.18 的共模输入交流通路如图 5.4.21 所示，此时恒流源不再交流接地。

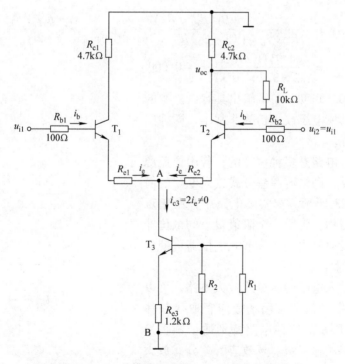

图 5.4.21　共模输入时图 5.4.18 的交流通路

下面用交流小信号模型的等效电路的方法来先求解 A、B 两端的等效的交流电阻 r_{AB}，求解 r_{AB} 的小信号等效电路如图 5.4.22 所示。图中 r_{ce} 是在小信号作用下 c - e 极间的动态电阻，一般 r_{ce} 很大，为几百千欧姆，称为共射极连接 BJT 的输出电阻。

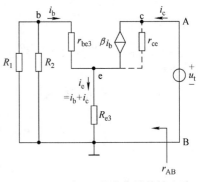

在基极回路里，根据 KVL 可得

$$i_b(r_{be3} + R') + (i_b + i_c)R_{e3} = 0 \quad (R' = R_1 /\!/ R_2)$$

$$i_b = -\frac{R_{e3}}{r_{be3} + R' + R_{e3}}i_c \qquad (5.4.27)$$

在集电极回路里，根据 KVL 可得

$$u_t = (i_c - \beta i_b)r_{ce} + (i_b + i_c)R_{e3} \qquad (5.4.28)$$

将式（5.4.27）代入式（5.4.28）中，并考虑到实际情况下，$r_{ce} \gg R_{e3}$，故有

图 5.4.22　求 r_{AB} 的小信号等效电路

$$r_{AB} = \frac{u_t}{i_c} = r_{ce}\left(1 + \frac{\beta R_{e3}}{r_{be3} + R' + R_{e3}}\right) \qquad (5.4.29)$$

已知 T_3 管的 r_{ce} 为 200kΩ，将电路参数代入式（5.4.29）中，可求得 $R_{AB} = 3.2\text{M}\Omega$，可见 R_{AB} 的数值是很大的。

由此可知，恒流源具有以下特点：直流分析时，恒流源可以提供一个温度稳定性能很好和大小合适的静态偏置电流，而在交流分析时，恒流源可以等效为一个 MΩ 的很大的交流电阻。

共模电压放大倍数 A_{uc}：

$$A_{uc} = -\frac{\beta_2(R_{c2} /\!/ R_L)}{R_b + r_{be2} + (1 + \beta_2)R_{e2} + 2(1 + \beta_2)r_{AB}} \approx -\frac{R_{c2} /\!/ R_L}{2r_{AB}}$$

$$= -\frac{4.7\text{k}\Omega /\!/ 10\text{k}\Omega}{2 \times 3.2 \times 10^3 \text{k}\Omega} = -0.0005 \qquad (5.4.30)$$

由式（5.4.30）可知，单端输出具有恒流源的差分放大电路的共模电压放大倍数非常小，即抑制温漂的能力非常强。

恒流源的具体电路是多种多样的，若用恒流源符号取代具体电路，则恒流源差分式放大电路的简化画法如图 5.4.23 所示，在实际电路中，由于难以做到参数理想对称，常用一个阻值很小的电位器加在两只管子的发射极之间，调节此电位器可使电路在 $u_{i1} = u_{i2} = 0$ 时 $u_o = 0$。

为了获得高输入电阻的差分式放大电路，可以将前面所讲电路中的差动管用场效应管取代晶体管，如图 5.4.24 所示。这种电路特别适于做直接耦合多级放大电路的输入级。场效应管差分式放大电路也有 4 种接法，分析方法跟晶体管差分式放大电路相同，这里不再赘述。

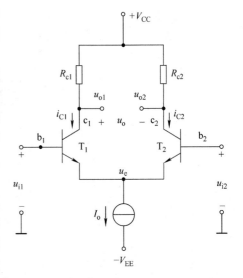

图 5.4.23　恒流源差分式放大电路的简化画法

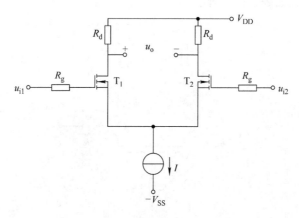

图 5.4.24　场效应管差分式放大电路

5.5　差分式放大电路的电压传输特性

放大电路输出电压与输入电压之间的关系曲线称为电压传输特性，即 $u_{od} = f(u_{id})$ 如图 5.5.1 所示，当输入端 u_{id} 由零逐渐增加，输出端的 u_{od} 也将出现相应的变化。从图 5.5.1 中实线可以看出，只有在中间一段二者才是线性关系，即 $u_{od} = A_{ud}u_{id}$，其他输入信号范围，则输出 u_{od} 将趋于不变，其数值取决于电源电压 V_{CC}。

若改变 u_{id} 的极性，则可得到另一条如图中虚线所示的曲线，它与实线完全对称。

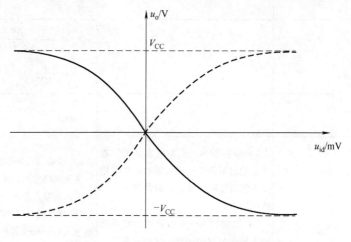

图 5.5.1　差分式放大电路的电压传输特性

5.6　差分式放大电路四种接法的性能指标比较

长尾式差分式放大比较电路（无基极偏置 R_b）的电路如图 5.6.1 所示，则它的主要性能指标仅与输出方式有关，而与输入方式无关，即输出方式相同指标相同，长尾式差分式放大电路的性能指标比较如表 5.6.1 所示。

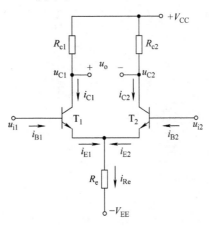

图 5.6.1　无基极偏置 R_b 长尾式差分式放大电路

表 5.6.1　长尾式差分式放大电路的性能指标比较

输入方式	与输入方式无关	
输出方式	双端输出	单端输出
A_{ud}	$A_{ud} = -\dfrac{\beta R_c}{r_{be}}$	$\begin{aligned} A_{ud1} &= -A_{ud2} \\ &= -\dfrac{\beta R_c}{2r_{be}} \end{aligned}$
R_{id}	$R_{id} = 2r_{be}$	
R_o	$R_o = 2R_c$	$R_o = R_c$
A_{uc}	$A_{uc} = 0$	$\begin{aligned} A_{uc} &= -\dfrac{\beta R_c}{r_{be} + 2(1+\beta)R_e} \\ &\approx -\dfrac{R_c}{2R_e} \end{aligned}$
k_{CMR}	$k_{CMR} \to \infty$	$k_{CMR} \approx \dfrac{\beta R_e}{r_{be}}$
用途	1）双端输入—双端输出，用于输入、输出不需要一端接地时；也常用于多级直接耦合放大电路的输入级和中间级 2）单端输入—双端输出，将单端输入转换为双端输出，常用于多级直接耦合放大电路的输入级	1）双端输入—单端输出，将双端输入转换为单端输出，常用于多级直接耦合放大电路的输入级和中间级 2）单端输入—单端输出，用在放大电路输入电路和输出电路均需有一端接地的电路中

习　　题

5.1　试判断下列说法是否正确，正确的在括号内画"√"，否则画"×"。

1）单端输入差分式放大电路的差模输入信号等于该输入端信号。　　　（　　）
2）双端输入差分式放大电路的差模输入信号等于两端输入信号的差值。　（　　）
3）单端输入差分式放大电路的共模输入信号等于该输入信号。　　　　（　　）
4）双端输入差分式放大电路的共模输入信号等于两端输入信号的平均值。（　　）
5）差分式放大电路的输出信号电压值等于差模电压放大倍数与差模输入电压的乘积。

　　　　　　　　　　　　　　　　　　　　　　　　　　　　　　　（　　）

5.2　差分式放大电路的两个输入电压分别为 $u_{i1} = 5V$，$u_{i2} = 3V$，则其共模输入电压为

____。

a）1V　　　　　　　b）3V　　　　　　　c）4V

5.3　对差分式放大电路而言，下列说法错误的是_____。

a）在外界条件相同的情况下，同一结构的差分式放大电路，采用单端输出时，其零漂要比采用双端输出时小。

b）双端输出时，主要靠电路的对称性来抑制零漂。

c）单端输出的恒流源差分式放大电路主要靠恒流源的恒流特性来抑制零漂。

5.4　差分式放大电路如图题 5.4 所示，下列结论正确的是_____。

a）$A_{ud} = \dfrac{\beta(R_c /\!/ R_L)}{2(R_b + r_{be} + R_e)}$

b）$u_o = A_{ud}u_i + A_{uc}\dfrac{u_i}{2}$

c）$K_{CMR} = \left|\dfrac{A_{ud}}{A_{uc}}\right| = \left|\dfrac{A_{ud}}{0}\right| = \infty$

5.5　差分式放大电路如图题 5.5 所示，如果输入的两个信号分别为 $u_{i1} = 10mV$ 和 $u_{i2} = 30mV$，双端输出时的差摸电压放大倍数 $A_{ud} = 40dB$，则输出电压为_____。

a）2V　　　　　　　b）−2mV　　　　　　c）0.8V

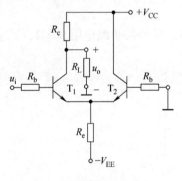

图题 5.4

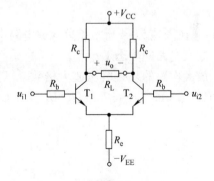

图题 5.5

5.6　如图题 5.6 所示，在双端输入，单端输出的理想差分式放大电路中，若 $u_{i1} = 1500\mu V$，$u_{i2} = 500\mu V$，若差模电压放大倍数 $A_{ud} = 100$，则输出电压 $u_o = $ _____。

a）−1V　　　　　　b）0.1V　　　　　c）不能确定

5.7　理想的长尾式双端输出的差分式放大电路的共模电压放大倍数 A_{uc} 的大小是_____。

a) 0   b) ∞   c) $A_{ud}/2$

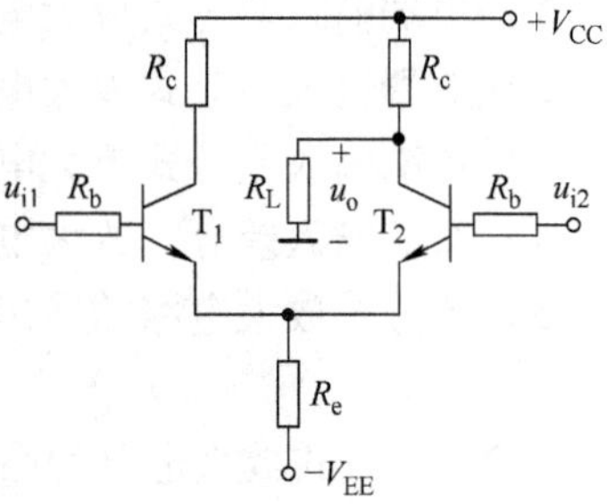

5.8 差分式放大电路由双端输入改为单端输入，差模电压放大倍数将_____。

a) 增加一倍   b) 为双端输入的一半

c) 不变

5.9 差分式放大电路由双端输出改为单端输出，共模抑制比减小的原因是_____。

a) $|A_{ud}|$不变，$|A_{uc}|$增大

b) $|A_{ud}|$减小，$|A_{uc}|$不变

c) $|A_{ud}|$减小，$|A_{uc}|$增大

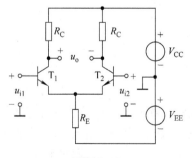

图题 5.6

5.10 在长尾式的差分式放大电路中，R_e的主要作用是_____。

a) 提高差模电压放大倍数   b) 抑制零漂

c) 增大差模输入电阻

5.11 差分式放大电路利用恒流源代替R_e是为了_____。

a) 提高差模电压放大倍数   b) 提高共模电压放大倍数

c) 提高共模抑制比

5.12 已知差分式放电路的输入信号 $u_{i1}=1.01V$，$u_{i2}=0.99V$，试求：

1) 差模和共模输入电压；

2) 若 $A_{ud}=-50$，$A_{uc}=-0.05$，试求该差分式放大电路的输出电压 u_o 及共模抑制比 K_{CMR}。

5.13 在两边完全对称的差分式放大电路中：

1) 若两输入端电压 $u_{i1}=u_{i2}$，则双端输出电压 u_o 为多大？

2) 若 $u_{i1}=1.5mV$，$u_{i2}=0.5mV$，则差分式放大电路的差模输入电压 u_{id} 为多大？共模信号 u_{ic} 为多大？如果差模电压放大倍数为 -100，则双端输出时负载 R_L 上得到的输出电压 u_o 为多大？

5.14 在图题 5.14 所示差分式放电路中两管输出之间外接负载电阻20kΩ，试求：

1) 放大电路的静态工作点；

2) 放大电路的差模电压放大倍数。已知电路参数如下：$V_{CC}=V_{EE}=12V$，$R_C=10k\Omega$，$R_E=20k\Omega$，$\beta=80$，$r_{be}=7.6k\Omega$，$U_{BE}=0.6V$

图题 5.14

5.15　图题 5.15 所示电路参数理想对称，晶体管的 β 均为 100，$r_{bb'} = 100\Omega$，$U_{BEQ} \approx 0.7V$；R_w 滑动端在中点。试估算：

1）T_1 管和 T_2 管的发射极静态电流 I_{EQ}；

2）差模电压放大倍数 A_{ud}、共模电压放大倍数 A_{uc}、差模输入电阻 R_{id} 和输出电阻 R_o；

5.16　差分式放大电路如图题 5.16 所示，已知 $\beta = 50$，$r_{bb'} = 200\Omega$，$U_{BEQ} = 0.6V$，试求：

1）静态 I_{CQ1}、U_{CQ1}；

2）差模电压放大倍数 A_{ud}；

3）共模电压放大倍数 A_{uc} 和共模抑制比 K_{CMR}。

5.17　单端输入、双端输出恒流源式的差分式放大电路如图题 5.17 所示。设晶体管 T_1、T_2 特性相同且 $\beta = 50$，$r_{bb'} = 300\Omega$，$U_{BE} = 0.7V$，R_W 的滑动端位于中点，输入电压 $u_i = 0.02V$。试估算：

1）R_L 开路时的差模输出电压 u_{od}；

2）接入 $R_L = 10k\Omega$ 时的差模输出电压 u_{od}。

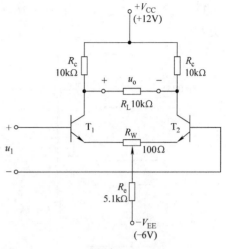

图题 5.15

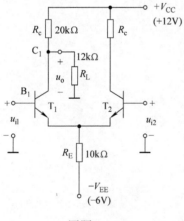

图题 5.16

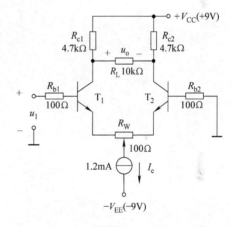

图题 5.17

5.18　在图题 5.18 所示的恒流式差分式放大电路中，$\beta_1 = \beta_2 = 50$，$U_{BE1} = U_{BE2} = U_{BE3} = 0.7V$，试求：

1）T_1，T_2 的静态工作点 (I_C, V_C)；

2）如在两管的输出之间外接负载电阻 10kΩ，求差模电压放大倍数 A_{ud} 的大小。

5.19　单端输入、双端输出，带有恒流源式的差分式放大电路如图题 5.19 所示。各晶体管参数均相同，$\beta = 50$，$r'_{bb} = 300\Omega$，$U_{BE} = 0.7V$，稳压管 D_Z 的稳压值 $U_Z = 6.7V$，工作电流 $I_Z = 5mA$，T_1、T_2 静态集电极电流 $I_{C1} = I_{C2} = 1mA$。试问：

1）T_3 发射极电阻 R_e 应选择多大？

2）稳压管限流电阻 R 应选择多大？

3）当输出端接负载电阻 $R_L = 15\text{k}\Omega$ 时，为使输出电压 $u_o = 0.5\text{V}$，输入电压 u_{i1} 应是多大？

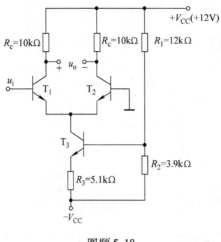

图题 5.18

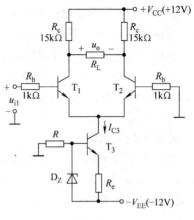

图题 5.19

第6章 集成运算放大器

集成电路运算放大器（简称集成运放）是模拟集成电路中应用极为广泛的一种器件，它不仅用于信号的运算处理、变换测量和信号产生电路，而且还可用于开关电路中。本章首先介绍集成运放内部的主要结构和理想运算放大器。对集成运放构成的线性电路，包括比例运算放大电路、加法运算放大电路、减法运算放大电路、积分运算放大电路、微分运算放大电路与仪用运算放大电路进行了详细介绍。最后对集成运放构成的非线性电路如电压比较器也进行了详细的介绍。

6.1 集成运算放大器概述

半导体二极管和半导体晶体管均属于分立的半导体元器件，本节所讨论的集成运放属于半导体集成电路。

集成电路就是采用一定的制造工艺，将晶体管、场效应管、二极管、电阻、电容等许多元件组成的具有完整功能的电路制作在同一块半导体芯片上，然后加以封装所构成的半导体器件。由于它的元件密度高（即集成度高）、体积小、功能强、功耗低、外部连线及焊点少，从而大大提高了电子设备的可靠性和灵活性，实现了元件、电路与系统的紧密结合。

集成运放电路最初多用于各种模拟信号的运算（如比例、求和、求差、积分、微分……）上，故被称为集成运算放大器，简称集成运放。集成运放广泛用于模拟信号的处理和发生电路中，因其高性能、低价位，在大多数情况下，已经取代了分立元件放大电路。

6.1.1 集成运算放大器的电路结构特点

集成运放电路是一种直接耦合的多级放大电路，由 4 部分组成，包括输入级、中间级、输出级和偏置电路，如图 6.1.1a 所示。它有两个输入端，一个输出端，图中所标 u_+、u_-、u_o 均以"地"为公共端，新标准电路符号如图 6.1.1b 所示，旧标准电路符号如图 6.1.1c 所示。

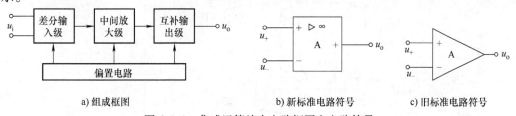

a) 组成框图   b) 新标准电路符号   c) 旧标准电路符号

图 6.1.1 集成运算放大电路框图和电路符号

1. 输入级

输入级又称前置级，它往往是一个双端输入的高性能的差分式放大电路。一般要求其输入电阻高，差模电压放大倍数大，抑制共模信号的能力强，静态电流小，输入级的好坏直接影响到集成运放大多数的性能参数，如输入电阻、共模抑制比等。

2. 中间级

中间级是整个放大电路的主放大器,其作用是使集成运放具有较强的电压放大能力,多采用共射放大电路。而且为了提高电压放大倍数,经常采用复合管做放大管,以恒流源做集电极负载,其电压放大倍数可达千倍以上。

3. 输出级

输出级应具有输出电压线性范围宽、输出电阻小(即带负载能力强)、非线性失真小等特点。集成运放的输出级多采用互补对称功率放大电路。

4. 偏置电路

偏置电路用于设置集成运放各级放大电路的静态工作点。与分立元件不同,集成运放采用电流源电路为各级提供合适的静态工作电流,从而确定了合适的静态工作点。

通用型集成运算放大器 741 作为 BJT 模拟集成电路的典型例子,原理电路如图 6.1.2a 所示,简化电路如图 6.1.2b 所示。

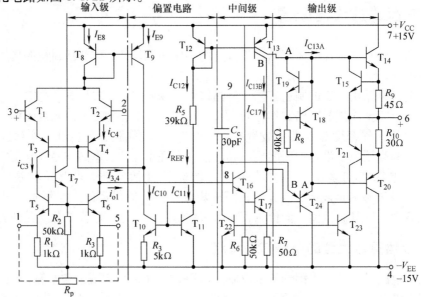

a) 741模拟集成电路原理电路

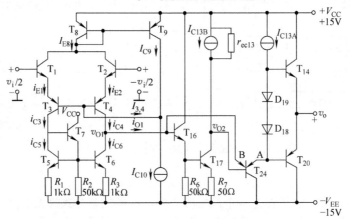

b) 741模拟集成电路简化电路

图 6.1.2 通用型集成运算放大器 741

6.1.2　集成运算放大器的电压传输特性

集成运放的两个输入端分别为同相输入端和反相输入端，这里的"同相"和"反相"是指运算放大器的输入电压与输出电压的相位关系。从外部看，可以认为集成运算放大器是一个双端输入、单端输出、具有高差模放大倍数、高输入电阻、低输出电阻、能较好地抑制温漂的差分式放大电路。

1. 电压传输特性

当集成运算放大器没有引入任何外电路时，如图 6.1.1b 所示，集成运放的输出电压 u_o 与差模输入电压 u_{id}（即同相输入端 u_+ 与反相输入端 u_- 之间的差值电压）之间的关系曲线称为电压传输特性曲线，即

$$u_o = f(u_+ - u_-) \tag{6.1.1}$$

对于正负两路电源供电的集成运算放大器，电压传输特性曲线如图 6.1.3 所示。

从图示曲线可以看出，集成运算放大器有线性放大区域（称为线性区）和非线性区域（称为饱和区）两部分。在线性区，u_o 与 $u_+ - u_-$ 成比例，曲线的斜率称为差模开环电压放大倍数，用 A_{od} 来表示，$A_{od} = \dfrac{u_o}{u_+ - u_-}$，曲线较陡表示 A_{od} 非常高，可达几十万倍以上，因此集成运算放大器的线性区非常窄；在非线性区，输出电压只有两种可能的情况，分别为 $+U_{om}$ 或 $-U_{om}$。

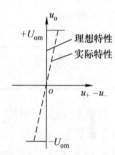

图 6.1.3　集成运算放大器的
电压传输特性曲线

例如：如果集成运算放大器的输出电压的最大值 $\pm U_{om} = \pm 14\text{V}$，$A_{od} = 5 \times 10^5$，那么只有 $|u_+ - u_-| < 28\mu\text{V}$ 时，电路才工作在线性区。若 $|u_+ - u_-| > 28\mu\text{V}$，则集成运算放大器进入非线性区，因而输出电压 u_o 不是 $+14\text{V}$ 就是 -14V。

2. 集成运算放大器的主要性能指标

在考察集成运算放大器的性能时，常用下列参数来描述：

1）开环差模增益 A_{od}（dB）：通用型集成运算放大器的 A_{od}（dB）通常在 100dB 左右；

2）差模输入电阻 R_{id}：R_{id} 是集成运放在输入差模信号时的输入电阻。通用型集成运算放大器的 R_{id} 一般为 MΩ 数量级；

3）输出电阻 R_o：R_o 表征了集成运算放大器带负载的能力，其值约为几十到几百欧姆，一般小于 200Ω；

4）共模抑制比 K_{CMR}：K_{CMR} 一般很大，可达 $10^6 \sim 10^8$（$80 \sim 120$dB）；

5）-3dB 带宽 f_H：f_H 是使 A_{od} 下降 3dB 时的信号频率。由于各种电容的作用，f_H 较小。应当指出在信号运算电路中，由于在集成运算放大器的输出端和反相输入端引入了电阻，展宽了频带，所以 f_H 可达数百千赫以上。

除了以上介绍的性能指标，集成运算放大器的性能指标还有失调电压、失调电流和它们的温漂、单位增益带宽、转换速率等。

集成运算放大器的主要性能指标及其物理意义如表 6.1.1 所示。

表 6.1.1　集成运算放大器的主要性能指标及其物理意义

指标	符号	物理意义	F007 的典型数值
开环差模增益	A_{od}	$20\lg\mid\Delta u_o/\Delta(u_p-u_N)\mid$	>94dB
差模输入电阻	R_{id}	对差模电压信号的输入电阻	>2MΩ
共模抑制比	K_{CMR}	$20\lg\mid A_{od}/A_{oc}\mid$	>80dB
输入失调电压	U_{IO}	使输出电压为零时在输入端所加的补偿电压	<2mV
U_{IO} 的温漂	dU_{IO}/dT	U_{IO} 的温度系数	<2μV/℃
输入失调电流	I_{IO}	两个输入端静态电流之差 $\mid I_{B1}-I_{B2}\mid$	
I_{IO} 的温漂	dI_{IO}/dT	I_O 的温度系数	
最大共模输入电压	U_{Icmax}	所输入的共模信号大于此值时电路不能正常放大差模信号	±13V
最大差模输入电压	U_{Idmax}	所输入的差模信号大于此值时输入级放大管将损坏	±30V
−3dB 带宽频率	f_H	上限频率	7Hz
单位增益带宽	f_C	使差模增益下降到 0dB 时的信号频率	
转换速率	SR	$\mid du_o/dt\mid max$	

3. 按性能指标分类的特殊型集成运算放大器

集成运算放大器除了有通用型外，还有某些方面性能特别优秀的特殊芯片，其性能和用途如表 6.1.2 所示。应当指出，无特殊需要时应选用价格低廉的通用型运放。

某一方面性能特别优秀的运放为特殊型运算放大器。输入电阻很高的运算放大器称为高阻型运放，单位增益带宽和转换速率高的运放称为高速型运算放大器，低失调、低温漂、低噪声和高增益的运放称为高精度型运算放大器，静态功耗小、工作电源电压低的称为低功耗型运算放大器，能够输出高电压的称为高压型运算放大器，能够输出大功率的运放称为大功率运算放大器，等等。此外，还有电流放大型、跨导型、互阻型、增益可控型运算放大器等。

表 6.1.2　特殊运算放大器的性能特点

类型	性能指标	用途
高阻型	高输入电阻，R_{id} 可达 $10^9\Omega$ 以上	作测量放大
高速型	单位增益带宽且转换速率高，有的单位增益带宽高达 10MHz，有的转换速率高达几 kV/μs	数−模和模−数转换器、视频放大器、锁相环电路
低功耗型	工作电源低，为几 V；静态功耗低，只有几 mW，甚至到 μW	空间技术、军事科学或工业中的遥感遥测电路
高精度型	低失调、低温漂、低噪声、高增益，失调电压和失调电流比通用型的小两个数量级，共模抑制比大于 100dB	微弱信号的精密测量和运算、高精度仪器
高压型	能够输出高电压，如 100V	需高电压驱动的负载
大功率型	能够输出大功率、大电流（如几 A）	功率放大器，需大电流驱动的负载

6.2　理想集成运算放大器

6.2.1　理想集成运算放大器的参数

为简化起见，通常将集成运算放大器的性能指标理想化，即把实际运放视为理想运算放大器，集成运算放大器的理想化参数：

1）开环差模增益 A_{od} 为 ∞；
2）差模输入电阻 R_{id} 为 ∞；
3）输出电阻 R_o 为 0；
4）共模抑制比 K_{CMR} 为 ∞；
5）上限截止频率 f_H 为 ∞；
6）失调电压、失调电流和它们的温漂均为零，且无任何内部噪声。

实际上，集成运算放大器的技术指标均为有限值，理想化后必然带来分析误差，但是，在一般的工程计算中，这些误差都是允许的，早期集成运算放大器的性能指标与理想参数相差甚远，由于现代集成电路制造工艺的进步，已经生产出各类接近理想参数的集成电路运算放大器。

6.2.2　理想集成运算放大器的两个工作区及工作特点

利用集成运算放大器作为放大电路，通过引入不同的外围电路，就可以构成具有不同功能的实用电路。将放大电路输出回路中的输出信号通过某一电路或元件，部分或全部地送回到输入回路中去的措施称为反馈。当单个的理想运算放大器通过无源的网络将运算放大器的输出端与反相输入端连接起来，称运算放大器电路工作在闭环负反馈，如图 6.2.1a 所示，如果通过无源的网络将运放的输出端与同相输入端连接起来，就称运算放大器电路工作在闭环正反馈，如图 6.2.1b 所示。如果输出端与输入端没有任何网络连接时，称运算放大器工作在开环状态，如图 6.2.1c 所示。

尽管集成运算放大器的应用电路多种多样，但就其工作区域都只有两个，在电路中，它们不是工作在线性区就是工作在非线性区，可以通过判断电路引入的反馈特征来确定运算放大器电路的工作状态。

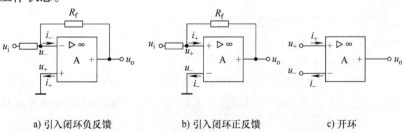

a) 引入闭环负反馈　　　　　b) 引入闭环正反馈　　　　　c) 开环

图 6.2.1　集成运算放大器三种工作状态的电路特征

1. 理想集成运算放大器工作在线性区的特点
理想集成运算放大器工作在线性区的电路特征如图 6.2.1a 所示。只有电路引入了闭环负反馈，才能保证集成运算放大器工作在线性区。理想运算放大器工作在线性区的两个重要的特点：

（1）"虚短"　在图6.2.1a中，因为集成运算放大器工作在线性区（即工作在图6.1.3传输特性的直线部分），所以输出电压与集成运算放大器的输入差模电压成线性关系，即应满足

$$A_{od} = \frac{u_o}{u_+ - u_-} \tag{6.2.1}$$

由于u_o为有限值，A_{od}又为无穷大，所以

$$u_+ - u_- = \frac{u_o}{A_{od}} = \frac{u_o}{\infty} \approx 0 \tag{6.2.2}$$

即

$$u_+ \approx u_- \tag{6.2.3}$$

从式（6.2.3）可以看出，集成运算放大器的两个输入端电压无穷接近，但又不是真正短路，所以称为"虚短"。

（2）"虚断"　因为理想运算放大器的净输入电压趋近于零，又因为理想集成运算放大器的输入电阻为无穷大，所以

$$i_+ = i_- = \frac{u_+ - u_-}{R_{id}} = \frac{0}{\infty} \approx 0 \tag{6.2.4}$$

从式（6.2.4）可以看出，集成运算放大器的两个输入端的输入电流也均趋近于零，换言之，从集成运算放大器输入端看进去相当于断路，但又不是真正断路，所以称为"虚断"。

应当特别指出，"虚短"和"虚断"是理想运算放大器工作在线性区的两个非常重要的特点，也是用来分析理想运算放大器构成的线性应用电路的输入信号和输出信号关系的两个基本出发点。

由理想运算放大器构成的线性应用的电路将在6.3节进行详细分析讨论。

2. 理想运算放大器工作在非线性区的特点

理想运算放大器工作在非线性区的电路特征如图6.2.1b和图6.2.1c所示。只有当运算放大器工作在开环状态或电路引入了闭环正反馈时，集成运算放大器才工作在非线性区。

对于理想运算放大器，由于开环差模放大倍数A_{od}无穷大，故集成运算放大器工作在非线性区时的电压传输特性如图6.1.3所示，从图6.1.3可以得出理想运算放大器工作在非线性区的两个特点：

（1）输出电压只有两种可能的情况，分别为$\pm U_{om}$

1）$u_+ > u_-$，则$u_o = +U_{om}$；

2）$u_+ < u_-$，则$u_o = -U_{om}$；

3）$u_+ = u_-$，则u_o发生跳变，从一个电平跳变到另一个电平。

（2）"虚断"：$i_+ = i_- \approx 0$　由理想运算放大器构成的非线性应用电路将在6.4节进行详细分析讨论。

6.3　理想集成运算放大器的线性应用

理想集成运算放大器的线性应用电路主要有比例运算电路、求和运算电路、减法运算电

路、积分运算电路和微分运算电路等。

6.3.1　比例运算电路

电路中只有一个外加信号输入，而且输出电压信号与输入电压信号成比例。

1. 反相比例运算电路

（1）电路结构　反相比例运算电路如图 6.3.1 所示。输入信号 u_i 通过电阻 R_1 送到反相输入端。R_p 为平衡电阻，$R_p = R_1 /\!/ R_f$，其作用是消除静态基极电流对输出电压的影响。

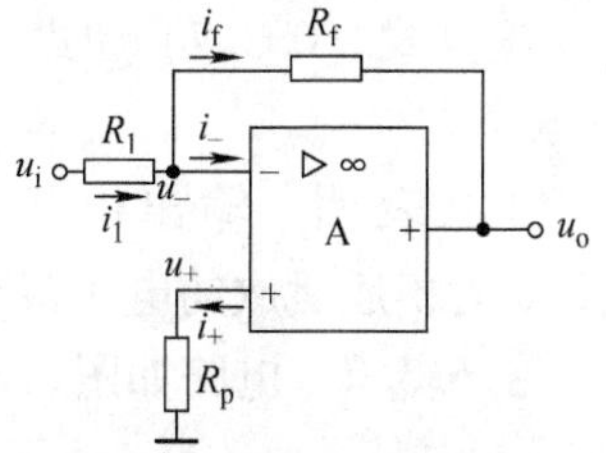

（2）输出电压 u_o 与输入电压 u_i 的运算关系　根据理想集成运算放大器工作在线性区时的两个特点可知：

根据"虚断"的特点：$i_+ = i_- = 0$，可得出

$$u_+ = 0, \quad i_1 = i_f \tag{6.3.1}$$

根据"虚短"的特点可以得出

$$u_- = u_+ = 0 \tag{6.3.2}$$

根据式（6.3.1）和式（6.3.2）可列出

$$\frac{u_i - u_-}{R_1} = \frac{u_- - u_o}{R_f}$$

即 $\dfrac{u_i}{R_1} = -\dfrac{u_o}{R_f}$，由此得出

$$u_o = -\frac{R_f}{R_1} u_i \tag{6.3.3}$$

上式表明，输出电压与输入电压是比例运算关系，而且相位相反，所以称为反相比例运算放大电路。

2. 同相比例运算电路

（1）电路结构　将图 6.3.1 所示电路中的输入端和接地端互换，就得到了同相比例运算电路，如图 6.3.2 所示。

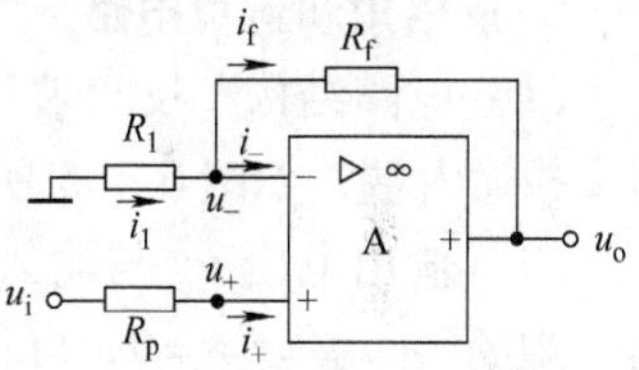

（2）输出电压 u_o 与输入电压 u_i 的运算关系　根据"虚断"的特点：$i_- = i_+ = 0$，可得出

$$u_+ = u_i, \quad i_1 = i_f \tag{6.3.4}$$

根据"虚短"的特点：可得出

$$u_- = u_+ = u_i \tag{6.3.5}$$

根据式（6.3.4）和式（6.3.5）可列出

$$\frac{0 - u_-}{R_1} = \frac{u_- - u_o}{R_f}$$

即

$$\frac{-u_i}{R_1} = \frac{u_i - u_o}{R_f}$$

由此得出

$$u_o = \left(1 + \frac{R_f}{R_1}\right) u_i \tag{6.3.6}$$

上式表明，输出电压与输入电压是比例运算关系，而且相位相同，所以，称为同相比例运算电路。

例 6.3.1　电路如图 6.3.3 所示，试求 u_o 与 u_i 的关系式。

图 6.3.1　反相比例运算电路

图 6.3.2　同相比例运算电路

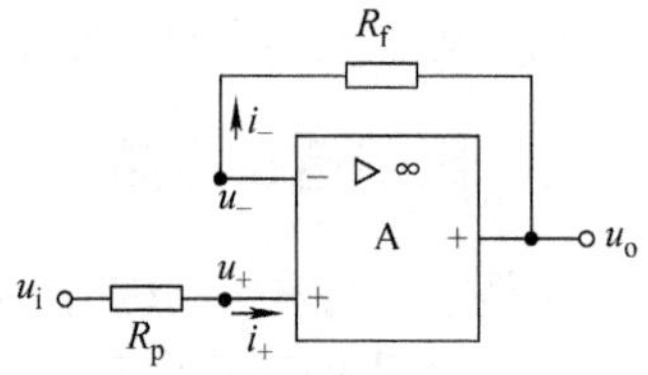

解：根据"虚断"：$i_+ = 0$，可得出 $u_+ = u_i$。

根据"虚断"：$i_- = 0$，可得出

$$u_o = u_- \tag{6.3.7}$$

根据"虚短"：$\qquad u_- = u_+ = u_i \tag{6.3.8}$

根据式（6.3.7）和式（6.3.8）可得出

$$u_o = u_- = u_+ = u_i \tag{6.3.9}$$

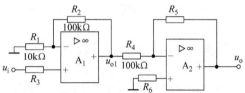

图 6.3.3　例 **6.3.1** 的图

上式表明，输出电压跟随输入电压变化，所以称图 6.3.3 为集成运放的电压跟随器。

例 6.3.2　电路如图 6.3.4 所示，已知 $u_o = -55u_i$，其余参数如图中所示，试求出 R_5 的值

解：在图 6.3.2 电路图中 A_1 构成同相比例运算电路，因此

$$u_{o1} = (1 + \frac{R_2}{R_1})u_i = (1 + \frac{100}{10})u_i = 11u_i$$

A_2 构成反相比例运算电路，因此：

$$u_o = -\frac{R_5}{R_4}u_{o1} = -\frac{R_5}{100} \times 11u_i = -55u_i$$

得出：$R_5 = 500\text{k}\Omega$

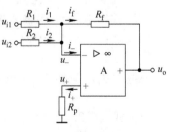

图 6.3.4　例 **6.3.2** 的图

6.3.2　加法运算电路

当两个或两个以上的输入信号同时作用于集成运放的同一个输入端，可实现多个输入信号的加法运算。

1. 反相求和运算电路

（1）电路结构　反相求和运算电路的多个输入信号分别通过电阻同时作用于集成运放的反相输入端，如图 6.3.5 所示。

（2）输出电压 u_o 与输入电压 u_{i1}、u_{i2} 的运算关系　根据"虚断"：$i_+ = i_- = 0$，可得出

$$u_+ = 0,\ i_1 + i_2 = i_f \tag{6.3.10}$$

根据"虚短"：$u_+ = u_- = 0 \tag{6.3.11}$

根据式（6.3.10）和式（6.3.11）可列出

$$\frac{u_{i1} - u_-}{R_1} + \frac{u_{i2} - u_-}{R_2} = \frac{u_- - u_o}{R_f}$$

即

$$\frac{u_{i1}}{R_1} + \frac{u_{i2}}{R_2} = -\frac{u_o}{R_f}$$

图 6.3.5　反相求和运算电路

由此得出　$\qquad u_o = -\frac{R_f}{R_1}u_{i1} - \frac{R_f}{R_2}u_{i2} \tag{6.3.12}$

当 $R_1 = R_2 = R$ 时，可得出

$$u_o = -\frac{R_f}{R}(u_{i1} + u_{i2}) \tag{6.3.13}$$

上式表明，输出电压与输入电压的和成比例关系，而且与两输入信号的和的相位相反，所以，称为反相求和运算电路。

2. 同相求和运算电路

（1）电路结构　同相求和运算电路的多个输入信号分别通过电阻同时作用于集成运放的同相输入端，如图 6.3.6 所示。

（2）输出电压 u_o 与输入电压 u_{i1}、u_{i2} 的运算关系式　根据"虚断"、"虚短"的特点，u_o 与 u_+ 满足同相比例运算关系，因此：

$$u_o = (1 + \frac{R_f}{R_1})u_+ \qquad (6.3.14)$$

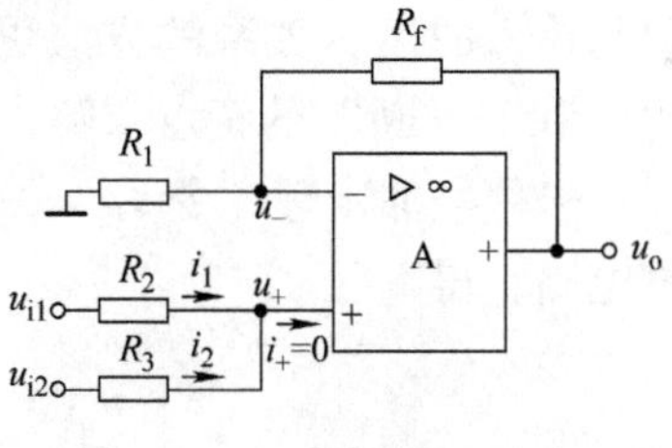

对运放的同相输入端列电流方程

$$i_1 + i_2 = 0$$

即

$$\frac{u_{i1} - u_+}{R_2} + \frac{u_{i2} - u_+}{R_3} = 0$$

所以同相输入端电位为

$$u_+ = (R_2 /\!/ R_3)(\frac{u_{i1}}{R_2} + \frac{u_{i2}}{R_3}) \qquad (6.3.15)$$

将式（6.3.15）代入式（6.3.14），可得出

$$u_o = (1 + \frac{R_f}{R_1})(R_2 /\!/ R_3)(\frac{u_{i1}}{R_2} + \frac{u_{i2}}{R_3}) \qquad (6.3.16)$$

当 $R_2 = R_3$ 时，就可以实现输出电压与两个输入信号的和成比例，且相位相同。

图 6.3.6　同相求和电路

6.3.3　减法运算电路

当输出电压 u_o 与输入的两个信号 u_{i1}、u_{i2} 的差值成比例时，称为集成运放的减法运算电路。

1. 利用反相信号求和以实现减法运算

（1）电路结构　电路如图 6.3.7 所示。

（2）输出电压 u_o 与输入电压 u_{i1}、u_{i2} 的运算关系　第一级运放 A_1 构成反相比例运算电路，则

$$u_{o1} = -\frac{R_1}{R_1}u_{i1} = -u_{i1} \qquad (6.3.17)$$

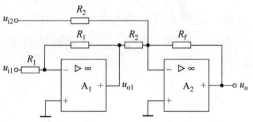

图 6.3.7　用加法电路构成减法电路

第二级运放 A_2 构成反相求和运算电路，则

$$\begin{aligned} u_o &= -\frac{R_f}{R_2}u_{o1} - \frac{R_f}{R_2}u_{i2} \\ &= \frac{R_f}{R_2}u_{i1} - \frac{R_f}{R_2}u_{i2} \\ &= \frac{R_f}{R_2}(u_{i1} - u_{i2}) \qquad (6.3.18) \end{aligned}$$

上式表明，输出电压与两个输入信号的差值成比例，所以称为减法运算电路。

2. 利用差分式电路以实现减法运算

（1）电路结构　如果两个输入端都有信号输入，则称为差分输入。电路结构如图 6.3.8 所示，这种差分输入的电路结构在测量和控制领域中应用很多。

（2）输出电压 u_o 与输入电压 u_{i1}、u_{i2} 的运算关系　求解输出与输入的运算关系的方法可以有两种：一是直接利用"虚短"和"虚断"的特点求解；二是利用叠加定理求解。

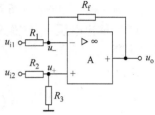

图 6.3.8　差分式减法运算电路

采用叠加定理，令 $u_{i2}=0$，u_{i1} 单独作用，构成反相比例运算电路，得

$$u_{o1} = -\frac{R_f}{R_1}u_{i1} \tag{6.3.19}$$

令 $u_{i1}=0$，u_{i2} 单独作用，构成同相比例运算电路，得

$$u_{o2} = \left(1+\frac{R_f}{R_1}\right)u_+ = \left(1+\frac{R_f}{R_1}\right)\frac{R_3 u_{i2}}{R_2+R_3} \tag{6.3.20}$$

因此，当所有输入信号同时作用时的输出电压为

$$u_o = u_{o1} + u_{o2} = -\frac{R_f}{R_1}u_{i1} + \left(1+\frac{R_f}{R_1}\right)\frac{R_3 u_{i2}}{R_2+R_3} \tag{6.3.21}$$

若 $\dfrac{R_f}{R_1} = \dfrac{R_3}{R_2}$，则

$$u_o = \frac{R_f}{R_1}(u_{i2} - u_{i1}) \tag{6.3.22}$$

上式表明，电路实现了对输入差模信号的比例运算。

例 6.3.3　图 6.3.9 所示是一个具有高输入阻抗、低输出电阻的仪用放大器。假设集成运放是理想的，试证明：

$$u_o = -\frac{R_4}{R_3}\left(1+\frac{2R_2}{R_1}\right)(u_{i1} - u_{i2})$$

解：此放大器中的运放均工作在线性放大区，根据"虚短"和"虚断"的电路特点，则

$$u_{1-} = u_{i1}, \quad u_{2-} = u_{i2}$$

因为 $i_{R2} = i_{R1}$ 即

$$\frac{u_3 - u_4}{2R_2 + R_1} = \frac{u_{i1} - u_{i2}}{R_1} \tag{6.3.23}$$

则

$$u_3 - u_4 = \left(1+\frac{2R_2}{R_1}\right)(u_{i1} - u_{i2}) \tag{6.3.24}$$

因为运放 A_3 构成了减法运算电路，所以

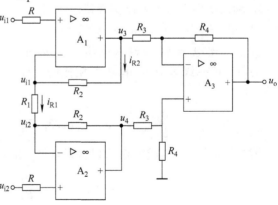

图 6.3.9　**例 6.3.3** 的图

$$u_o = \frac{R_4}{R_3}(u_4 - u_3) \qquad\qquad (6.3.25)$$

将式（6.3.24）代入式（6.3.25）中，可得

$$u_o = -\frac{R_4}{R_3}\left(1 + \frac{2R_2}{R_1}\right)(u_{i1} - u_{i2}) \qquad\qquad (6.3.26)$$

6.3.4　积分运算电路

集成运放构成的积分电路如图 6.3.10a 所示。输出与输入的运算关系的推导与反相比例运算电路的分析方法基本相同。

根据"虚断"和"虚短"的电路特点，可得出

$$u_- = u_+ = 0, \quad i_i = i_f$$

即

$$\frac{u_i - u_-}{R} = C\frac{\mathrm{d}u_C}{\mathrm{d}t} \qquad (6.3.27)$$

则

$$\mathrm{d}u_C = \frac{u_i}{RC}\mathrm{d}t$$

$$u_C = \frac{1}{RC}\int_{t_o}^{t} u_i \mathrm{d}t + u_C(t_o)$$

$$(6.3.28)$$

因为

$$u_o = -u_C$$

所以

$$u_o = -\frac{1}{RC}\int_{t_o}^{t} u_i \mathrm{d}t + u_o(t_o)$$

$$(6.3.29)$$

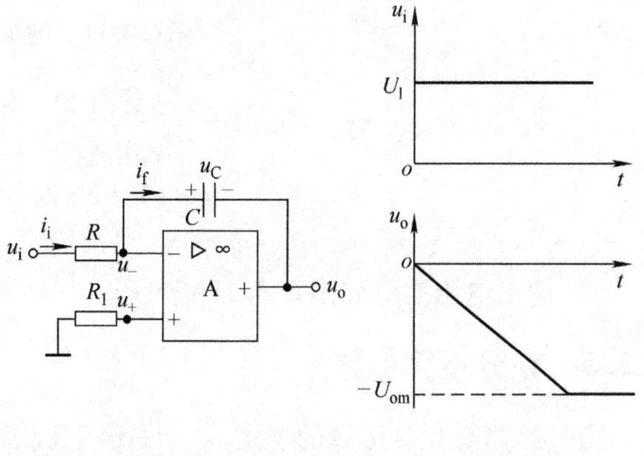

a) 电路结构　　　　b) 阶跃响应

图 6.3.10　积分运算电路

上式表明，输出电压为输入电压对时间的积分，负号表示它们在相位上是相反的。

当输入信号 u_i 为常量时，可得

$$u_o = -\frac{u_i}{\tau}(t - t_o) + u_o(t_o) \qquad\qquad (6.3.30)$$

式中，$\tau = RC$ 为积分时间常数。由于运放输出电压的最大值 U_{om} 受直流电源电压的限制，致使运放进入饱和状态，u_o 将保持不变，而停止积分，设 $u_C(t_o) = 0$，则积分运算电路的阶跃响应如图 6.3.10b 所示。

图 6.3.10 所示的积分电路，可用来作为波形变换电路，常将矩形波变为锯齿波或三角波，用在显示器的扫描电路中及双积分的模数转换器中。

例 6.3.4　积分电路如图 6.3.10 所示，电路中 $R = 10\mathrm{k}\Omega$，$C = 5\mathrm{nF}$，输入电压 u_i 波形如图 6.3.11a 所示，在 $t = 0$ 时，电容器 C 的初始电压 $u_C(0) = 0$。试画出输出电压 u_o 的波形，并标出 u_o 的幅值。

解：1）在 $0 \sim 40\mu\mathrm{s}$ 期间，$u_o(t) = -\dfrac{u_i}{RC}t$，则

$$u_o(40\mu\mathrm{s}) = -\frac{-10 \times 40 \times 10^{-6}}{10 \times 10^3 \times 5 \times 10^{-9}}\mathrm{V} = 8\mathrm{V}$$

2）在 $40 \sim 120\mu\mathrm{s}$ 期间，

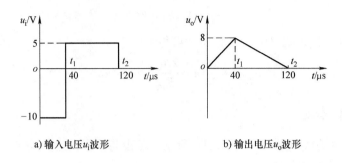

a) 输入电压u_i波形　　　　　　　　b) 输出电压u_o波形

图6.3.11　**例6.3.4** 的图

$$u_o(120\mu s) = -\frac{5 \times (120 - 40) \times 10^{-6}}{10 \times 10^3 \times 5 \times 10^{-9}} + u_o(40\mu s)$$
$$= (-8 + 8)V$$
$$= 0V$$

3）输出电压波形如图6.3.11b所示。

6.3.5　微分运算电路

微分运算是积分运算的逆运算，只需将反相输入端的电阻和反馈电容调换位置，就成为微分运算电路，如图6.3.12a所示。

根据"虚断"和"虚短"的电路特点，并由图可列出 $i_i = i_f$

$$C\frac{du_C}{dt} = C\frac{du_i}{dt} = -\frac{u_o}{R}$$

即

$$u_o = -RC\frac{du_i}{dt} \qquad (6.3.31)$$

上式表明，输出电压与输入电压对时间的一次微分成比例。

当 u_i 为阶跃电压时，输出 u_o 为尖脉冲，微分运算电路的阶跃响应如图 6.3.12b 所示。

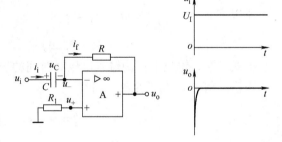

a) 电路结构　　　　　b) 阶跃响应

图6.3.12　微分运算电路

微分电路的应用很广泛，在线性系统中，除了可作微分运算外，在脉冲数字电路中，常用来作波形变换，常将矩形波变换为尖顶脉冲波。

6.3.6　基本运算电路归纳

集成运算放大器引入电压负反馈后，可以实现模拟信号的比例、加减、乘除、积分、微分等各种基本运算。其电路如图6.3.13所示，运算关系式如表6.3.1所示。

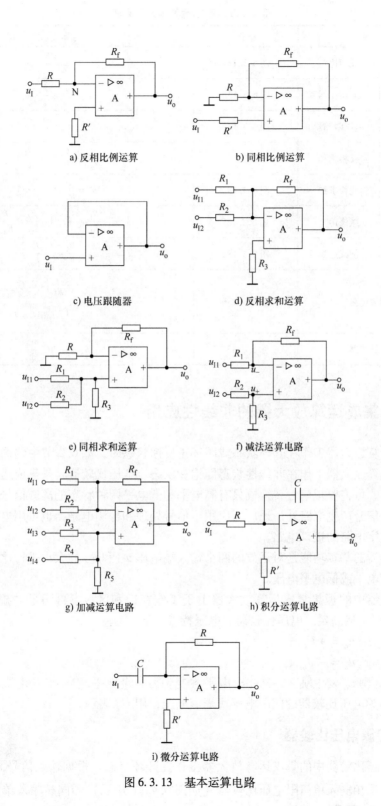

a) 反相比例运算

b) 同相比例运算

c) 电压跟随器

d) 反相求和运算

e) 同相求和运算

f) 减法运算电路

g) 加减运算电路

h) 积分运算电路

i) 微分运算电路

图 6.3.13 基本运算电路

表 6.3.1　基本运算电路关系式

电路名称		电路	运算关系式
比例运算电路	反相比例	图 6.3.13a	$u_o = -\dfrac{R_f}{R}u_I$
	同相比例	图 6.3.13b	$u_o = \left(1 + \dfrac{R_f}{R}\right)u_I$
	电压跟随器	图 6.3.13c	$u_o = u_I$
加减运算电路	反相求和	图 6.3.13d	$u_o = -\dfrac{R_f}{R_1}u_{I1} - \dfrac{R_f}{R_2}u_{I2}$
	同相求和	图 6.3.13e	$u_o = \dfrac{R_f}{R_1}u_{I1} + \dfrac{R_f}{R_2}u_{I2}$
	减法运算	图 6.3.13f	$u_o = -\dfrac{R_f}{R_1}u_{i2} + \left(1 + \dfrac{R_f}{R_1}\right)\dfrac{R_3 u_{i2}}{R_2 + R_3}$
	加减运算	图 6.3.13g	$u_o = \dfrac{R_f}{R_3}u_{I3} + \dfrac{R_f}{R_4}u_{I4} - \dfrac{R_f}{R_1}u_{I1} - \dfrac{R_f}{R_2}u_{I2}$
积分运算电路		图 6.3.13h	$u_o = -\dfrac{1}{RC}\int u_I dt$ 或 $u_o = -\dfrac{1}{RC}\int_{t_1}^{t_2} u_I dt + u_o(t_1)$
微分运算电路		图 6.3.13i	$u_o = -RC\dfrac{du_I}{dt}$

6.4　理想集成运算放大器的非线性应用

当集成运算放大器工作在开环状态或闭环正反馈状态时，如 6.2 节中的图 6.2.1b、c 所示，则集成运算放大器工作在非线性状态即饱和状态。电压比较器就是集成运算放大器的一种非线性应用，可将模拟信号转换成只有高电平和低电平两种状态的离散信号。电压比较器除广泛应用于信号产生电路外，还广泛应用于信号处理和检测电路，也可用电压比较器作为模拟电路和数字电路的接口电路。

电压比较器的基本功能是对运放的两个输入端电压 u_- 和 u_+ 的大小进行比较，并根据比较结果输出高电平或低电平电压。

电压比较器中的理想集成运算放大器由于工作在饱和区，不再满足"虚短"的特点，"虚断"的特点仍然满足。电压比较器的电压特点如下：

$u_+ > u_-$，则 $u_o = +U_{om}$；

$u_+ < u_-$，则 $u_o = -U_{om}$；

$u_+ = u_-$，则 u_o 发生跳变，从一个电平跳变到另一电平。当 u_o 发生跳变时所对应的 u_i 的大小，称为电压比较器的门限电压或阈值电压，用 U_T 表示。

6.4.1　单门限电压比较器

单门限电压比较器中的集成运算放大器工作在开环状态，根据输入信号 u_i 的输入方式的不同可分为反相输入单门限电压比较器（如图 6.4.1a 所示）和同相输入单门限电压比较器（如图 6.4.2a 所示）。

根据电压比较器的特点可画出它们的电压传输特性曲线（稳压管的正向导通压降忽略不计），分别如图 6.4.1b 和图 6.4.2b 所示，通过 $u_+ = u_-$，可求出门限电压 $U_T = U_{REF}$。

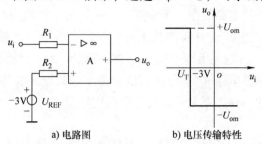

a) 电路图　　　　　　　　b) 电压传输特性

图 6.4.1　反相输入单门限电压比较器

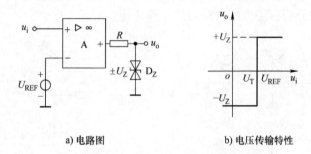

a) 电路图　　　　　　　　b) 电压传输特性

图 6.4.2　同相输入单门限电压比较器

例 6.4.1　电路如图 6.4.3a 所示，已知稳压管正向导通时的管压降为 0.6V，稳定电压 $U_Z = 5V$，运放的输出饱和值为 ±10V，当输入信号 u_i 如图 6.4.3c 所示的正弦波时：1）画出该电压比较器的电压传输特性曲线；2）求门限电压；3）试画出 u_o 的波形。

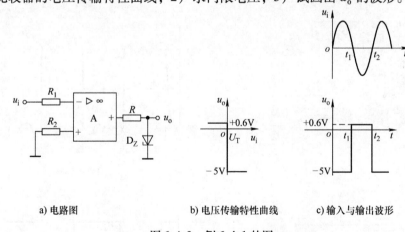

a) 电路图　　　　　b) 电压传输特性曲线　　　　c) 输入与输出波形

图 6.4.3　**例 6.4.1** 的图

解：当 $u_i > 0$ 时，即 $u_+ < u_-$ 所以 u_o 为负的饱和值，稳压管反向击穿，$u_o = -U_Z = -5V$；当 $u_i < 0$ 时，即 $u_+ > u_-$，所以 u_o 为正的饱和值，稳压管正向导通，$u_o = +0.6V$；

当 $u_+ = u_-$ 时，即 $u_i = 0$ 时，u_o 从一个电平跳到另一个电平，所以，门限电压 $U_T = 0V$，当 $u_i = 0$ 时，u_o 发生跳变，故称图 6.4.3 的电路叫过零比较器。输出 u_o 的波形如图 6.4.3c 所示。

6.4.2 迟滞电压比较器

单门限电压比较器虽然电路简单，灵敏度高，但其抗干扰能力差。例如，在图 6.4.2 所示的单门限电压比较器，当 u_i 含有噪声或干扰电压时，其输入和输出电压波形如图 6.4.4 所示。由于在 $u_i = U_T = U_{REF}$ 附近出现干扰，u_o 将时而为 $+U_{om}$ 时而为 $-U_{om}$，导致比较器输出不稳定。如果用这个输出电压 u_o 去控制电机，将出现频繁的起停现象，这种情况是不允许的，提高抗干扰能力的一种方案是采用迟滞电压比较器。

1. 电路结构

迟滞电压比较器根据输入信号的不同，其输入方式可分为同相输入迟滞电压比较器（如图 6.4.5 所示）和反相输入迟滞电压比较器（如图 6.4.6 所示）。下面以反相输入的迟滞电压比较器为例来分析迟滞电压比较器的工作原理。

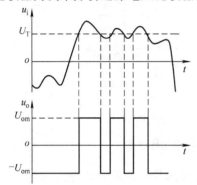

图 6.4.4　单门限电压比较器在 u_i
含有干扰电压的输出电压波形

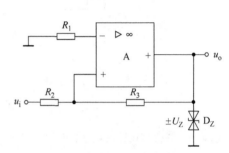

图 6.4.5　同相输入迟滞电压比较器

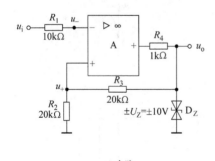

a) 电路

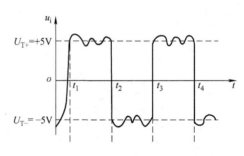

c) 输入波形

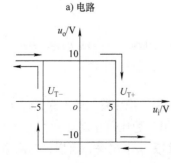

b) 传输特性

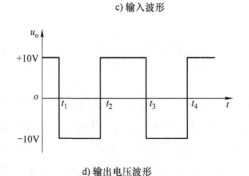

d) 输出电压波形

图 6.4.6　反相输入迟滞电压比较器

2. 工作原理

设图 6.4.6 中的电路参数如图中所示,输入信号 u_i 的波形如图 6.4.6c 所示,图中 D_Z 为两个串接的稳压管,U_Z 均为 10V,正向导通压降忽略不计,假设 $t = 0$ 时,输出 u_o 的大小为 $+10V$,试画出其传输特性和输出电压 u_o 的波形。

下面分两个过程来分析电路的工作原理。

(1)u_i 从 $-5V$ 上升到正的最大值的过程 因为 $u_+ = \dfrac{10}{20+20} \times 20V = 5V$,如果 u_i 此时从 $-5V$ 开始上升,则上升到 5V 时,$u_+ = u_-$,u_o 将从 $+U_{om}$($+10V$)跳变到 $-U_{om}$($-10V$),此时 u_+ 变为 $-5V$。

(2)u_i 上升到正的最大值后开始下降到负的最大值过程 因为 $u_+ = -5V$,当 u_i 下降到 $+5V$ 时,由于 $u_+ \neq u_-$,所以,u_o 此时并不发生跳变。只有继续下降到 $-5V$ 时,$u_+ = u_-$,u_o 将从 $-U_{om}$($-10V$)跳变到 $+U_{om}$($+10V$)。

根据上面的分析,可以得到图 6.4.6a 电路的电压传输特性曲线,如图 6.4.6b 所示,具有迟滞回环传输特性。

(3)门限电压 从图 6.4.6b 中,迟滞电压比较器有两个门限电压,分别用上门限电压 U_{T+} 和下门限电压 U_{T-} 来表示。两个门限电压中,取值大的一个为 U_{T+},值小的一个为 U_{T-},两者的差值定义为回差电压用 ΔU_H 来表示 $\Delta U_H = U_{T+} - U_{T-}$。

3. 输出波形

根据上面的分析,可以画出输出的波形,如图 6.4.6d 所示。即使当 u_i 含有噪声或干扰电压时,但得到的 u_o 是一近似矩形波,使得输出电压工作稳定。为了达到抗干扰的目的,回差电压 ΔU_H 必须大于干扰信号的幅值。

6.4.3 集成电压比较器

集成电压比较器的灵敏度往往不如用集成运算放大器构成的比较器高,但由于集成电压比较器通常工作在两种状态之一(输出为高电平或低电平),因此不需要频率补偿电容,也就不存在像集成运算放大器那样因加入频率补偿电容引起转换速率受限。集成电压比较器改变输出状态的典型响应时间是 $30 \sim 200ns$,转换速率为 $0.7V/\mu s$ 的 741 集成运算放大器,其响应时间的期望值是 $30\mu s$ 左右,约是集成电压比较器的 1 000 倍。

近年来,高速、超高速集成电压比较器获得迅速发展。例如,以互补双极工艺制造的 AD790 高速电压比较器,其准确度已达到 $U_{IO} \leqslant 50\mu V$,$K_{CMR} \geqslant 105dB$,它可以双电源供电($\pm 15V$),也可以单电源工作($+5V$),其输出可与 TTL、CMOS 电平匹配,输出级可驱动 100pF 的容性负载。AD790 在 $+5V$ 单电源工作时的功耗约为 60mW,响应时间的典型值为 40ns。

超高速集成电压比较器的型号也很多。例如,AD1317 的响应时间 $\leqslant 15ns$;LT1016/LT1015(10ns);LT685/AM685/CMP - 08(6.5ns);AD9696(4.5ns);AD96685(2.5ns)等。

此外,根据输出方式不同,集成电压比较器还可分为普通、集电极(或漏极)开路输出或互补输出三种情况。集电极(或漏极)开路输出电路必须在输出端接一个电阻至电源。互补输出电路有两个输出端,若一个为高电平,则另一个必为低电平。

例如,常用的 LM339,其芯片内集成了 4 个独立的电压比较器。由于 LM339 采用了集电极开路的输出形式，使用时允许将各比较器的输出端直接连在一起，利用这一特点，可以方便地用 LM339 内两个比较器组成双限比较器，共用外接电阻 R，如图 6.4.7a 所示。当信号电压 u_i 位于参考电压 U_{REF1}、U_{REF2} 之间时（即 $U_{REF1} < u_i < U_{REF2}$），输出电压 u_o 为高电平 U_{OH}，否则输出 u_o 为低电平 U_{OL}。由此可画出其电压传输特性，如图 6.4.7b 所示。

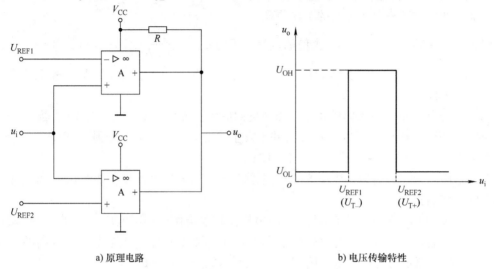

a) 原理电路   b) 电压传输特性

图 6.4.7 由 LM339 构成的双限比较器及其电压传输特性

6.4.4 几种常见的电压比较器比较

  单门限电压比较器只有一个阈值电压；窗口电压比较器有两个阈值电压，当输入电压向单一方向变化时，输出电压跃变两次；迟滞电压比较器具有滞回特性，虽有两个阈值电压，但当输入电压向单一方向变化时输出电压仅跃变一次。三种比较器电路及其电压传输特性如表 6.4.1 所示。

表 6.4.1 几种比较器电路及其电压传输特性

电路名称	电路	电压传输特性	U_T
过零 电压比较器			0V
单门限 电压比较器			$-\dfrac{R_2}{R_1}U_{REF}$

（续）

电路名称	电路	电压传输特性	U_T
迟滞 电压比较器	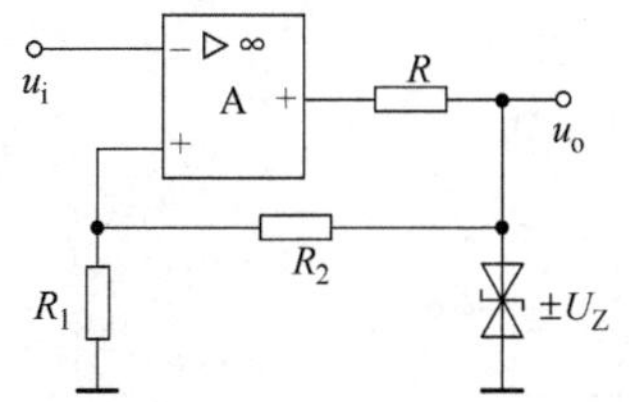	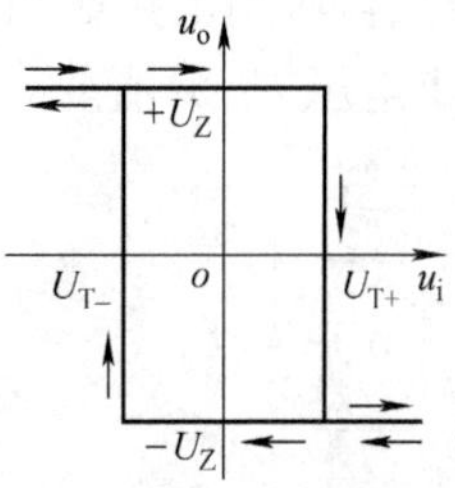	$\pm\dfrac{R_1}{R_1+R_2}U_Z$
窗口 电压比较器	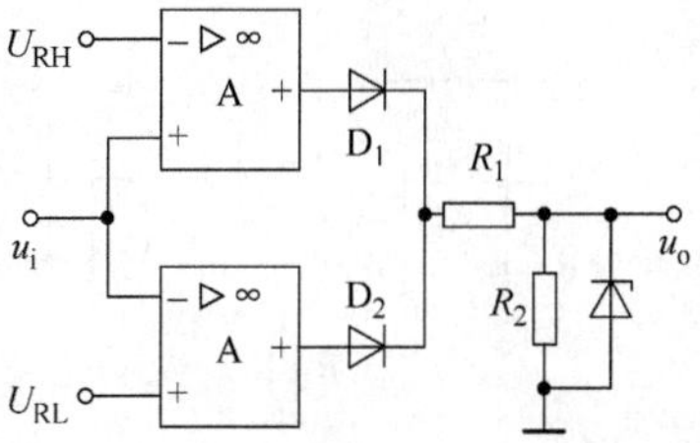	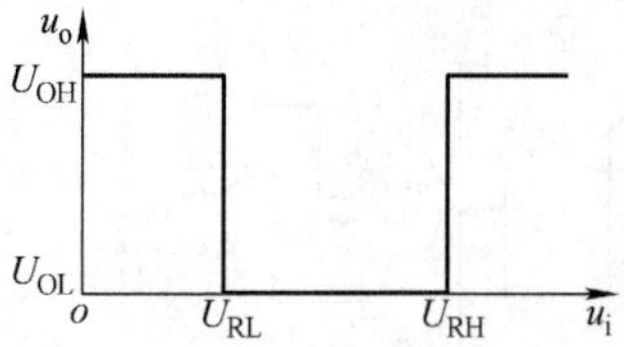	U_{RL}、U_{RH}

习　题

6.1　选择正确答案填入空内

1）集成运放电路采用直接耦合方式是因为_____。

a）可获得很大的放大倍数　　b）可使温漂小　　c）集成工艺难于制造大容量电容

2）集成运放制造工艺使得同类半导体管的_____。

a）指标参数标准　　b）参数不受温度影响　　c）参数一致性好

3）集成运放的输入多采用差分放大电路是因为可以_____。

a）减小温漂　　b）增大放大倍数　　c）提高输入电阻

4）为增大电压放大倍数，集成运放的中间级多采用_____。

a）共射级放大电路　　b）共集级放大电路　　c）共基极放大电路

5）集成运放中采用有源负载是为了_____。

a）减小温漂　　b）增大电压放大倍数　　c）提高输入电阻

6）为增强带负载能力，使最大不失真输出电压尽可能大，且减小直流功耗，集成运放的输出级多采用_____。

a）共射放大电路　　b）共集放大电路　　c）互补输出级（OCL电路）

7）从外部看，集成运放可等效为高性能的_____。

a）双端输入双端输出的差分式放大电路

b）双端输入单端输出的差分式放大电路

c）单端输入单端输出的差分式放大电路

6.2　F007 运算放大器的正、负电源电压为 $\pm15V$，开环电压放大倍数 $A_{od}=2\times10^5$，输出最大电压（即 $\pm U_{om}$）为 $\pm13V$。今在运放的两个输入端分别加下列输入电压，求输出电压：1）$u_+ = +15\mu V$，$u_- = -10\mu V$；2）$u_+ = -5\mu V$，$u_- = +10\mu V$；3）$u_+ = 0V$，$u_- = +5mV$；4）$u_+ = 5mV$，$u_- = 0V$。

6.3 集成运算放大器应用电路如图题 6.3 所示，设理想运放均工作在线性放大区，试分别求出各电路的输出电压 U_o 的值。

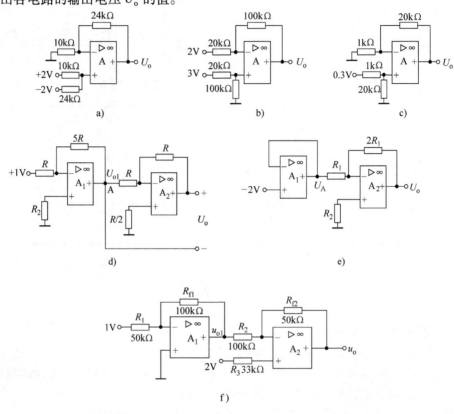

图题 6.3

6.4 反相加法电路如图题 6.4a 所示，输入电压 u_{I1}、u_{I2} 的波形如图题 6.4b 所示，试画出输出电压 u_o 的波形（注明其电压变化范围）。

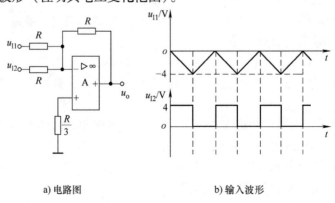

a) 电路图   b) 输入波形

图题 6.4

6.5 求图题 6.5 所示的电路中输出 u_o 与各输入电压的运算关系。

6.6　写出图题 6.6 所示电路的输出 u_o 的表达式。

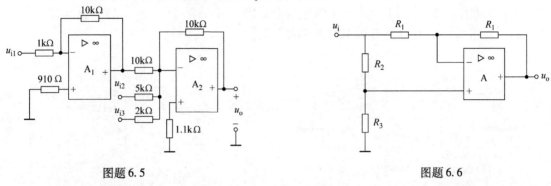

图题 6.5　　　　　　　　　　　　　　　　　　图题 6.6

6.7　理想集成运算放大器构成的电路如图题 6.7 所示，试求输入电压与输出电压的函数关系。

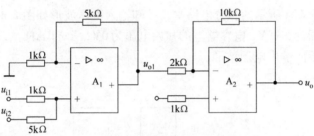

图题 6.7

6.8　已知电阻—电压变换电路如图题 6.8 所示，试求：1）u_o 与 R_x 的关系。2）如 $u_R = -6V$，R_1 分别为 $0.6k\Omega$、$6k\Omega$、$60k\Omega$ 时，输出 u_o 都为 5V，则各相应的被测电阻 R_x 是多大？

6.9　如图题 6.9 所示电路中，A_1 组成一线性半波整流电路，A_2 组成一加法电路，二者构成一线性全波整流电路。

1）试画出其输入–输出特性 $u_o = f(u_i)$；

2）试画出 $u_i = 10\sin\omega t(V)$ 时 u_{o2} 和 u_o 波形。

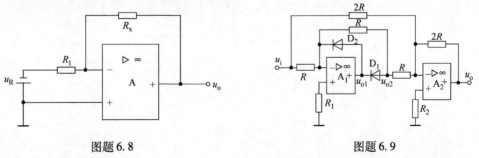

图题 6.8　　　　　　　　　　　　　　　　　　图题 6.9

6.10　在图题 6.10 所示电路中，A_1、A_2 都是理想运算放大器，已知硅稳压管的稳压值 $U_z = 6V$。

1）求输出电压 $u_o = ?$ $i_4 = ?$

2）若将稳压管反接，则 $u_o = ?$ $i_4 = ?$

6.11 在图题 6.11 的电路中，电源电压为 $\pm 15\text{V}$，$u_{i1} = 1.1\text{V}$，$u_{i2} = 1\text{V}$。试问接入输入电压后，输出电压 u_o 由 0 上升到 10V 所需要的时间。

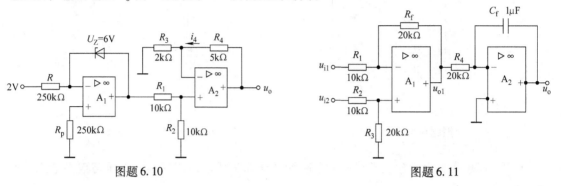

图题 6.10   图题 6.11

6.12 在图题 6.12a 所示的积分电路中，已知输入电压波形如图 6.12b 所示，集成运算放大器最大输出电压为 $\pm 15\text{V}$，电容器上的初始电压为 0V，$R = 10\text{k}\Omega$、$C = 0.1\mu\text{F}$，试画出给定的输入电压作用下的输出电压波形。

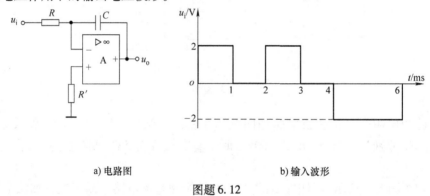

a) 电路图   b) 输入波形

图题 6.12

6.13 微分电路如图题 6.13a 所示，输入电压 u_s 如图题 6.13b 所示，设电路 $R = 10\text{k}\Omega$，$C = 100\mu\text{F}$，运算放大器是理想的，试画出输出电压 u_o 的波形，并标出 u_o 的幅值。

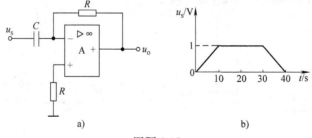

a)   b)

图题 6.13

6.14 单门限电压比较器如图题 6.14 所示，已知 $U_{REF} = 2\text{V}$，稳压管的正向导通压降可忽略不计，试求出门限电压 U_T 并画出其电压传输特性。

6.15 图题 6.15 是监控报警装置，如需对某一参数（如温度、压力等）进行监控时，可由传感器取得监控信号 u_i，U_R 是参考电压。当 u_i 超过正常值时，报警灯亮，试说明其工作原理。二极管 D 和电阻 R_3 在此起何作用?

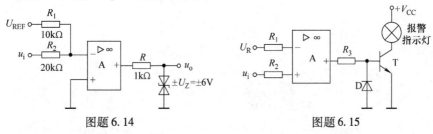

图题 6.14   图题 6.15

6.16　同相输入迟滞电压比较器如图题 6.16 所示,已知 $U_Z = 6V$,稳压管的正向导通电压降可忽略不计,试求出它的门限电压,并画出其传输特性。

6.17　电路如图题 6.17 所示。其输出电压最大幅值为 $\pm 12V$。稳压管的正向导通电压 $U_D = 0.7V$,稳定电压均为 6V。在以下 4 种情况下,输出 u_o 分别为多大?

1)正常工作时;2)A 点断开时;3)B 点断开时;4)稳压管接反。

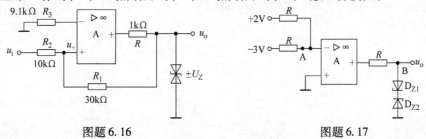

图题 6.16   图题 6.17

6.18　图题 6.18a 所示反相输入迟滞比较器中,已知 $R_1 = 40k\Omega$,$R_2 = 10k\Omega$,$R = 8k\Omega$,稳压管的正向导通压降可忽略不计,$U_Z = 6V$,$U_{REF} = 3V$,设 $t = 0$ 时刻时,运放输出为正的最大值。试画出其传输特性;当输入电压 u_i 的波形如图题 6.18b 所示时,试画出输出电压 u_o 的波形。

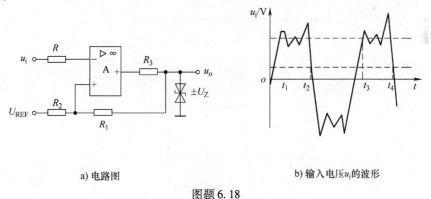

a) 电路图   b) 输入电压 u_i 的波形

图题 6.18

6.19　试画出如图题 6.19 所示电路的电压传输特性曲线(设运算放大器的 $\pm U_{om} = \pm 10V$,二极管 D_1、D_2 为理想二极管)。

6.20　电路如图题 6.20 所示,设 A_1、A_2 为理想运算放大器,稳压管的稳定电压均为 6V,正向导通压降可忽略不计,且电容初始电压 $u_C(0) = 0$,u_i 为正弦波电压,周期 $T = 2ms$,峰值 $U_{im} = 1V$。试画出输出电压 u_o 的波形,并求出三角波峰 – 峰值 U_{opp}。

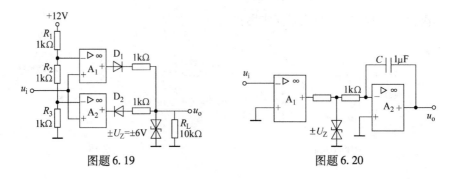

图题 6.19   图题 6.20

6.21 电路如图题 6.21 所示，图示运算电路中，A_1、A_2、A_3 均为理想运放，电容的起始值为 0V，A_1、A_2、A_3 的输出电压的饱和值为 ±10V，稳压管的正向导通压降为 0.6V。

1）分别写出运放 A_1、A_2、A_3 所构成的电路名称。

2）写出运放 A_2 的输出电压 u_{o2} 与输入电压 u_{i1}，u_{i2} 的关系式。

3）已知输入信号的波形如图所示，分别画出 u_{o1}、u_{o2}、u_o 的波形，标明有关的数值。

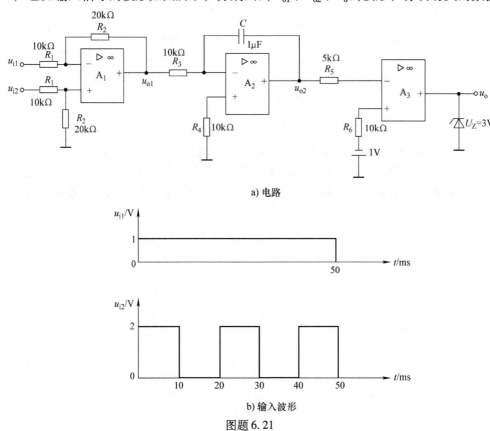

a) 电路

b) 输入波形

图题 6.21

第 7 章　反馈放大电路

反馈理论目前已经被广泛应用于电子技术、控制科学等许多科技领域。按照极性的不同，反馈分为负反馈和正反馈两种，它们在电子电路中所起的作用不同。负反馈可以改善放大电路的一些性能指标，在很多实用的放大电路中都会适当地引入负反馈，以稳定其输出。正反馈可能会引起振荡，会造成放大电路的工作不稳定，但在波形产生振荡电路中则要引入正反馈，以形成自激振荡产生输出。

本章首先介绍反馈的基本概念及负反馈放大电路的类型，接着介绍负反馈放大电路的分析方法，然后分析负反馈对放大电路性能的影响，进行深度负反馈条件下放大电路的近似计算。

7.1　反馈的基本概念与分类

7.1.1　什么是反馈

在电子电路中，反馈是指将电路输出信号量电压或电流的一部分或全部，通过反馈网络用一定的方式送回到输入回路，以影响输入信号电压或电流的过程。反馈体现了输出信号对输入信号的反作用。

在前面章节中分析的某些电路中已经引入了反馈。例如，第 2 章讨论的基极分压式射极偏置电路，就是通过发射极接电阻 R_e 引入的负反馈来稳定集电极静态电流 I_{CQ}，第 6 章讨论过的比例运算电路就是由集成运算放大器和反馈网络组成的。这种通过外接元件产生的反馈称为外部反馈。

本章主要讨论放大电路中的各种外部反馈。

前面章节讨论的很多放大电路都只有一个从输入到输出的前向通路，没有从输出到输入的反馈通路，没有组合成一个闭合环路，这样的电路处在开环工作状态。

引入反馈的放大电路称为反馈放大电路，它由基本放大电路 A 和反馈网络 F 组成一个闭合环路，如图 7.1.1 所示。其中 x_I 是反馈放大电路的输入信号，x_O 是输出信号，x_F 是反馈信号，x_{ID} 是基本放大电路的净输入信号。这些信号可以是电压，也可以是电流。对于负反馈放大电路而言，x_{ID} 是输入信号 x_I 与反馈信号 x_F 相减后的差值信号。对于正反馈放大电路而言，x_{ID} 是输入信号 x_I 与反馈信号 x_F 相加后的求和信号。

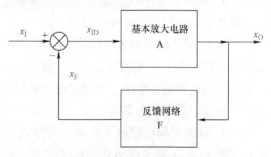

图 7.1.1　反馈放大电路的组成框图

为了采用模型进行理论化分析，可以假设信号从输入到输出的正向放大传输只经过基本放大电路，而不通过反馈网络，基本放大电路的增益为 $A = x_O/x_{ID}$，信号从输出到输入的反向传输只通过反馈网络，而不通过基本放大电路，反向传输系数即反馈系数为 $F = x_F/x_O$。反馈环路中信号是单向传输的，如图中箭头所示。

判断一个放大电路中是否存在反馈，主要看该电路是否存在把输出信号送回输入端进而影响输入信号的反馈网络。若有反馈网络存在，则能形成反馈，这种电路结构称为闭环。若没有反馈网络，则不能形成反馈，这种电路结构称为开环。

例 7.1.1 试判断图 7.1.2 所示各电路中是否存在反馈通路。

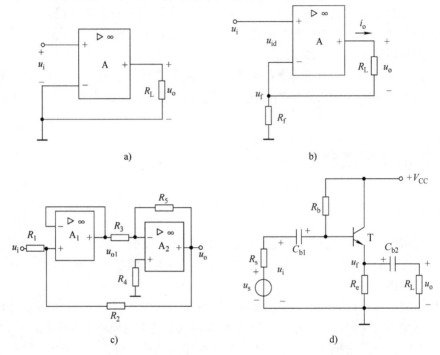

图 7.1.2　**例 7.1.1** 的电路图

解： 图 7.1.2a 所示电路中，因运放输入负端接地，输出信号没有送回输入端，输出与输入回路间不存在反馈网络，因而该电路中不存在反馈，为开环状态。

图 7.1.2b 所示电路中，R_f 与 R_L 组成的电阻网络对运放输出端电压分压，得到的 u_f 电压送回运放反相输入端，因而存在反馈。

图 7.1.2c 所示电路中为两级放大电路，第一级的输出端与反相输入端之间由导线连接，形成反馈通路，它为电压跟随器；第二级的输出端与反相输入端之间由电阻 R_5 构成反馈通路，它为反相比例运算电路。从第二级的输出到第一级的输入之间由 R_2 构成一条反馈通路。每级各自存在的反馈称为本级反馈。跨级的反馈称为级间反馈。

图 7.1.2d 为共集电极放大电路，假如 v_B 电位升高而 v_E 电位不变，则 u_{BE} 增大，i_B 电流应该相应增大，i_C、i_E 电流也就会相应增大，此时电位 v_E 即反馈电压 $u_f(=i_E R_e)$ 就会相应上升，这样 u_{BE} 电压的变化就不会有那么大，从而相应地减小 i_B、i_C、i_E 的变化量，发射极电阻 R_e 在直流通路中形成了反馈作用，R_e 和负载电阻 R_L 一起在交流通路中形成了反馈作用，因而该电路中也存在着反馈。

7.1.2　直流反馈与交流反馈

放大电路中的信号可以分为直流分量和交流分量，前面对电路的分析也分为静态特性直流分析和动态特性交流分析，同样，反馈也有直流反馈与交流反馈之分。放大电路的直流通路中就存在的反馈即为直流反馈，交流通路中才存在的反馈则为交流反馈。直流反馈影响放大电路的静态工作点等直流性能。交流反馈影响放大电路的增益、输入电阻、输出电阻和带宽等交流性能。

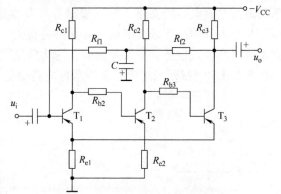

例 7.1.2　试判断图 7.1.3 所示电路中，哪些元件引入了级间直流反馈？哪些元件引入了级间交流反馈？

解：从图 7.1.3 可以看出，电阻 R_{f1} 和 R_{f2} 组成的反馈通路引入的是级间直流反馈，因为电容 C 起交流接地作用，此通路不能进行交流反馈。电阻 R_{e1} 为射极偏置电阻，既能引入级间直流反馈，又能引入级间交流反馈。其直流通路和交流通路分别如图 7.1.4a、b 所示。

图 7.1.3　**例 7.1.2** 的电路图

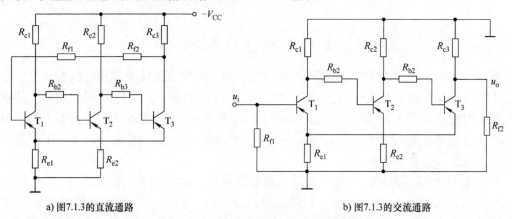

a) 图7.1.3的直流通路　　　　　　　　　　b) 图7.1.3的交流通路

图 7.1.4　图 7.1.3 的直流通路与交流通路

本章后面的内容主要讨论交流反馈。

7.1.3　正反馈与负反馈

从图 7.1.1 所示的反馈放大电路组成框图可以看出来，将输出信号经过反馈网络产生的反馈信号送回到输入回路与原输入信号一起作用后，对净输入信号可以产生两种影响。

一种是，从放大电路信号输入端来看，净输入信号量比没有引入反馈时减小了，从输出端看，当输入量不变时，引入反馈后输出量变小了，这种反馈称为负反馈。另一种是，从放大电路信号输入端来看，净输入信号量比没有引入反馈时增加了，从输出端看，当输入量不变时，引入反馈后输出量变大了，这种反馈称为正反馈。

负反馈可以稳定输出，正反馈可以引起振荡。在放大电路中一般引入负反馈来稳定输出。净输入量可以是电压，也可以是电流。

判断反馈极性的基本方法是瞬时变化极性法，简称瞬时极性法。

具体做法是：在电路中，从输入端开始，沿着信号流向，标出某一时刻有关节点电压的变化极性，极性正负用"＋"、"－"号表示。先假设输入信号 u_i 在某一瞬时变化的极性相对于共同端为正，用（＋）号标出，并设信号的频率在放大电路的通带内，交流信号能够顺利通过含有电容的支路，然后根据各种基本放大电路的输出信号与输入信号间的相位关系，从输入到输出逐级标出放大电路中各有关电位的瞬时极性，最后判断反馈信号是削弱还是增强了净输入信号，如果是削弱，则为负反馈，反之则为正反馈。

例 7.1.3 试判断图 7.1.5 所示各电路中交流反馈的极性。

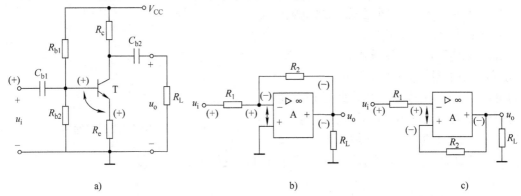

图 7.1.5　例 7.1.3 的电路图

解：图 7.1.5a 所示电路中，电阻 R_e 起反馈作用，既有直流反馈作用，也有交流反馈作用。设输入信号 u_i 的瞬时极性为（＋），如图 7.1.3a 中所标，经 BJT 反相放大后，其集电极电位瞬时极性为（－），发射级电位瞬时极性 v_E 为（＋），v_E 随着 u_i 的上升而上升，因而使该放大电路的净输入信号电压 $u_{be} = u_i - v_E$ 比没有反馈电阻 R_e 时的 $u_{be} = u_i$ 减小了，所以由 R_e 引入的交流反馈是负反馈。

图 7.1.5b 所示电路中，R_2 电阻支路构成反馈通路。设 u_i 的瞬时极性为（＋），则运放反相输入端 u_- 的瞬时极性也为（＋），输出端 u_o 的极性为（－），经过反馈电阻 R_2 往输出端流出的电流 i_f 增大，u_- 端的净输入电流比没有反馈时减小了，该电路中引入了负反馈。

图 7.1.5c 所示电路中，R_2 电阻支路构成反馈通路。设 u_i 的瞬时极性为（＋），则运放反相输入端 u_- 的极性也为（＋），输出端 u_o 的极性为（－），经过反馈电阻 R_2 送回输入端 u_+ 的电位瞬时极性为（－），这样净输入电压 $u_{id} = u_- - u_+$ 比没有反馈时的变化量更大了，该电路中引入了正反馈。

例 7.1.4 试判断图 7.1.6 所示各电路中交流反馈的极性。

解：图 7.1.6a 所示电路中，R_f 电阻支路构成级间反馈通路。设 u_i 的瞬时极性为（＋），则运放 A_1 同相端 u_{p1} 的极性也为（＋），由 A_1 组成的电压跟随器的输出电压 u_{o1} 也为（＋），第二级输出电压 u_o 与其输入电压 u_{o1} 同相位，u_o 的极性也为（＋），因为放大的效应 $u_o > u_{p1}$，u_o 的增大即意味着流经 R_f 的电流 i_f 会增大，则净输入电流 i_{id}（ $= i_i + i_f$ ）会增大。反馈网络的引入会引起净输入信号的增大，所以该电路中引入了正反馈。

图 7.1.6b 所示电路中，第一级为单端输入—单端输出的差分放大电路，其输入信号在

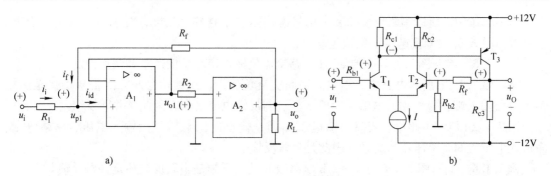

图 7.1.6　例 7.1.4 的放大电路

T_1 的基极，输出信号在 T_1 的集电极，输入输出信号相位相反。第二级为 T_3 组成的共发射极放大电路，其输入输出信号相位也相反。R_f 与 R_{b2} 组成的电阻网络形成级间交流反馈通路。设输入信号 u_i 的瞬时极性为（+），则 T_1 基极的电位 v_{B1} 也为（+），第一级的输出 T_1 集电极的电位 v_{C1} 为（−），第二级的输出 T_3 集电极的电位 v_{C3} 为（+），经 R_f 与 R_{b2} 反馈到 T_2 基极的反馈信号 u_f 即 T_2 基极的电位 v_{B2} 也为（+），因而使该电路的净输入信号电压 $u_{id} = v_{B1} - v_{B2}$ 比没有级间反馈时减小了，所以 R_f 与 R_{b2} 组成的电阻网络引入的是负反馈。

　　直流反馈的极性可以参照瞬时极性法进行判断。

7.1.4　串联反馈与并联反馈

　　从放大电路信号输入端来看，是串联反馈还是并联反馈，由反馈网络在放大电路的输入端连接方式判定。

　　在放大电路信号输入端，输入信号进行电压比较的，输入信号 x_i、反馈信号 x_f 及净输入信号 x_{id} 均以电压形式出现，电压求和（KVL），即 $u_{id} = u_i - u_f$，反馈网络与基本放大电路串联连接，输入端串联反馈回电压，称为串联反馈。如图 7.1.7a 所示。输入信号进行电流比较的，输入信号 x_i、反馈信号 x_f 及净输入信号 x_{id} 均以电流形式出现，电流求和（KCL），即 $i_{id} = i_i - i_f$，反馈网络与基本放大电路并联连接，输入端并联反馈回电流，称为并联反馈，如图 7.1.7b 所示。

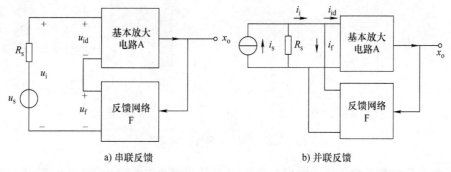

a) 串联反馈　　　　　　　　　　　　b) 并联反馈

图 7.1.7　串联反馈与并联反馈

　　在图 7.1.7a 所示的串联负反馈框图中，基本放大电路的净输入信号 $u_{id} = u_i - u_f$。只有在信号源 u_s 的内阻 $R_s = 0$ 时 $u_i = u_s$，此时 R_s 分压最少，反馈电压 u_f 对净输入电压 u_{id} 的调节作用最强。如果信号源内阻 $R_s = \infty$，则反馈信号 u_f 的变化对净输入信号 u_{id} 就没有影响，负反馈将不起作用。所以串联负反馈要求信号源内阻越小越好。相反，对于并联负反馈而言，信号源内阻 R_s 越大分流越少，反馈越好。

例 7.1.5 判断图 7.1.2 中的 c、d 电路交流反馈是串联反馈还是并联反馈。

解：图 7.1.2c 所示电路中，R_2 引入级间交流负反馈，反馈信号与输入信号均接至运放 A_1 的同相输入端，显然输入电流为净输入电流与反馈电流之和，因此是并联反馈。

图 7.1.2d 所示电路中，交流反馈电压 u_f 即是输出电压 u_o，显然输入电压、反馈电压、净输入电压之间是电压求和关系，因此是串联反馈。

例 7.1.6 判断图 7.1.6 中的 a、b 电路级间交流反馈是串联反馈还是并联反馈。

解：图 7.1.6a 所示电路中，u_o 经过 R_f 反馈回运放 A_1 的同相输入端，也就是信号输入端，显然在信号输入端是电流求和的关系，因此是并联反馈。

图 7.1.6b 所示电路中，R_{b2} 和 R_f 组成的电阻网络引入级间交流负反馈，u_O 在 R_{b2} 上的分压为反馈信号 u_F，它加在差分运放 T_2 管的基极，而输入信号 u_1 经过 R_{b1} 加在差分运放 T_1 管的基极，显然净输入电压与反馈电压之间是电压求和关系，因此是串联反馈。

7.1.5 电压反馈与电流反馈

从放大电路信号输出端来看，是电压反馈还是电流反馈，由反馈网络在放大电路的输出端取样对象决定。

如果把输出电压的一部分或全部取出来送到放大电路的输入回路，则称为电压反馈。此时反馈信号 x_f 和输出电压成比例，即 $x_f = Fu_o$，如图 7.1.8a 所示。由图 7.1.8a 可知，电压反馈，实际上是放大电路右侧输出端和反馈网络右侧输入端并联，以获取输出电压。

如果取输出电流送回到放大电路的输入回路，则称为电流反馈，此时反馈信号 x_f 与输出电流成比例，即 $x_f = Fi_o$，如图 7.1.8b 所示。由图 7.1.8b 可知，电流反馈，实际上是放大电路右侧输出端和反馈网络右侧输入端串联，以获取输出电流。

电压负反馈稳定输出电压，电流负反馈稳定输出电流。

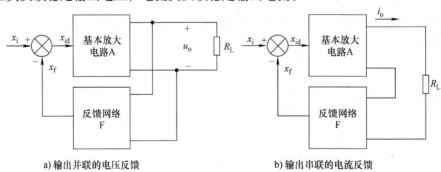

a) 输出并联的电压反馈　　　　　　b) 输出串联的电流反馈

图 7.1.8　电压反馈与电流反馈

判断电压反馈与电流反馈的常用方法是"负载短接法"，即假设负载电阻 $R_L = 0$，未接负载时输出端对地短路，看反馈信号是否还存在，若反馈信号不存在了，则说明反馈信号与输出电压成比例，是电压反馈；若反馈信号还存在，则说明反馈信号不是与输出电压成比例，而是与输出电流成比例，是电流反馈。

例 7.1.7 试判断图 7.1.2b、c、d 电路交流反馈是电压反馈还是电流反馈。

解：图 7.1.2b 所示电路中，交流反馈信号是电阻 R_f 上的电压 $u_f = i_o R_f$，令 $R_L = 0$，$u_o = 0$，但输出电流 $i_o \neq 0$，故 $u_f \neq 0$，反馈信号依然存在，它与输出电流成比例，是电流反馈。

图 7.1.2c 所示电路中，u_o 经过电阻 R_2 反馈回运放同相输入端，令 $u_o = 0$，则不再有反馈信号经过电阻 R_2 送回输入端，所以是电压反馈。

图 7.1.2d 所示电路中，电阻 R_e 和 R_L 并联电路起交流反馈作用，交流反馈信号是电压 $u_f = u_o$。令 $R_L = 0$，则 $u_o = 0$，$u_f = 0$，是电压反馈。

例 7.1.8　试判断图 7.1.5 中的 a、b 电路交流反馈是电压反馈还是电流反馈。

解：图 7.1.5a 所示电路中，电阻 R_e 起交流反馈作用，反馈信号是电压信号 $u_f = i_e R_e$。令 $R_L = 0$，则 $u_o = 0$，但 $i_e \neq 0$，反馈信号 u_f 仍然存在，它与输出电流成比例，是电流反馈。

图 7.1.5b 所示电路中，令 $R_L = 0$，$u_o = 0$，则不再有反馈信号经过电阻 R_2 送回输入端，所以是电压反馈。

例 7.1.9　试判断图 7.1.9 所示各电路中的交流反馈是电压反馈还是电流反馈。

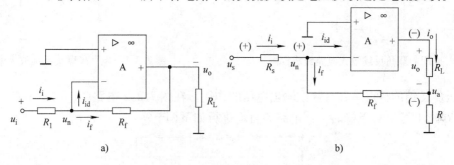

图 7.1.9　例 7.1.9 的电路图

解：图 7.1.9a 所示电路中，交流反馈信号是流过反馈元件 R_f 的电流 i_f，输入端分流是并联反馈。令 $R_L = 0$，则 $u_o = 0$，反馈信号消失了，所以是电压反馈。

图 7.1.9b 所示电路中，电阻 R_f、R 与 R_L 构成的电阻网络起反馈作用，令 $R_L = 0$，则 $u_o = 0$，但 i_o 和 i_f 都不为 0，反馈信号仍然存在，它是对输出电流的分流，所以是电流反馈。

7.2　负反馈放大电路的 4 种组态

反馈网络在放大电路输入端有串联和并联两种连接方式，在输出端有电压和电流两种取样方式，根据排列组合的规则来看，负反馈放大电路有 4 种基本的组态类型，即电压串联、电压并联、电流串联和电流并联负反馈放大电路。

7.2.1　电压串联负反馈放大电路

由图 7.2.1 所示的电压串联负反馈放大电路的组成框图可知，这种组态中，在右侧输出端，基本放大电路的输出端口与反馈网络的输入端口并联连接，取输出电压，在左侧输入端，基本放大电路的输入端口与反馈网络的输出端口串联连接，输入端电压求和。

图 7.2.2 是电压串联负反馈放大电路的一个实际电路，电阻 R_f 与 R_1 构成反馈网络，它跟基本放大电路 A 之间的连接方式与图 7.2.1 相同。R_1 上的电压 u_f 是 R_1 和 R_f 两个电阻对 u_o 的分压，$u_f = R_1 u_o / (R_1 + R_f)$ 是反馈信号。用瞬时极性法判断反馈极性，令输入信号 u_i 的瞬

时极性为（+），经放大电路 A 进行同相放大后，输出信号 u_o 也为（+），经过电阻网络分压得到的反馈信号 u_f 也为（+），于是基本放大电路净输入信号 $u_{id} = u_i - u_f$ 比没有反馈时减小了，是负反馈。当 $R_L = 0$ 时，$u_o = 0$，$u_f = 0$，反馈信号消失了，是电压反馈。在放大电路的输入端，反馈网络串联于输入回路中，输入信号与反馈信号以及基本放大电路净输入信号之间是电压求和关系，$u_{id} = u_i - u_f$，因而是串联反馈。

综合上述分析，图 7.2.2 是电压串联负反馈放大电路。其中电压反馈系数

$$F_u = \frac{u_f}{u_o} = \frac{R_1}{R_1 + R_f}$$

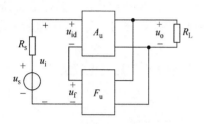

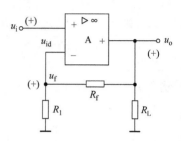

图 7.2.1 电压串联负反馈放大电路组成框图　　　图 7.2.2 电压串联负反馈放大电路实例

电压负反馈的特点是具有稳定输出电压的作用。在图 7.2.2 电路中，当 u_i 不变，由于负载电阻 R_L 减小而使 u_o 下降时，该电路能自动进行如下调节：

$$u_o \downarrow \longrightarrow u_f \downarrow \longrightarrow u_{id}(=u_i - u_f) \uparrow \longrightarrow$$
$$u_o \uparrow$$

电压负反馈能减小 u_o 受 R_L 等变化的影响，具有较好的稳定输出电压的恒压输出特性。电压串联负反馈放大电路，可以看成一个电压控制的电压源。

7.2.2　电压并联负反馈放大电路

电压并联负反馈放大电路组成框图如图 7.2.3 所示。这种组态中，在右侧输出端，基本放大电路的输出端口与反馈网络的输入端口并联连接，取输出电压，在左侧输入端，基本放大电路的输入端口与反馈网络的输出端口也是并联连接，输入端电流求和。

图 7.2.4 是一个电压并联负反馈放大电路实例。输出信号通过 R_f 支路反馈回输入端。用瞬时极性法来判断，假设输入信号 u_i 在某一瞬时极性为（+），则运放反相输入端 u_n 为（+），输出电压 u_o 为（-），因为放大效应变化 u_o 更大，则流经 R_f 支路的电流 i_f 会增大，这样就使流入运放的净输入电流 i_{id}（$= i_i - i_f$）减小了，为负反馈。如果令 $R_L = 0$，则 $u_o = 0$，不再有信号通过 R_f 支路反馈回输入

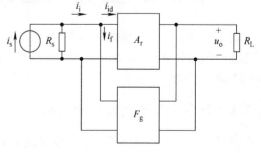

图 7.2.3　电压并联负反馈放大电路组成框图

端，是电压反馈。反馈支路连接到信号输入端，反馈支路电流与净输入电流、输入电流之间是求和关系，为并联连接。

综合上述分析，图 7.2.4 所示电路是电压并联负反馈放大电路，它稳定输出电压，可以

看作电流控制的电压源。其中，反馈系数 $F_g = \dfrac{i_f}{u_o} =$

$\dfrac{-1}{R_f}$ 为互导反馈系数。

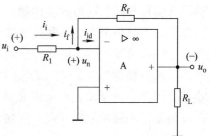

图 7.2.4 电压并联负反馈放大电路实例

7.2.3 电流串联负反馈放大电路

图 7.2.5 是电流串联负反馈放大电路的组成框图。这种组态中，在右侧输出端，基本放大电路的输出端口与反馈网络的输入端口串联连接，取输出电流，在左侧输入端，基本放大电路的输入端口与反馈网络的输出端口也是串联连接，输入端电压求和。

图 7.2.6 是一个电流串联负反馈放大电路实例。电阻 R_L 和 R_f 组成的电阻网络将分压得到的反馈信号 u_f 送回运放反相输入端。假设 u_s 的瞬时极性为（＋），则运放同相输入端 u_i 为（＋），u_o 也为（＋），u_f 为（＋），运放净输入电压（$u_{id} = u_i - u_f$）相对于没有引入反馈而言减小了，是负反馈。将负载电阻 R_L 短接，依然有反馈信号 u_f 送回反相输入端，是电流反馈。输入端是电压求和，是串联反馈。

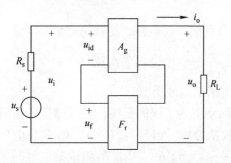

图 7.2.5 电流串联负反馈放大电路组成框图

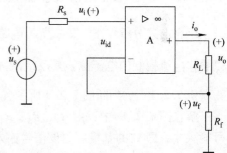

图 7.2.6 电流串联负反馈放大电路实例

综合上述分析，图 7.2.6 所示电路是电流串联负反馈放大电路。其反馈系数 $F_r = \dfrac{u_f}{i_o} = R_f$ 称为互阻反馈系数。

电流串联负反馈放大电路稳定输出电流，可以看作一个电压控制的电流源。当因为各种因素影响导致输出电流 i_o 下降时，会引起反馈电压 u_f 下降，而在输入电压不变反馈电压下降的情况下净输入电压 u_{id} 会上升，经过运放得到的输出电流 i_o 就又会增大，这样能够稳定输出电流 i_o。

$$i_o \downarrow \longrightarrow u_f(=i_o R_f) \downarrow \xrightarrow{\;u_i\,\text{一定时}\;} u_{id} \uparrow$$
$$i_o \uparrow \longleftarrow$$

7.2.4 电流并联负反馈放大电路

图 7.2.7 为电流并联负反馈放大电路组成框图。这种组态中，在右侧输出端，基本放大电路的输出端口与反馈网络的输入端口串联连接，取输出电流，在左侧输入端，基本放大电

路的输入端口与反馈网络的输出端口并联连接，输入端电流求和。

图 7.2.8 是一个电流并联负反馈放大电路实例。电阻 R_1、R_f 和 R_L 构成的电阻网络将反馈信号送回信号输入端，即运放反相输入端。设运放反相输入端 u_n 瞬时极性为（＋），则运放输出的瞬时极性为（－），流经电阻 R_f 的电流 i_f 会增大，运放的净输入电流 i_{id}（ $= i_i - i_f$）减小了，因此是负反馈。如果将 R_L 负载短接，依然有反馈信号送回信号输入端，是电流反馈。反馈信号送回信号输入端，在输入端显然是电流求和，是并联反馈。

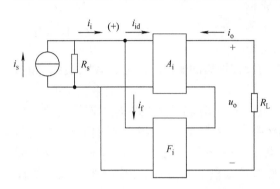

图 7.2.7　电流并联负反馈放大电路组成框图

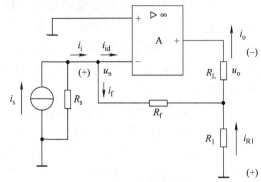

图 7.2.8　电流并联负反馈放大电路实例

综合上述分析，图 7.2.8 所示电路是电流并联负反馈放大电路，能够稳定输出电流，可以看作电流控制的电流源。其反馈系数，$F_i = \dfrac{i_f}{i_o} = \dfrac{R_1}{R_1 + R_f}$ 为电流反馈系数。

例 7.2.1　试判断图 7.2.9 所示各电路中级间交流反馈的类型。

解： 图 7.2.9a 中，由 R_2、R_5、R_4 组成的电阻网络引入了级间反馈，将反馈信号送回信号输入端，即 T_1 的基极。假设信号输入端 T_1 的基极信号瞬时极性为（＋），则 T_1 集电极即 T_2 基极瞬时极性为（－），T_2 发射极瞬时极性为（－），经过 R_2、R_5、R_4 组成的电阻网络送回信号输入端 T_1 基极的反馈信号瞬时极性为（－），是负反馈。将负载短接使 $u_o = 0$，电流 i_o 依然存在且不为 0，图中 $u_A \neq 0$，反馈信号依然存在，是电流反馈。反馈信号送回信号输入端，输入端显然是电流求和，是并联反馈。所以是电流并联负反馈。

图 7.2.9b 中，电阻 R 构成级间交流反馈通路。T_1 为 N 沟道结型场效应管，u_{GS1} 越大，导电沟道越大，i_{D1} 电流越大，T_1 的漏极电位与栅极反相，源极电位与栅极同相，这个特点与 NPN 晶体管类似。假设输入信号即 T_1 栅极瞬时极性为（＋），则 T_1 漏极即 T_2 基极瞬时极性为（－），T_2 集电极即 T_1 源极瞬时极性为（＋），相对于没有引入级间反馈而言 u_{GS1} 净输入电压差减小，是负反馈。如果将负载短接使 $u_o = 0$，则反馈信号消失，是电压反馈。反馈信号与输入信号之间是电压求和，$u_{GS1} = u_i - u_f$，是串联反馈。所以是电压串联负反馈。

图 7.2.9c 中，第一级是由 T_1、T_2 组成的单端输入双端输出差分式放大电路，第二级是差分运放 A 构成的放大电路。R_f 电阻支路将输出信号反馈回信号输入端即 T_1 基极。设输入信号瞬时极性为（＋），则 T_1 基极瞬时极性为（＋），T_1 集电极即差分运放 A 同相输入端 u_+ 瞬时极性为（－），T_2 集电极即差分运放 A 反相输入端 u_- 瞬时极性为（＋），输出端 u_o 瞬时极性为（－），经 R_f 电阻支路反馈回输入端信号瞬时极性为（－），是负反馈。假设将负载 R_L 短接使 $u_o = 0$，则反馈信号消失了，是电压反馈。反馈回信号输入端，显然是电流求

和，$i_i = i_{b1} + i_f$，是并联反馈。所以是电压并联负反馈。

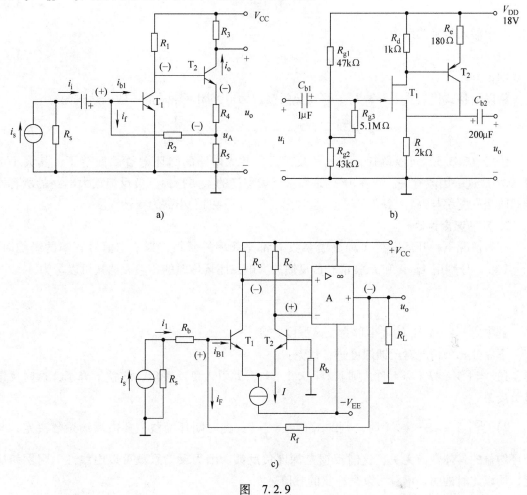

图 7.2.9

7.3 负反馈放大电路闭环增益的一般表达式和反馈深度讨论

1. 负反馈放大电路闭环增益的一般表达式

由图 7.3.1 所示的负反馈放大电路的组成框图可以写出如下关系式：

基本放大电路的开环增益为

$$A = \frac{x_o}{x_{id}} \qquad (7.3.1)$$

反馈网络的反馈系数为

$$F = \frac{x_f}{x_o} \qquad (7.3.2)$$

负反馈放大电路的闭环增益为

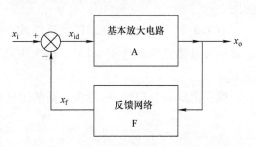

图 7.3.1 负反馈放大电路的组成框图

161

$$A_f = \frac{x_o}{x_i} \qquad (7.3.3)$$

其中输入信号关系为

$$x_{id} = x_i - x_f \qquad (7.3.4)$$

即 $x_i = x_{id} + x_f$

将以上各式代入式（7.3.3），可得负反馈放大电路闭环增益的一般表达式为

$$A_f = \frac{x_o}{x_i} = \frac{x_o}{x_{id} + x_f} = \frac{x_o}{x_o/A + x_o F} = \frac{A}{1 + AF} \qquad (7.3.5)$$

由式（7.3.5）可以得知，引入负反馈后，放大电路的闭环增益 A_f 改变了，其大小与 $(1 + AF)$ 这一因数有关。$(1 + AF)$ 是衡量反馈程度的重要指标，负反馈放大电路的所有性能的改变程度都与 $(1 + AF)$ 有关。通常把 $(1 + AF)$ 的大小称为反馈深度。

2. 反馈深度讨论

一般情况下，开环增益 A 和反馈系数 F 都是频率的函数，当考虑信号频率的影响时，A_f、A 和 F 分别用 $\dot{A}_f$、$\dot{A}$ 和 $\dot{F}$ 表示。负反馈放大电路闭环增益的一般表达式可以写为

$$\dot{A}_f = \frac{\dot{A}}{1 + \dot{A}\dot{F}}$$

其中，$|1 + \dot{A}\dot{F}|$ 的大小称为反馈深度。

下面分几种情况对反馈深度进行讨论：

1）当 $|1 + \dot{A}\dot{F}| > 1$ 时，则 $|\dot{A}_f| < |\dot{A}|$，即引入负反馈后，增益下降了，这时反馈是负反馈。

2）当 $|1 + \dot{A}\dot{F}| \gg 1$ 时，则 $|\dot{A}_f| \approx \dfrac{1}{|\dot{F}|}$，此时闭环增益主要由反馈系数决定，与开环增益的具体数值无关，这时反馈是深度负反馈。因为反馈系数可以由线性电阻网络决定，所以此时的闭环增益可以是稳定的数值。

3）当 $|1 + \dot{A}\dot{F}| < 1$ 时，则 $|\dot{A}_f| > |\dot{A}|$，此时增益增大了，反馈变成了正反馈。

4）当 $|1 + \dot{A}\dot{F}| = 0$ 时，则 $|\dot{A}_f| \rightarrow \infty$，放大电路在没有输入信号时，会产生自激振荡，也产生了输出信号，影响正常工作。在负反馈放大电路中，自激振荡现象是要设法消除的。

例 7.3.1 已知某电压串联负反馈放大电路的反馈系数 $F_u = 0.01$，输入信号 $u_i = 10\text{mV}$，基本放大电路开环增益 $A_u = 10^4$，试求该电路的闭环电压增益 A_{uf}、反馈电压 u_f 和净输入电压 u_{id}。

解：由式（7.3.5）可得该电路的闭环电压增益为

$$A_{uf} = \frac{A_u}{1 + A_u F_u} = \frac{10^4}{1 + 10^4 \times 0.01} \approx 99.01$$

反馈电压为

$$u_f = F_u u_o = F_u A_{uf} u_i = 0.01 \times 99.01 \times 10\text{mV} \approx 9.9\text{mV}$$

净输入电压为

$$u_{id} = u_i - u_f = 10\text{mV} - 9.9\text{mV} = 0.1\text{mV}$$

7.4　负反馈对放大电路性能的影响

在放大电路引入负反馈后，除了对闭环增益产生影响，还会影响到放大电路的其他性能，下面分别简要分析如下。

7.4.1　提高增益的稳定性

放大电路的增益可能会由于各种变化因素的影响而导致不稳定，引入适当的负反馈后，可以提高闭环增益的稳定性。

前面分析过，$A_f = \dfrac{A}{1+AF}$，当负反馈很深，$(1+AF) \gg 1$ 时，

$$A_f = \frac{A}{1+AF} \approx \frac{1}{F} \tag{7.4.1}$$

此时闭环增益只取决于反馈网络。当反馈网络由稳定的线性元件组成时，闭环增益将有很高的稳定性。

增益的稳定性常用有、无反馈时增益的相对变化量之比来衡量。

将 $A_f = \dfrac{A}{1+AF}$ 对 A 求导数可得：

$$\frac{dA_f}{dA} = \frac{(1+AF)-AF}{(1+AF)^2} = \frac{1}{(1+AF)^2} \tag{7.4.2}$$

上述表达式也可以写成

$$dA_f = \frac{dA}{(1+AF)^2} \tag{7.4.3}$$

将上式两边分别除以 $A_f = \dfrac{A}{1+AF}$，可得

$$\frac{dA_f}{A_f} = \frac{1}{1+AF} \cdot \frac{dA}{A} \tag{7.4.4}$$

式中，dA_f/A_f 表示闭环增益相对变化量，dA/A 表示开环增益相对变化量。

上式表明，引入负反馈后，闭环增益的相对变化量为开环增益相对变化量的 $1/(1+AF)$，也就是说闭环增益的稳定性是开环增益的 $(1+AF)$ 倍，相对更加稳定了，$(1+AF)$ 越大，负反馈越深，dA_f/A_f 越小，闭环增益稳定性越好。

例如，当 A 变化 10% 时，若 $1+AF=100$，则 A_f 仅变化 0.1%。

7.4.2　对输入电阻和输出电阻的影响

负反馈对输入电阻的影响取决于反馈网络与基本放大电路在输入回路的连接方式，即取决于是串联还是并联负反馈，与输出回路中反馈的取样方式无直接关系。负反馈对输出电阻的影响取决于反馈网络在放大电路输出回路的取样方式，是电压还是电流负反馈，与反馈网络在输入回路的连接方式无直接关系。

1. 对输入电阻的影响

分析负反馈对输入电阻的影响，只需要画出输入回路的连接方式，如图 7.4.1、图

7.4.2 所示。

(1) 串联负反馈对输入电阻的影响　由图 7.4.1 可知，基本放大电路的开环输入电阻

$$R_i = u_{id}/i_i \tag{7.4.5}$$

引入反馈后，闭环输入电阻

$$R_{if} = u_i/i_i \tag{7.4.6}$$

因为

$$u_f = Fu_o = FAu_{id} \tag{7.4.7}$$

所以

$$u_i = u_{id} + u_f = (1 + AF)u_{id} \tag{7.4.8}$$

闭环输入电阻

$$R_{if} = u_i/i_i = (1 + AF)\frac{u_{id}}{i_i} = (1 + AF)R_i \tag{7.4.9}$$

式（7.4.9）表明，引入串联负反馈后，输入电阻增加了。闭环输入电阻是开环输入电阻的（1 + AF）倍。

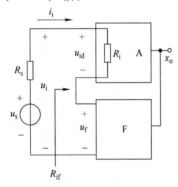

图 7.4.1　串联负反馈分析输入电阻的框图　　　　图 7.4.2　并联负反馈分析输入电阻的框图

(2) 并联负反馈对输入电阻的影响　由图 7.4.2 可知，基本放大电路的开环输入电阻

$$R_i = u_i/i_{id} \tag{7.4.10}$$

引入反馈后，闭环输入电阻

$$R_{if} = u_i/i_i \tag{7.4.11}$$

因为

$$i_f = Fx_o = AFi_{id} \tag{7.4.12}$$

所以

$$i_i = i_{id} + i_f = (1 + AF)i_{id} \tag{7.4.13}$$

闭环输入电阻

$$R_{if} = \frac{u_i}{(1 + AF)i_{id}} = \frac{R_i}{1 + AF} \tag{7.4.14}$$

式（7.4.14）表明，引入并联负反馈后，输入电阻减小了。闭环输入电阻是开环输入电阻的 $1/(1 + AF)$ 倍。

注意：以上分析反馈对输入电阻的影响仅限于反馈环内，对反馈环外不产生影响。

对于如图 7.4.3 所示框图，在反馈环外存在 R_b 电阻的串联负反馈放大电路，由图可知，$R'_{if} = (1 + AF)R_i$，整个电路的输入电阻 $R_{if} = R_b /\!/ R'_{if}$。

对于如图 7.4.4 所示电路，在反馈环外存在 R_1 电阻的并联负反馈放大电路，由图可知，$R'_{if} = \dfrac{R_i}{1 + AF}$，整个电路的输入电阻 $R_{if} = R_1 + R'_{if}$。当 $R_1 \gg R'_{if}$ 时，反馈对 R_{if} 几乎没有影响。

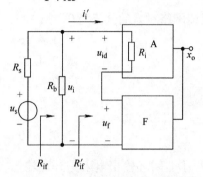

图 7.4.3　R_b 电阻在反馈环之外时的
串联负反馈放大电路框图

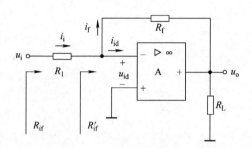

图 7.4.4　R_1 电阻在反馈环之外时的
并联负反馈放大电路

2. 对输出电阻的影响

分析负反馈对输出电阻的影响，只需要画出输出回路的连接方式，如图 7.4.5、图 7.4.6 所示。

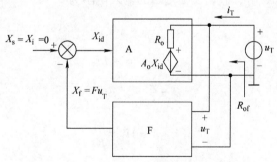

图 7.4.5　电压负反馈分析输出电阻的框图

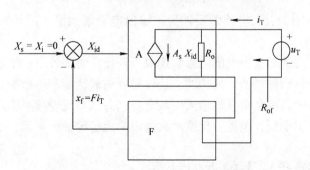

图 7.4.6　电流负反馈分析输出电阻的框图

（1）电压负反馈对输出电阻的影响　由图 7.4.5 可知，取输出电压作为反馈网络的输入信号，从输出端来看，基本放大电路输出端与反馈网络输入端实际上是并联关系。基本放大电路输出端可以用戴维南定理等效电路，其中，R_o 是基本放大电路的开环输出电阻，A_o 是基本放大电路在负载 R_L 开路时的开环增益。令输入信号源 $x_s = 0$，忽略信号源 x_s 的内阻 R_s，令 $R_L = \infty$，在输出端外加一测试电压 u_T，则闭环输出电阻为

$$R_{of} = \frac{u_T}{i_T} \tag{7.4.15}$$

为了简化分析，假设反馈网络的输入电阻为无穷大，反馈网络对 i_T 的分流为 0，则

$$u_T = i_T R_o + A_o x_{id} \tag{7.4.16}$$

而 $$x_{id} = -x_f = -F u_T \tag{7.4.17}$$

可得 $$u_T = i_T R_o - A_o F u_T \tag{7.4.18}$$

即 $$(1 + A_o F) u_T = i_T R_o$$

由此可得 $$R_{of} = \frac{u_T}{i_T} = \frac{R_o}{1 + A_o F} \tag{7.4.19}$$

式（7.4.19）表明，引入电压负反馈后，输出电阻减小了。闭环输出电阻是开环输出电阻的 $1/(1 + A_o F)$ 倍。

（2）电流负反馈对输出电阻的影响　由图 7.4.6 可知，取输出电流作为反馈网络的输入信号，从输出端来看，基本放大电路输出端与反馈网络输入端实际上是串联关系。基本放大电路输出端可以用诺顿定理等效电路，其中 R_o 是基本放大电路的输出电阻，A_s 是基本放大电路在负载 R_L 短路时的增益。令输入信号源 $x_s = 0$，忽略信号源 x_s 的内阻 R_s，令 $R_L = \infty$，在输出端外加一测试电压 u_T，假设反馈网络的输入电阻为 0，则

$$i_T = \frac{u_T}{R_o} + A_s x_{id} \tag{7.4.20}$$

而 $$x_{id} = -x_f = -F i_T \tag{7.4.21}$$

可得 $$i_T = \frac{u_T}{R_o} - A_s F i_T \tag{7.4.22}$$

即 $$(1 + A_s F) i_T = \frac{u_T}{R_o}$$

由此可得 $$R_{of} = \frac{u_T}{i_T} = (1 + A_s F) R_o \tag{7.4.23}$$

式（7.4.23）表明，引入电流负反馈后，输出电阻增大了。闭环输出电阻是开环输出电阻的 $(1 + A_s F)$ 倍。

需要注意的是，反馈对输出电阻的影响仅限于环内，对环外不产生影响。负反馈对放大电路性能的改善，是以牺牲增益为代价的，且仅对环内的性能产生影响。

综合上述分析可知，串联负反馈增大输入电阻，并联负反馈减小输入电阻，电压负反馈减小输出电阻稳定输出电压，电流负反馈增大输出电阻稳定输出电流。

7.5　深度负反馈条件下的近似计算

实用的放大电路多引入深度负反馈，特别是由集成运放组成的放大电路都能够满足深度负反馈的条件。前面讨论过，深度负反馈的条件下，闭环增益主要由反馈网络决定，因此分

析负反馈放大电路的重点是从电路中分离出来反馈网络，并求出反馈系数 F。本节将主要讨论在深度负反馈的条件下，反馈放大电路增益的近似计算。

1. 深度负反馈的特点

前面讨论过，深度负反馈的条件为 $|1+AF| \gg 1$，此时

$$A_{\mathrm{f}} = \frac{A}{1+AF} \approx \frac{1}{F} \tag{7.5.1}$$

即，深度负反馈条件下，闭环增益几乎只由反馈网络决定。

由图 7.3.1 所示负反馈放大电路组成框图可知

因为
$$A_{\mathrm{f}} = \frac{x_{\mathrm{o}}}{x_{\mathrm{i}}} \tag{7.5.2}$$

而
$$F = \frac{x_{\mathrm{f}}}{x_{\mathrm{o}}} \tag{7.5.3}$$

如果满足式（7.5.1）则有

$$x_{\mathrm{f}} \approx x_{\mathrm{i}} \tag{7.5.4}$$

即
$$x_{\mathrm{id}} = x_{\mathrm{i}} - x_{\mathrm{f}} \approx 0 \tag{7.5.5}$$

也就是说，此时输入量近似等于反馈量，净输入量近似等于零。

对于串联负反馈，$u_{\mathrm{i}} \approx u_{\mathrm{f}}$，$u_{\mathrm{id}} \approx 0$，因而在基本放大电路输入电阻上产生的净输入电流 $i_{\mathrm{id}} \approx 0$。对于并联负反馈，$i_{\mathrm{i}} \approx i_{\mathrm{f}}$，$i_{\mathrm{id}} \approx 0$，因而在基本放大电路输入电阻上产生的净输入电压 $u_{\mathrm{id}} \approx 0$。

由此可知，在基本运放输入端，不管是串联还是并联负反馈，在深度负反馈条件下，均有"虚短" $u_{\mathrm{id}} \approx 0$、"虚断" $i_{\mathrm{id}} \approx 0$ 同时存在，利用这个特点，只要分析反馈网络求出反馈系数 F，就可以快速方便地计算出负反馈放大电路的闭环增益。

2. 举例说明

例 7.5.1　试分析如图 7.5.1 所示电路的负反馈类型，写出闭环增益表达式。

解：图 7.5.1 所示电路中，R_{f} 电阻支路将反馈信号送回信号输入端，即运放 A 反相输入端。假设输入信号 u_{i} 瞬时极性为（+），则运放 A 反相输入端 u_{n} 也为（+），输出信号 u_{o} 极性为（−），经 R_{f} 电阻支路流过的电流 i_{f} 则会增大，则净输入电流（$i_{\mathrm{id}} = i_{\mathrm{i}} - i_{\mathrm{f}}$）相对于没有反馈网络而言变化减小了，是负反馈。将负载短接则反馈信号消失了，是电压负反馈。反馈信号送回信号输入端，显然输入端是电流求和，是并联负反馈。所以该电路是电压并联负反馈。运放开环增

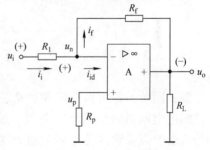

图 7.5.1　**例 7.5.1** 的电路

益很大，能够满足 $|1+AF| \gg 1$ 的条件。根据运放的虚拟短接、虚拟断开的概念，有

$$i_{\mathrm{id}} \approx 0, i_{\mathrm{i}} \approx i_{\mathrm{f}}, u_{\mathrm{n}} \approx u_{\mathrm{p}} = 0$$

可得
$$(u_{\mathrm{i}} - u_{\mathrm{n}})/R_1 \approx (u_{\mathrm{n}} - u_{\mathrm{o}})/R_{\mathrm{f}}$$

即
$$u_{\mathrm{i}}/R_1 \approx -u_{\mathrm{o}}/R_{\mathrm{f}}$$

因而
$$A_{\mathrm{uf}} = \frac{u_{\mathrm{o}}}{u_{\mathrm{i}}} = -\frac{R_{\mathrm{f}}}{R_1}$$

同时

$$F_g = \frac{i_f}{u_o} = -\frac{1}{R_f}$$

$$A_{rf} = \frac{u_o}{i_i} \approx \frac{u_o}{i_f} = -R_f$$

例 7.5.2 设图 7.5.2 所示电路满足深度负反馈条件，试写出该电路的闭环增益表达式。

解：图 7.5.2 所示电路是一个三级放大电路，T_1、T_2 构成的差分运放是第一级，运放 A 是第二级，T_3 构成的射极输出器是第三级。R_{b2} 与 R_f 组成的电阻网络将反馈信号送回第一级运放的一个输入端，即 T_2 的基极输入端。假设 u_i 瞬时极性为（＋），则 T_1 集电极输出即运放 A 反相输入端瞬时极性为（－），T_2 集电极输出运放 A 同相输入端瞬时极性为（＋），运放 A 输出即 T_3 基极信号瞬时极性为（＋），T_3 射极输出信号瞬时极性为（＋），送回 T_2 基极的反馈信号 u_f 极性为（＋），相对于没有反

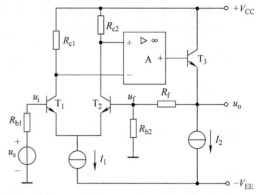

图 7.5.2　**例 7.5.2** 的电路

馈网络而言，净输入信号 $u_{id} = u_i - u_f$ 减小了，该电路是负反馈。假如把 u_o 端的负载短接则 $u_o = 0$，反馈信号消失了，是电压负反馈。输入端是电压信号求和，是串联负反馈。所以该电路是电压串联负反馈。已知该电路满足深度负反馈条件，则 $u_{id} = u_i - u_f \approx 0$，$i_{b1} = i_{b2} \approx 0$，可得

$$u_i \approx u_f = \frac{R_{b2}}{R_{b2} + R_f} u_o$$

闭环电压增益

$$A_{uf} = \frac{u_o}{u_i} \approx \frac{R_{b2} + R_f}{R_{b2}} \approx 1 + \frac{R_f}{R_{b2}}$$

例 7.5.3 电路如图 7.5.3 所示，试近似计算该电路的闭环增益，并分析它的输入电阻。

解：图 7.5.3 所示电路中，R_f、R 和 R_L 组成的电阻网络将反馈信号送回运放 A 的反相输入端。假设输入信号瞬时极性为（＋），则运放 A 反相输入端 u_n 极性为（＋），输出端电压瞬时极性为（－），u_a 的瞬时极性为（－），则电流 i_f 增大，相对于没有反馈网络而言净输入电流（$i_{id} = i_i - i_f$）变化减小了，是负反馈。假设把负载 R_L 短接，但是反馈回输入端的反馈电流 i_f 依然存在，是电流反馈。

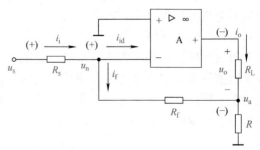

图 7.5.3　**例 7.5.3** 的电路

反馈信号送回信号输入端，在输入端显然是电流求和，是并联反馈。所以该电路是电流并联负反馈。在深度负反馈的条件下，$i_{id} \approx 0$，$i_f \approx i_i$，$u_n \approx u_p = 0$，可得

$$i_f = \frac{-R}{R_f + R}i_o$$

所以闭环电流增益

$$A_{if} = \frac{i_o}{i_i} \approx \frac{i_o}{i_f} = -\frac{R + R_f}{R} = -1 - \frac{R_f}{R}$$

闭环电压增益

$$A_{uf} = \frac{u_o}{u_s} \approx \frac{i_o R_L}{i_f R_s} = -\frac{R + R_f}{R}\frac{R_L}{R_s}$$

因为 $i_{id} \approx 0$，$u_n \approx 0$，不包括 R_s 的反馈环内输入电阻可以近似表示为 $R_{if} \approx u_n/i_i \approx 0$。

注意：若 i_o 参考方向不同，将影响闭环电流增益的结果。

例 7.5.4　电路如图 7.5.4 所示，试判断其级间交流负反馈类型，并求出深度负反馈条件下的闭环增益。

解：图 7.5.4 所示电路中，反馈信号通过 R_f 支路送回 T_1 管的发射极。假设输入信号 u_i 瞬时极性为（+），则 T_1 基极瞬时极性为（+），T_1 集电极即 T_2 基极信号瞬时极性为（-），T_2 集电极即输出信号瞬时极性为（+），经 R_f 支路送回 T_1 发射极的反馈信号 u_f 瞬时极性为（+），净输入电压（$u_{be1} = u_i - u_f$）相对于没有反馈支路而言变化减小了，是负反馈。如果把负载短接，即 T_2 集电极输出端交流接地，则反馈信号消失了，是电压反馈。输入端显然是电压求和，是串联反馈。所以该电路是电压串联负反馈。在深度负反馈条件下，$u_{be1} = u_i - u_f \approx 0$，$u_i \approx u_f$，则

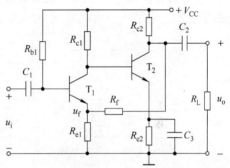

图 7.5.4　例 7.5.4 的电路

$$A_{uf} = \frac{u_o}{u_i} \approx \frac{u_o}{u_f} = \frac{R_{e1} + R_f}{R_{e1}}$$

例 7.5.5　电路如图 7.5.5 所示，试判断其级间交流负反馈类型，并求出深度负反馈条件下的闭环增益。

解：图 7.5.5 所示电路中，反馈信号通过 R_f 支路送回 T_1 管的基极，即信号输入端。假设输入信号 u_i 瞬时极性为（+），则 T_1 管的基极信号瞬时极性为（+），T_1 集电极即 T_2 基极信号瞬时极性为（-），T_2 集电极即输出端信号瞬时极性为（+），T_2 发射极信号瞬时极性为（-），流经 R_f 支路的电流 i_f 增大，相对于没有反馈网络而言净输入电流（$i_{b1} = i_i - i_f$）变化减小了，是负反馈。如果将负载短接，即 T_2 集电极交流接地，但是反馈信号依然存在，是电流反馈。输入端显然是电流求和，是并联反馈。所以该电路是电流并联负反馈。在深度负反馈的条件下，$i_{b1} \approx 0$，$i_f \approx i_i$，可得

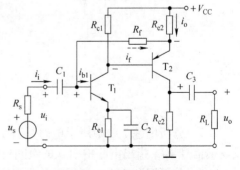

图 7.5.5　例 7.5.5 的电路

$$i_f = \frac{-R_{e2}}{R_f + R_{e2}} i_o$$

所以闭环电流增益

$$A_{if} = \frac{i_o}{i_i} \approx \frac{i_o}{i_f} = -\frac{R_{e2} + R_f}{R_{e2}} = -1 - \frac{R_f}{R_{e2}}$$

闭环电压增益

$$A_{uf} = \frac{u_o}{u_s} \approx \frac{i_o(R_L /\!/ R_{c2})}{-i_f R_s} = \frac{R_{e2} + R_f}{R_{e2}} \frac{R_L /\!/ R_{c2}}{R_s}$$

习　　题

7.1　分析图题 7.1 中所示电路是否引入了反馈，是直流反馈还是交流反馈，是正反馈还是负反馈。设图中所有电容对交流信号均可视为短路。

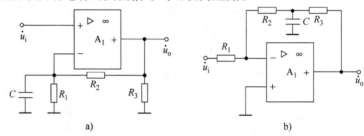

图题 7.1

7.2　分析图题 7.2 中所示电路是否引入了反馈，是正反馈还是负反馈，标出瞬时极性及反馈信号 x_F。设图中所有电容对交流信号均可视为短路。

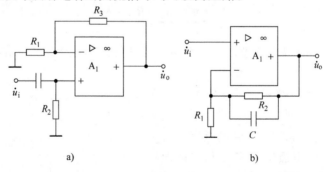

图题 7.2

7.3　分析图题 7.3 中所示电路是否引入了反馈，是正反馈还是负反馈，标出瞬时极性及反馈信号 x_F，指出电路中引入的级间反馈的组态类型。

7.4　分析图题 7.4 中所示电路是否引入了反馈，是正反馈还是负反馈，标出瞬时极性及反馈信号 x_F，指出电路中引入的级间反馈的组态类型。

7.5　分析图题 7.5 中所示电路是否引入了反馈，是正反馈还是负反馈，标出瞬时极性及反馈信号 x_F，指出电路中引入的级间反馈的组态类型。

7.6　分析图题 7.6 中所示电路，要求：

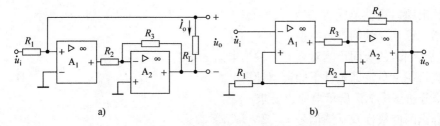

图题 7.3

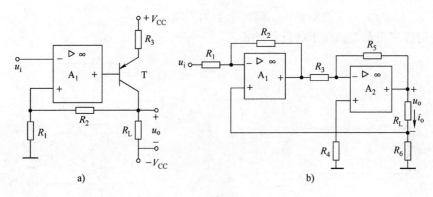

图题 7.4

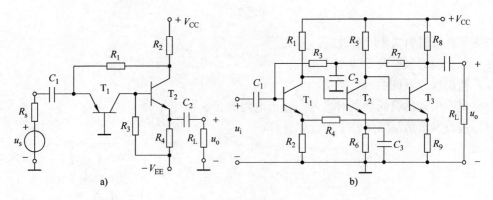

图题 7.5

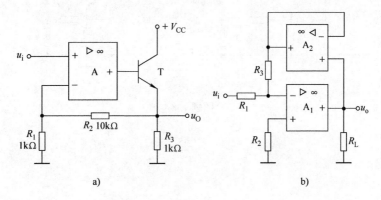

图题 7.6

1）标出瞬时极性及反馈信号 x_F；

2）指出级间反馈的组态类型；

3）说明引入的级间反馈对输入、输出电阻的影响；

4）进行深度负反馈条件下的近似计算。

7.7　分析图题7.7所示电路，要求：

1）标出瞬时极性及反馈信号 x_F；

2）指出级间反馈的组态类型；

3）说明引入的级间反馈对输入、输出电阻的影响；

4）进行深度负反馈条件下的近似计算。

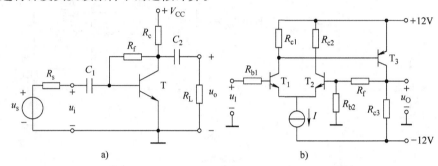

图题7.7

7.8　分析图题7.8所示电路，要求：

1）标出瞬时极性及反馈信号 x_F；

2）指出级间反馈的组态类型；

3）说明引入的级间反馈对输入、输出电阻的影响；

4）进行深度负反馈条件下的近似计算。

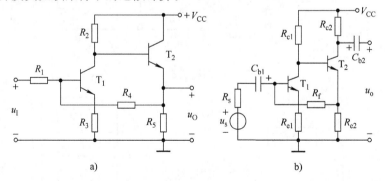

图题7.8

第 8 章 功率放大电路

在多级放大电路中，输出的信号往往是被送去驱动一定的装置。这类主要用于向负载提供功率的放大电路常称为功率放大电路。本章分析了功率放大电路的类型、工作原理，并对功率放大电路的性能指标进行了分析计算。

8.1 功率放大电路的特点和要求

基本放大电路是由一个晶体管组成的单级放大电路，实用的放大电路都是由多个单级放大电路组成的多级放大电路，其中前几级为电压放大级，末级为功率放大级（简称功放），它的功能就是将前置电压放大级送来的电压信号进行功率放大，去推动负载工作。例如使扬声器发声，使电动机旋转，使继电器动作，使仪表指针偏转等。电压放大电路和功率放大电路都是利用晶体管的放大作用将信号放大，前者的目的是输出足够大的电压，而后者主要是要求输出足够大的功率。

1. 功放电路具有的特点和要求

（1）输出功率大 功放电路中要求功率管输出的电压和电流都有足够大的幅度，管子常常工作在接近极限状态，为此需特别考虑管子的极限参数 P_{CM}、I_{CM} 和 $U_{(BR)CEO}$。

（2）效率高 所谓效率，就是负载上得到的输出功率与电源供给功率的比值。由于输出功率大，电路的能量损耗也大，因此要考虑直流电源提供能量的转换效率问题。

（3）非线性失真小 功放电路处于大信号工作状态，非线性失真与输出功率是一对矛盾，应综合考虑，正确处理。

（4）功率管散热问题 因为要输出尽可能大的输出功率，有相当大的功率消耗在管子的集电结上，使结温和管壳温度升高，所以就必须考虑加装散热器。

（5）分析方法 功率管处于大信号下工作，此时晶体管的交流小信号等效模型已不再适用，分析时常用图解法。

（6）性能指标 功放电路主要是分析计算输出功率 P_O、管耗 P_T、电源供给功率 P_V 和效率 η 这 4 个指标。

2. 功率管的工作类型

按照静态工作点所处的位置不同，功率管的工作类型分为甲类、甲乙类和乙类 3 种，如图 8.1.1 所示，特点如表 8.1.1 所示。

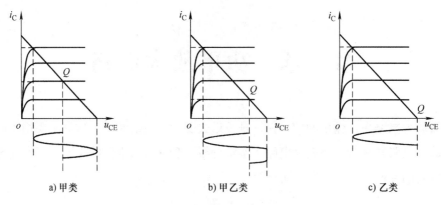

a) 甲类　　　　　　　　　b) 甲乙类　　　　　　　　　c) 乙类

图 8.1.1　功率管的工作类型

表 8.1.1　甲类、甲乙类和乙类三种工作类型的功放电路的比较

类别	特点	Q 点	波形
甲类	无失真，效率低	I_{CQ} 较大 静态工作点较高	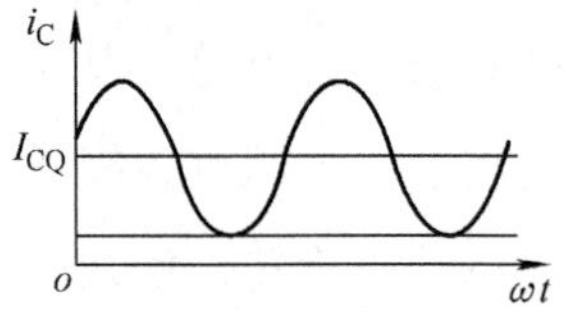
甲乙类	有失真，效率高	I_{CQ} 小 静态工作点较低	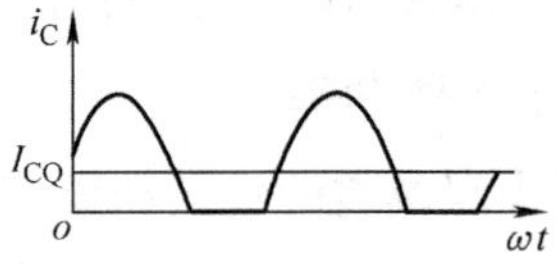
乙类	失真大，效率最高	$I_{CQ}=0$ 静态工作点最低	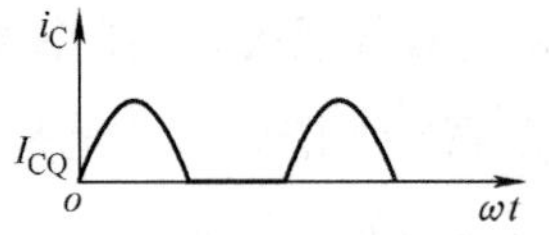

8.2　乙类双电源互补对称功率放大电路

1. 电路组成

基本的乙类双电源互补对称功率放大电路如图 8.2.1 所示。这种电路称为乙类 OCL（Output Capacitorless）功放电路，即无输出电容的功率放大电路，要求图中的功率管 T_1（NPN）和 T_2（PNP）特性相同。

2. 工作原理

（1）静态分析　当 $u_i = 0$ 时，图 8.2.1 电路的直流通路如图 8.2.2 所示，由于 T_1 和 T_2 的发射结均处于零偏置，所以，两管的 I_{BQ}、I_{CQ} 均为零，$U_{CE1Q} = V_{CC}$，$U_{CE2Q} = -V_{CC}$。两管的静态工作点完全处于截止区，功率管的工作类型为乙类，此时输出电压 $u_o = 0$，电路不消耗功率。

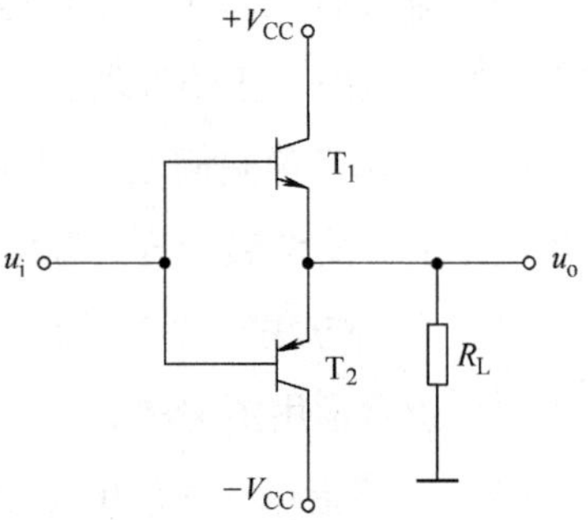

图 8.2.1　基本的乙类 OCL 功放电路

（2）动态分析　当把前置电压放大电路的输出信号加到功放电路时，电路的工作情况如图 8.2.3 所示。图 8.2.3a 表示了 u_i 为正半周时电路的工作情况，由于 $u_i > 0$，假设功率管的发射结的门槛电压 U_{th} 为 0V，则 PNP 管截止，NPN 管导通，构成共集电极基本放大电路，理想情况下 $u_o \approx u_i$。图 8.2.3b 表示了 u_i 为负半周时电路的工作情况，当 $u_i < 0$ 时，则 NPN 管截止，PNP 管导通，同样构成共集电极基本放大电路，理想情况下 $u_o \approx u_i$。

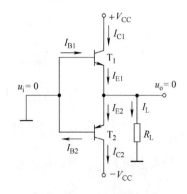

图 8.2.2　乙类 OCL 功放电路的直流通路

由上分析可知，T_1 和 T_2 管轮流导电，由于两个管子互补对方的不足，且工作特性对称，所以这种电路通常称为互补对称功率放大电路。

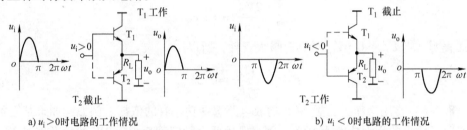

a) $u_i > 0$ 时电路的工作情况　　　　b) $u_i < 0$ 时电路的工作情况

图 8.2.3　乙类 OCL 功放电路的动态工作情况

用图解分析法可以画出 u_i 为正半周时 T_1 管的 u_{CE} 波形，$u_{CE} = V_{CC} - i_C R_L$（如图 8.2.4 中实线部分所示，图 8.2.4 中虚线为 u_i 为负半周时 T_2 管的 u_{CE} 波形），由于 T_1、T_2 的特性相同，所以波形对称。从图 8.2.4 中可知 $u_{ce} = -u_o$。

（3）性能指标计算

1）输出功率 P_O 和最大输出功率 P_{om}。输出功率 P_O 用输出电压的有效值 U_O 和输出电流的有效值 I_O 的乘积来表示，设输出电压 u_o 的幅值为 U_{om}，则

$$P_O = U_O I_O = \frac{U_{om}}{\sqrt{2}} \times \frac{U_{om}}{\sqrt{2}R_L} = \frac{U_{om}^2}{2R_L} \quad (8.2.1)$$

最大输出功率 P_{om}：当 U_{om} 达到最大时，输出功率达到最大，从图 8.2.4 可知，$U_{om(max)} = V_{CC} - U_{CES}$，所以

$$P_{om} = \frac{(V_{CC} - U_{CES})^2}{2R_L} \quad (8.2.2)$$

如果忽略饱和压降 U_{CES}，则

$$P_{om} \approx \frac{V_{CC}^2}{2R_L} \quad (8.2.3)$$

2）管耗 P_T 和最大管耗 P_{T1m}。管耗是指功率管在一个信号周期内所消耗的功率，由于电路互补对

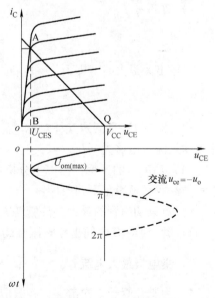

图 8.2.4　乙类 OCL 功放电路的图解分析

称,所以 $P_T = P_{T1} + P_{T2} = 2P_{T1}$。

$$P_{T1} = \frac{1}{2\pi}\int_0^\pi i_C u_{CE}\mathrm{d}(\omega t) = \frac{1}{2\pi}\int_0^\pi (V_{CC} - u_O)\frac{u_O}{R_L}\mathrm{d}(\omega t)$$

$$= \frac{1}{2\pi}\int_0^\pi (V_{CC} - U_{om}\sin\omega t)\frac{U_{om}\sin\omega t}{R_L}\mathrm{d}(\omega t)$$

$$= \frac{1}{R_L}\left(\frac{V_{CC}U_{om}}{\pi} - \frac{U_{om}^2}{4}\right) \tag{8.2.4}$$

最大管耗 P_{T1m}:可以用求极值的方法来求解。由式(8.2.4)有

$$\frac{\mathrm{d}P_{T1}}{\mathrm{d}U_{om}} = \frac{1}{R_L}\left(\frac{V_{CC}}{\pi} - \frac{U_{om}}{2}\right)$$

令 $\dfrac{\mathrm{d}P_{T1}}{\mathrm{d}U_{om}} = 0$,则可求出

$$U_{om} = \frac{2V_{CC}}{\pi} \approx 0.6V_{CC} \tag{8.2.5}$$

上式表明,当 $U_{om} \approx 0.6V_{CC}$ 时具有最大管耗,所以

$$P_{T1m} = \frac{V_{CC}^2}{\pi^2 R_L} \approx 0.2P_{om} \tag{8.2.6}$$

式(8.2.6)常用来作为乙类 OCL 功放电路选择功率管的依据。例如,如果某乙类 OCL 功放电路要求输出的最大功率为 10W,则只要用两个额定管耗大于 2W 的管子就可以了。

3)直流电源供给的功率 P_V。P_V 包括负载得到的输出功率和功率管所消耗的功率两部分。即

$$P_V = P_O + P_{T1} + P_{T2} = \frac{2V_{CC}U_{om}}{\pi R_L} \tag{8.2.7}$$

4)效率 η

$$\eta = \frac{P_O}{P_V} = \frac{\pi U_{om}}{4V_{CC}} \times 100\% \tag{8.2.8}$$

当输出为最大时,即 $U_{om} \approx V_{CC}$ 时,则

$$\eta = \frac{\pi}{4} \approx 78.5\% \tag{8.2.9}$$

式(8.2.9)是假定互补对称电路工作在乙类、负载电阻为理想值、忽略管子的饱和压降和输入信号足够大($U_{om} \approx U_{in} \approx V_{CC}$)情况下得出来的,实际效率比这个数值要低些。

(4)功率管的选择 由以上分析可知,若想得到最大输出功率,乙类 OCL 电路中的功率管的参数必须满足下列条件:

1)每只功率管的最大允许管耗 P_{CM} 必须大于 $0.2P_{om}$;

2)管子 C - E 之间击穿电压 $|U_{(BR)CEO}| > 2V_{CC}$;

3)集电极最大电流 $I_{CM} > \dfrac{V_{CC}}{R_L}$;

4)为避免管子二次击穿,参数应留有余量。

OCL 功放电路的优点是结构简单,效率高,频率响应好,容易集成。缺点是用双电源供电,电源利用效率低,并且存在阻抗匹配的问题。

例 8.2.1　乙类 OCL 功放电路如图 8.2.1 所示，设 $V_{CC} = 16V$，$R_L = 8\Omega$，BJT 的极限参数为 $I_{CM} = 2A$，$|U_{(BR)CEO}| = 30V$，$P_{CM} = 5W$，忽略管子的饱和压降。试求：

1）最大输出功率 P_{om} 的值，并检验所给 BJT 是否能安全工作？

2）放大电路在 $\eta = 0.6$ 时的输出功率 P_o 的值。

解：1）求 P_{om}，并检验 BJT 的安全工作情况

$$P_{om} = \frac{1}{2} \times \frac{V_{CC}^2}{R_L} = \frac{16^2}{2 \times 8}W = 16W$$

通过 BJT 的最大集电极电流为

$$i_{cm} = \frac{V_{CC}}{R_L} = \frac{16}{8}A = 2A = I_{CM}$$

c、e 极间的最大压降为

$$u_{cem} = 2V_{CC} = 32V > U_{(BR)CEO}$$

BJT 的最大管耗为

$$P_{T1m} \approx 0.2P_{om} = 0.2 \times 16W = 3.2W < P_{CM}$$

在所求 i_{cm}、u_{cem}、P_{T1m} 三个参数中，由于 $i_{cm} = I_{CM}$，$u_{cem} > |U_{(BR)CEO}|$，故 BJT 不能安全工作。

2）求 $\eta = 0.6$ 时的 P_o 的值

由式（8.2.8）可求出

$$U_{om} = \eta \times 4 \frac{V_{CC}}{\pi} = \frac{0.6 \times 4 \times 16}{\pi}V \approx 12.2V$$

将 U_{om} 代入式（8.2.1）得

$$P_o = \frac{1}{2} \times \frac{U_{om}^2}{R_L} = \left(\frac{1}{2} \times \frac{12.2^2}{8}\right)W \approx 9.3W$$

8.3　甲乙类单电源互补对称功率放大电路

1. 交越失真

前面讨论的乙类 OCL 功放电路的输出电压 u_o 的波形是在假设功率管的发射结的门槛电压为 0V 时得出来的。实际上，功率管的门槛电压不可能为 0V，硅管为 0.5V，锗管为 0.2V，当 $|u_i| \leq |U_{th}|$ 时，T_1 和 T_2 管均同时截止，则此时输出 $u_o = 0$，即输入交流信号在交越过 0 值时输出信号出现了非线性失真，如图 8.3.1 所示。这种现象称为交越失真。

克服交越失真的一种方法就是：在静态时，在 T_1 和 T_2 的两个基极之间提供一个适当的偏压，使 T_1 和 T_2 管处于微导通状态，此时，T_1 和 T_2 管的静态工作点处于近截止区，功率管的工作类型由乙类变为甲乙类。利用二极管进行偏置的甲乙类 OCL 功放电路如图 8.3.2 所示。

2. 甲乙类单电源互补对称功率放大电路

（1）电路结构及工作原理　基本的甲乙类单电源互补对称功率放大电路如图 8.3.3 所示，这种电路常称为甲乙类 OTL（Output Tansformerless）电路，即无输出变压器的功率放大电路。

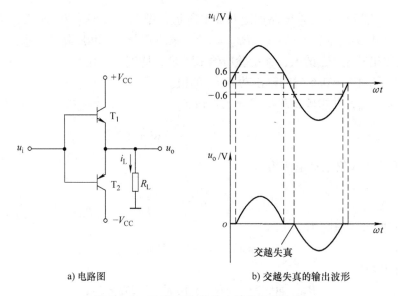

a) 电路图   b) 交越失真的输出波形

图 8.3.1 乙类 OCL 功放电路的交越失真

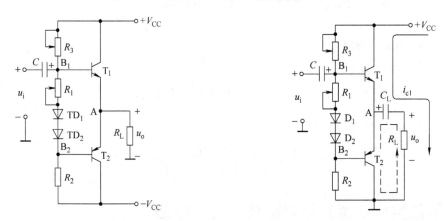

图 8.3.2 利用二极管进行偏置的甲乙类 OCL 功放电路   图 8.3.3 基本的甲乙类 OTL 功放电路

图 8.3.3 中的 R_1、D_1、D_2 的作用是用来克服交越失真,使 T_1 和 T_2 两管工作在甲乙类状态。

静态时,调节 R_3 使 A 的电位为 $\frac{1}{2}V_{CC}$,则输出耦合电容 C_L 上的电压也为 $\frac{1}{2}V_{CC}$,则 $U_{CE1Q} = \frac{1}{2}V_{CC}$,$U_{CE2Q} = -\frac{1}{2}V_{CC}$,可见 C_L 起到了负电源的作用。

当输入交流信号 u_i 时,负载上获得的输出电压的工作原理跟乙类 OCL 功放电路相同。当 $u_i > 0$ 时,NPN 导通,PNP 截止;$u_i < 0$ 时,NPN 截止,PNP 导通。T_1 和 T_2 轮流导通,理想情况下 $u_o \approx u_i$。

(2)性能指标 甲乙类 OTL 功放电路的性能指标有 P_O、P_T、P_V 和 η。只要将乙类 OCL 功放电路的性能指标的计算公式中的 V_{CC} 用 $\frac{1}{2}V_{CC}$ 来代替即可。

OTL 功放电路的优点是结构简单、效率高、频率响应好,只需单电源供电。缺点是输出需较大电容，电源利用率不高，存在阻抗匹配问题。

在功率放大电路中，给负载输送功率的同时，管子本身也要消耗一部分功率，管子消耗的功率直接表现在使管子的结温升高，当结温升高到一定程度以后，锗管一般为 90°，硅管一般为 150°，管子就会损坏，因而输出功率受到管子的最大集电极损耗的限制，所以功率管必须采用一定的散热措施。

习　题

8.1　判断下列说法是否正确，正确的打"√"，错误的打"×"。

1）功率放大电路与电压放大电路的共同之处是都有电压放大作用。　　　　　（　　）

2）功率放大电路与电压放大电路的不同之处是功率放大电路只放大功率，电压放大电路只放大电压。　　　　　　　　　　　　　　　　　　　　　　　　　　　　　　（　　）

3）由于功率放大电路中晶体管处于大信号工作状态，故微变等效电路法不再适用。

　　　　　　　　　　　　　　　　　　　　　　　　　　　　　　　　　　　（　　）

4）对于甲类功率放大电路，在输入电压为 0V 时，晶体管损耗最大。　　　　（　　）

5）对于乙类功率放大电路，在输出功率为零时，晶体管损耗也为零。　　　　（　　）

6）分析功率放大电路时，应着重研究电路的输出功率及效率。　　　　　　　（　　）

7）功率放大电路的输出功率越大，输出级晶体管的管耗也越大。　　　　　　（　　）

8）功率放大电路的效率是最大输出功率与电源提供的平均功率之比。　　　　（　　）

9）任何功率放大电路的效率都不可能是 100%。　　　　　　　　　　　　　（　　）

10）因功率放大电路中的晶体管工作在接近极限状态，所以在选择晶体管时要特别注意 I_{CM}、$U_{(BR)CEO}$ 和 P_{CM} 三个极限参数。　　　　　　　　　　　　　　　　（　　）

11）在功率放大电路中，输出功率最大时，效率最高。　　　　　　　　　　（　　）

12）在单电源供电且电源电压相等的情况下，甲类功率放大电路比乙类功率放大电路的最大输出功率小。　　　　　　　　　　　　　　　　　　　　　　　　　　　　　（　　）

8.2　选择正确答案填空

1）在甲类功率放大电路中，功放管的导通角为（　　　）；

a）2π　　　　　　b）π　　　　　　c）0

2）在甲乙类功率放大电路中，功放管的导通角为（　　　）；

a）2π　　　　　　b）＞π　　　　　c）＜π

3）在乙类功率放大电路中，功放管的导通角为（　　　）；

a）＞π　　　　　　b）＝π　　　　　c）＜π

4）功率放大电路的主要特点是（　　　）；

a）具有较高的电压放大倍数

b）具有较高的电流放大倍数

c）具有较大的输出功率

5）功率放大电路的最大输出功率是负载上获得的（　　　）；

a）最大交流功率　　　b）最大直流功率　　　c）最大平均功率

6）功率放大电路的效率是（　　　）；

a) 输出功率与输入功率之比

b) 输出功率与功放管耗散功率之比

c) 输出功率与电源提供的功率之比

7）有三种功率放大电路：

a) 甲类功率放大电路　　b) 甲乙类功率放大电路　　c) 乙类功率放大电路

选择正确答案：

① 静态时，功率损耗最大的电路是（　　　）；

② 能够消除交越失真的电路是（　　　）；

③ 功放管的导通角最小的电路是（　　　）。

8.3　图题8.3所示的两种功率放大电路。已知图中所有晶体管的电流放大系数、饱和管压降的数值等参数完全相同，导通时 b - e 间电压可忽略不计；电压源电压 V_{CC} 和负载电阻 R_L 均相等。填空：

1）分别将电路名称（OCL、OTL）填入空内：图题8.3a所示为_____电路，图题8.3b所示电路为_____电路。

2）静态时，晶体管发射极电位 u_E 为零的电路为_____。

3）在输入正弦波信号的正半周，图题8.3a中导通的晶体管是_____，图题8.3b中导通的晶体管是_____。

4）负载电阻 R_L 获得的最大输出功率最大的电路为_____。

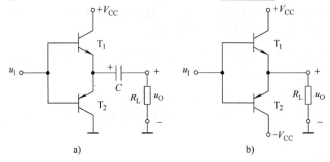

图题8.3

8.4　双电源互补对称功放电路如图题8.4所示，已知 $V_{CC} = 12V$，$R_L = 16\Omega$，u_i 为正弦波，忽略管子的饱和压降 U_{CES}，求：

1）负载上可能得到的最大输出功率 P_{om}；

2）每个管子允许的管耗 P_{CM} 至少应为多少？

3）每个管子的耐压 | $U_{(BR)CEO}$ | 应大于多少？

8.5　OCL电路如图题8.5所示，已知输入电压 u_i 为正弦波，晶体管的饱和压降 | U_{CES} | $\approx 1V$，当 $u_i = 0V$ 时，u_o 应为0V；电容 C 对交流信号可视为短路。

1）此功放电路的类型是乙类还是甲乙类？

2）为使负载电阻 R_L（16Ω）上得到的最大输出功率

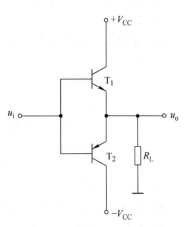

图题8.4

P_{om} 为 8W，电源电压 V_{CC} 至少应取多大？

3）若电路仍产生交越失真，则应调节电路中的哪个元件？应如何调节？

4）若 $u_i = 0V$ 时，$u_o > 0V$，则应调节电路中的哪个元件？应如何调节？

8.6 如图题 8.6 所示 OCL 电路中，已知晶体管的饱和管压降 $|U_{CES}| \approx 2V$，输入电压 u_i 为正弦波，试问：

1）负载 R_L 上可能得到的最大输出功率 $P_{om} \approx$？

2）当负载 R_L 上得到最大输出功率时，电路的效率 $\eta \approx$？

3）晶体管集电极最大允许功耗至少应取多少？

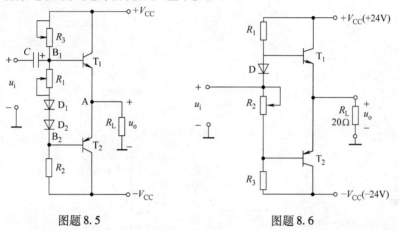

图题 8.5　　　　　　　　图题 8.6

8.7 电路如图题 8.7 所示，为使电路正常工作，试回答下列问题：

1）静态时电容 C_L 上的电压是多大？如果偏离此值，应首先调节 R_{P1} 还是 R_{P2}？

2）设 $R_{P1} = R = 1.2k\Omega$，晶体管 $\beta = 50$，T_1 和 T_2 管的 $P_{CM} = 200mW$，若 R_{P2} 或二极管断开时功率管是否安全？为什么？

3）调节静态工作电流，主要调节 R_{P1} 还是 R_{P2}？

4）设管子饱和压降可以略去，求当输出为最大时的输出功率、电源供给功率、管耗和效率。

8.8 电路如图题 8.8 所示，输入电压 u_i 为正弦波，回答下列问题：

1）这是一个几级放大电路？每一级各为哪种基本放大电路？

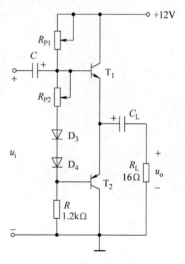

图题 8.7

2）T_3 和 T_4、T_5 和 T_6 两对复合管分别为 NPN 型管，还是 PNP 型管？

3）R_6、D_1 和 D_2 的作用是什么？

8.9 电路如图题 8.9 所示。已知 T_1 和 T_2 的饱和管压降 $|U_{CES}| = 2V$，直流功耗可忽略不计；集成运放为理想运放。回答下列问题：

1）D_1 和 D_2 的作用是什么？

2）负载上可能获得的最大输出功率 P_{om} 和电路转换效率 η 各为多少？

3）T_1 和 T_2 三个极限参数 I_{CM}、$U_{(BR)CEO}$、P_{CM} 至少应选多少？

4）电路中引入了哪种组态的交流负反馈？若最大输入电压的有效值为1V，则为使负载获得最大输出功率 P_{om}，电阻 R_4 至少应取多少？

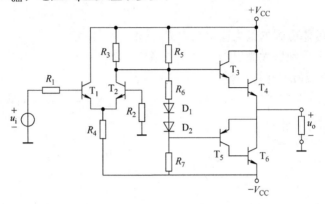

图题 8.8

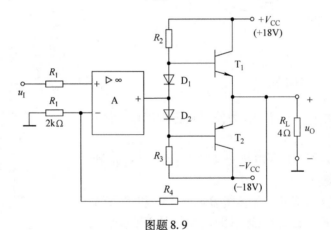

图题 8.9

第9章　信号处理与信号产生电路

信号的处理电路（主要是滤波电路）和信号的产生电路（主要是振荡电路）的用途如下：

1）有源滤波器。滤波器的主要功能是传送输入信号中有用的频率成分，衰减或抑制无用的频率成分。本章主要介绍由 R、C 和运算放大器组成的有源滤波电路。

2）正弦波振荡电路。在通信、广播、电视系统中，都需要载波高频发射，把音频、视频信号或脉冲信号运载出去，需要能产生高频信号的振荡器；在工业、农业、生物医学等领域内，如高频感应加热、熔炼、淬火，超声波焊接，超声诊断，核磁共振成像等，也需要振荡器。正弦波振荡电路在科学技术领域的应用是十分广泛的。

3）非正弦波产生电路。一些电子系统，例如，数字系统需要的特殊信号，如方波、三角波等，就可通过非正弦波产生电路来产生。

9.1　有源滤波器

9.1.1　滤波电路的功能与分类

滤波电路是一种能使有用频率信号通过而同时抑制无用频率信号的电子装置。工程上常用它来作信号处理、数据传送和抑制干扰等。滤波器分为无源滤波和有源滤波，无源滤波电路主要采用无源元件 R、L 和 C 组成；有源滤波电路主要由集成运算放大器和 R、C 组成，具有不用电感、体积小、重量轻等优点。此外，集成运算放大器具有开环电压增益高、输入阻抗高、输出阻抗低等特点，由运算放大器构成的有源滤波电路还具有一定的电压放大和缓冲作用，但由于集成运算放大器的带宽有限，所以目前有源滤波电路的工作频率不能做得很高，同时对功率信号不能进行滤波。

通常用幅频响应来表征一个滤波电路的特性，通常把能够通过的信号频率范围定义为通带，而把受阻或衰减的信号频率范围称为阻带。通带和阻带的界限频率叫截止频率。

滤波电路通常可分为低通滤波电路（LPF）、高通滤波电路（HPF）、带通滤波电路（BPF）、带阻滤波电路（BEF）和全通滤波电路（APF）。图 9.1.1 为各种滤波电路的幅频响应曲线。

低通滤波电路的幅频响应如图 9.1.1a 所示，它的功能是让零到某一截止角频率 ω_H 的低频信号通过，对角频率大于 ω_H 的信号进行衰减，带宽 BW $= \omega_H/2\pi$。

高通滤波电路的幅频响应如图 9.1.1b 所示。在 $0 < \omega < \omega_L$ 范围内的频率为阻带，高于 ω_L 的频率为通带。理想状态下的带宽 BW $= \infty$，但是实际上，由于受有源器件和外接元件以及杂散参数的影响，带宽受到限制，高通滤波电路的带宽也是有限的。

带通滤波电路的幅频响应如图 9.1.1c 所示。图中 ω_L 为下限角频率，ω_H 为上限角频率，ω_0 为中心角频率。它有两个阻带：$0 < \omega < \omega_L$ 和 $\omega > \omega_H$，因此带宽 BW $= (\omega_H - \omega_L)/2\pi$。

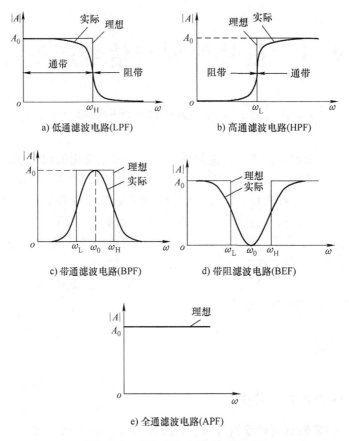

a) 低通滤波电路(LPF)　　　　b) 高通滤波电路(HPF)

c) 带通滤波电路(BPF)　　　　d) 带阻滤波电路(BEF)

e) 全通滤波电路(APF)

图 9.1.1　各种滤波电路的幅频响应

带阻滤波电路的幅频响应如图 9.1.1d 所示。它有两个通带：$0 < \omega < \omega_L$ 和 $\omega > \omega_H$，和一个阻带：$\omega_L < \omega < \omega_H$，因此它的功能是衰减 ω_L 到 ω_H 间的信号。同高通滤波电路相似，由于受有源器件带宽等因素的限制，通带也是有限的。带阻滤波电路抑制频带中心所在角频率 ω_0 也叫中心角频率。

全通滤波电路如图 9.1.1e 所示，没有阻带，它的通带是从零到无穷大，但相移的大小随频率改变。

上面介绍的是滤波电路的理想情况，各种滤波电路的实际频响特性与理想情况是有差别的，设计时尽量向理想特性逼近。

9.1.2　一阶有源滤波器

如果在一级 RC 低通电路的输出端加上电压跟随器，就构成了简单的一阶有源低通滤波电路，由于电压跟随器的输入阻抗高、输出阻抗低，因此不仅带负载能力强而且可以与负载进行隔离，如果要求电路同时具有滤波功能和放大作用，可以将电路中的电压跟随器改为同相比例放大电路，如图 9.1.2a 所示。

1. 传递函数

由图 9.1.2a 可知，低通滤波电路的通带电压增益 A_0 是 $\omega = 0$ 时输出电压 u_o 与输入电压

u_i 之比，通带电压增益 A_0 等于同相比例放大电路的电压增益 A_{uf}，即

$$A_0 = A_{uf} = 1 + \frac{R_f}{R_1} \tag{9.1.1}$$

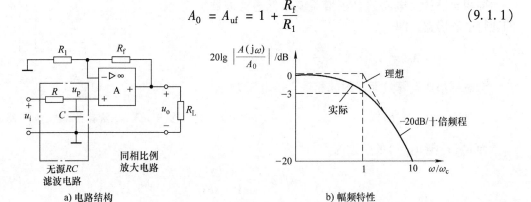

a) 电路结构　　　　　　　　　　b) 幅频特性

图 9.1.2 一阶低通滤波电路

根据 RC 电路的分析有

$$u_p(s) = \frac{1}{1 + sRC} u_i(s) \tag{9.1.2}$$

因此，电路的传递函数为

$$A(s) = \frac{u_o(s)}{u_i(s)} = A_0 \frac{1}{1 + \dfrac{s}{\omega_c}} \tag{9.1.3}$$

式中，ω_c 为特征角频率，$\omega_c = 1/(RC)$。

由于式（9.1.3）中分母为 s 的一次幂，故式（9.1.3）所示滤波电路称为一阶低通有源滤波电路。

2. 幅频响应

用 $s = j\omega$ 代入式（9.1.3）中，可得

$$A(j\omega) = \frac{\dot{U}_o(j\omega)}{\dot{U}_i(j\omega)} = \frac{A_0}{1 + j\left(\dfrac{\omega}{\omega_c}\right)} \tag{9.1.4}$$

$$|A(j\omega)| = \frac{|\dot{U}_o(j\omega)|}{|\dot{U}_i(j\omega)|} = \frac{A_0}{\sqrt{1 + \left(\dfrac{\omega}{\omega_c}\right)^2}} \tag{9.1.5}$$

式中，ω_c 即为 -3dB 截止角频率 ω_H。由式（9.1.5）可画出图 9.1.2a 的幅频响应，如图 9.1.2b 所示，从图 9.1.2b 可知，一阶滤波器的滤波效果不够好，它的衰减率只是 -20dB/十倍频程。若要求响应曲线以 -40dB/十倍频程或 -60dB/十倍频程的斜率变化，则需采用二阶、三阶的滤波电路。实际上，高于二阶的滤波电路都可以由一阶和二阶有源滤波电路构成。一阶高通有源滤波电路可由图 9.1.2a 的 R 和 C 交换位置来组成，分析方法同上。

9.1.3 二阶有源低通滤波电路

二阶有源低通滤波电路如图 9.1.3 所示。它是由两级 RC 滤波电路和同相比例放大电路

185

组成，其特点是输入阻抗高，输出阻抗低。

同相比例放大电路的电压增益就是低通滤波器的通带电压增益，即

$$A_0 = A_{uf} = 1 + \frac{R_f}{R_1}$$

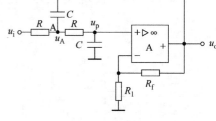

考虑到集成运算放大器的同相输入端电压为

$$u_p(s) = \frac{u_o(s)}{A_{uf}} \qquad (9.1.6)$$

图9.1.3　二阶有源低通滤波电路

而 $u_p(s)$ 与 $u_A(s)$ 的关系为

$$u_p(s) = \frac{u_A(s)}{1 + sRC} \qquad (9.1.7)$$

对于节点 A，应用 KCL 可得

$$\frac{u_i(s) - u_A(s)}{R} - [u_A(s) - u_o(s)]sC - \frac{u_A(s) - u_p(s)}{R} = 0 \qquad (9.1.8)$$

将式（9.1.6）~式（9.1.8）联立求解，可得电路的传递函数为

$$A(s) = \frac{u_o(s)}{u_i(s)} = \frac{A_{uf}}{1 + (3 - A_{uf})sCR + (sCR)^2} \qquad (9.1.9)$$

令

$$\omega_c = \frac{1}{RC} \qquad (9.1.10)$$

$$Q = \frac{1}{3 - A_{uf}} \qquad (9.1.11)$$

则有

$$A(s) = \frac{A_{uf}\omega_c^2}{s^2 + \dfrac{\omega_c}{Q}s + \omega_c^2} = \frac{A_0\omega_c^2}{s^2 + \dfrac{\omega_c}{Q}s + \omega_c^2} \qquad (9.1.12)$$

式（9.1.12）为二阶低通滤波电路传递函数的典型表达式。其中，$\omega_c = 1/RC$ 为特征角频率，也是 Q 为 0.707 时的 3dB 截止角频率，而 Q 则称为等效品质因数。式（9.1.9）表明，$A_0 = A_{uf} < 3$，才能稳定工作。当 $A_0 = A_{uf} \geq 3$ 时，电路将自激振荡。用 $s = j\omega$ 代入式（9.1.12）可得幅频响应和相频响应表达式，分别为

$$20\lg \left| \frac{A(j\omega)}{A_0} \right| = 20\lg \frac{1}{\sqrt{\left[1 - \left(\dfrac{\omega}{\omega_c}\right)^2\right]^2 + \left(\dfrac{\omega}{\omega_c Q}\right)^2}} \qquad (9.1.13)$$

$$\varphi(\omega) = -\arctan \frac{\omega/(\omega_c Q)}{1 - \left(\dfrac{\omega}{\omega_c}\right)^2} \qquad (9.1.14)$$

式（9.1.13）表明，当 $\omega = 0$ 时，$|A(j\omega)| = A_{uf} = A_0$；当 $\omega \to \infty$ 时，$|A(j\omega)| \to 0$，显然，这是低通滤波电路的特性。由式（9.1.13）可画出不同 Q 值下的幅频响应，如图9.1.4所示。

由图可见，当 $Q = 0.707$ 时，幅频响应较平坦。当 $Q = 0.707$ 和 $\omega/\omega_c = 1$ 情况下，20lg

$|A(\mathrm{j}\omega)/A_0| = -3\mathrm{dB}$；而当 $\omega/\omega_\mathrm{c} = 10$ 时，$20\lg|A(\mathrm{j}\omega)/A_0| = -40\mathrm{dB}$。这表明二阶低通滤波电路比一阶低通滤波电路的滤波效果好得多。当进一步增加滤波电路阶数，其幅频响应就更接近理想特性。

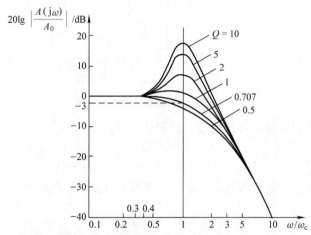

图 9.1.4　二阶低通滤波电路的幅频响应

9.1.4　二阶有源高通滤波电路

二阶有源高通滤波电路如图 9.1.5 所示。与二阶低通滤波电路在电路结构上存在对偶关系，它们的传递函数和幅频响应也存在对偶关系。由图 9.1.5 可导出其传递函数为

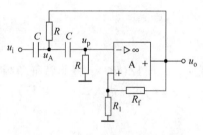

$$A(s) = \frac{A_\mathrm{uf}s^2}{s^2 + (\omega_\mathrm{c}/Q)s + \omega_\mathrm{c}^2} = \frac{A_0 s^2}{s^2 + (\omega_\mathrm{c}/Q)s + \omega_\mathrm{c}^2}$$

$$(9.1.15)$$

图 9.1.5　二阶有源高通滤波电路

式中，$\omega_\mathrm{c} = \dfrac{1}{RC}$，$Q = \dfrac{1}{3 - A_\mathrm{uf}}$。

9.1.5　二阶有源带通滤波电路

由高通滤波电路和低通滤波电路相串联可以构成带通滤波电路，带通滤波电路构成示意图如图 9.1.6 所示，条件是低通滤波电路的截止角频率 ω_H 大于高通滤波电路的截止角频率 ω_L，两者覆盖的通带就提供了一个带通响应。

图 9.1.7 所示为二阶有源带通滤波电路。图中 R、C 组成低通网络，C_1、R_3 组成高通网络，两者串联就组成了带通滤波电路。

为了计算简便，设 $R_2 = R$，$R_3 = 2R$，则

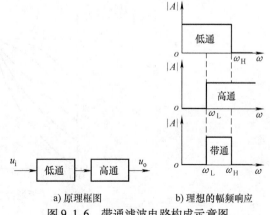

a) 原理框图　　　　b) 理想的幅频响应

图 9.1.6　带通滤波电路构成示意图

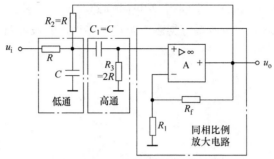

图9.1.7　二阶有源带通滤波电路

由 KCL 列出方程，可导出带通滤波电路的传递函数为

$$A(s) = \frac{A_{uf}sCR}{1 + (3 - A_{uf})sCR + (sCR)^2} \tag{9.1.16}$$

式中，A_{uf} 为同相比例放大电路的电压增益，同样要求 $A_{uf} < 3$，电路才能稳定地工作。令

$$A_0 = \frac{A_{uf}}{3 - A_{uf}}$$
$$\omega_0 = 1/(RC)$$
$$Q = 1/(3 - A_{uf})$$

则有

$$A(s) = \frac{A_0 \dfrac{s}{Q\omega_0}}{1 + \dfrac{s}{Q\omega_0} + \left(\dfrac{s}{\omega_0}\right)^2} \tag{9.1.17}$$

式中，$\omega_0 = 1/(RC)$，既是特征角频率，也是带通滤波电路的中心角频率。

令 $s = j\omega$ 并代入式（9.1.17），则有

$$A(j\omega) = \frac{A_0 \dfrac{1}{Q} \cdot \dfrac{j\omega}{\omega_0}}{1 - \left(\dfrac{\omega}{\omega_0}\right)^2 + j\dfrac{\omega}{\omega_0 Q}} = \frac{A_0}{1 + jQ\left(\dfrac{\omega}{\omega_0} - \dfrac{\omega_0}{\omega}\right)} \tag{9.1.18}$$

式（9.1.18）表明，当 $\omega = \omega_0$ 时，图 9.1.7 所示电路具有最大电压增益，且 $|A(j\omega)| = A_0 = A_{uf}/(3 - A_{uf})$，这就是带通滤波电路的通带电压增益，其幅频响应如图 9.1.8 所示。由图可见，Q 值越高，通带越窄。

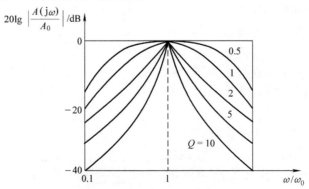

图9.1.8　带通滤波电路幅频响应

当式（9.1.18）分母虚部的绝对值为 1 时，有 $|A(\mathrm{j}\omega)| = A_0/\sqrt{2}$；因此，利用 $\left| Q\left(\dfrac{\omega}{\omega_0} - \dfrac{\omega_0}{\omega}\right) \right| = 1$，取正根，可求出带通滤波电路的两个截止角频率，从而导出带通滤波电路的带宽 $\mathrm{BW} = \omega_0/2\pi Q = f_\mathrm{o}/Q$。

9.1.6　二阶有源带阻滤波电路

与带通滤波电路相反，带阻滤波电路是利用抑制或者衰减某一频段的信号，而让该频段以外的所有信号通过。这种滤波电路也叫做陷波电路，经常用于电子系统抗干扰。

如果从输入信号中减去带通滤波电路处理过的信号，就可得到带阻信号，本节主要介绍双 T 带阻滤波电路，如图 9.1.9 所示。由节点导纳方程可导出传递函数为

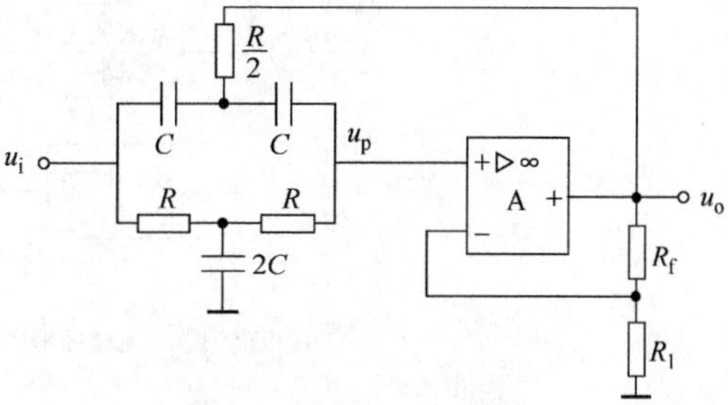

$$A(s) = \frac{u_\mathrm{o}(s)}{u_\mathrm{i}(s)} = \frac{A_\mathrm{uf}\left[1 + \left(\dfrac{s}{\omega_0}\right)^2 \right]}{1 + 2(2 - A_\mathrm{uf})\dfrac{s}{\omega_0} + \left(\dfrac{s}{\omega_0}\right)^2}$$

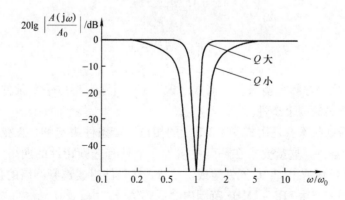

图 9.1.9　双 T 带阻滤波电路

或

$$A(\mathrm{j}\omega) = \frac{A_\mathrm{uf}\left[1 + \left(\dfrac{\mathrm{j}\omega}{\omega_0}\right)^2 \right]}{1 + 2(2 - A_\mathrm{uf})\dfrac{\mathrm{j}\omega}{\omega_0} + \left(\dfrac{\mathrm{j}\omega}{\omega_0}\right)^2} = \frac{A_0\left[1 + \left(\dfrac{\mathrm{j}\omega}{\omega_0}\right)^2 \right]}{1 + \dfrac{1}{Q}\cdot\dfrac{\mathrm{j}\omega}{\omega_0} + \left(\dfrac{\mathrm{j}\omega}{\omega_0}\right)^2} \tag{9.1.19}$$

式中，$\omega_0 = 1/(RC)$，既是特征角频率，也是带阻滤波电路的中心角频率；$A_\mathrm{uf} = A_0 = 1 + \dfrac{R_\mathrm{f}}{R_1}$ 为带阻滤波电路的通带电压增益；$Q = \dfrac{1}{2(2 - A_0)}$。如果 $A_0 = 1$，则 $Q = 0.5$，增加 A_0，Q 随之升高。当 A_0 趋于 2 时，Q 趋向无穷大。因此，A_0 越接近 2，可使带阻滤波电路的选频特性越好，即阻断的频率范围越窄。带阻滤波电路的幅频特性如图 9.1.10 所示。

图 9.1.10　带阻滤波电路的幅频特性

9.2　正弦波振荡电路

9.2.1　正弦波振荡电路的振荡条件

从结构上来看，正弦波振荡电路是一个没有输入信号的带选频网络的正反馈放大电路。图9.2.1a 接成正反馈时，在输入信号 $x_i = 0$ 时的框图如图9.2.1b 所示。

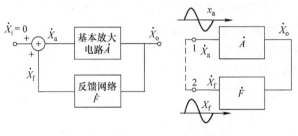

a) 正反馈放大电路的框图　　　b) 正弦波振荡电路的框图

图9.2.1　正弦波振荡电路的框图

由图9.2.1b 可知，如放大电路的输入端（1 端）外接一定频率、一定幅度的正弦波信号 $\dot{X}_a$，经过基本放大电路和反馈网络所构成的环路传输后，在反馈网络的输出端（2 端），得到反馈信号 $\dot{X}_f$，如果 $\dot{X}_f$ 与 $\dot{X}_a$ 在大小和相位上都一致，那么，就可除去外接信号 $\dot{X}_a$，而将1、2 两端连接在一起（如图中的虚线所示）而形成闭环系统，其输出端可能继续维持与开环时一样的输出信号。这样，由于 $\dot{X}_f = \dot{X}_a$，便有

$$\frac{\dot{X}_f}{\dot{X}_a} = \frac{\dot{X}_o}{\dot{X}_a}\frac{\dot{X}_f}{\dot{X}_o} = 1$$

或
$$\dot{A}\dot{F} = 1 \tag{9.2.1}$$

在式（9.2.1）中，设 $\dot{A} = A\underline{/\varphi_a}$，$\dot{F} = F\underline{/\varphi_f}$，则
$$\dot{A}\dot{F} = AF\underline{/\varphi_a + \varphi_f} = 1$$

即

$$|\dot{A}\dot{F}| = AF = 1 \tag{9.2.2}$$

和
$$\varphi_a + \varphi_f = 2n\pi, n = 0,1,2,\cdots \tag{9.2.3}$$

式（9.2.2）称为振幅平衡条件，而式（9.2.3）则称为相位平衡条件，这是正弦波振荡电路产生持续振荡的两个条件。

振荡电路的振荡频率 f_o 是由式（9.2.3）的相位平衡条件决定的。正弦波振荡电路只在 f_o 下满足相位平衡条件，这就要求在环路中包含一个具有选频特性的网络，简称选频网络，主要由 R、C 元件组成或由 L、C 元件组成。由 R、C 元件组成选频网络的振荡电路称为 RC 振荡电路，一般用来产生 1Hz ~ 1MHz 范围内的低频信号；由 L、C 元件组成选频网络的振荡电路称为 LC 振荡电路，一般用来产生 1MHz 以上的高频信号。

要使振荡电路能自行建立振荡，环路电压放大倍数必须满足大于1，如式（9.2.4）所示。这样，在接通电源后，振荡电路就有可能自行起振。

$$|\dot{A}\,\dot{F}| > 1 \qquad\qquad (9.2.4)$$

9.2.2 *RC* 桥式正弦波振荡电路

RC 正弦波振荡电路有桥式振荡电路、双 T 网络式和移相式振荡电路等类型，下面主要讨论桥式振荡电路。

1. 电路原理图

图 9.2.2 是 *RC* 桥式振荡电路的原理电路，由图可知，由集成运算放大器所组成的电压串联负反馈放大电路（同相比例放大电路）和 *RC* 串并联桥式选频网络（兼作正反馈网络）两部分组成。图中 Z_1、Z_2 和 R_1、R_f 正好形成一个四臂电桥，电桥的对角线顶点接到放大电路的两个输入端，所以称为桥式振荡电路（也称文氏电桥）。

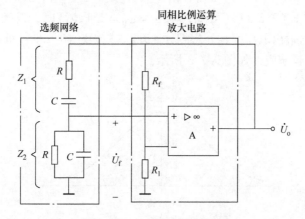

图 9.2.2　*RC* 桥式振荡电路

2. *RC* 串并联选频网络的选频特性

图 9.2.2 中的 *RC* 串并联选频网络具有选频作用，由图 9.2.2 可以求出反馈网络的反馈系数为

$$\dot{F}_\mathrm{u} = \frac{\dot{U}_\mathrm{f}}{\dot{U}_\mathrm{o}} = \frac{Z_2}{Z_1 + Z_2} = \frac{R \mathbin{/\!/} \left(-\mathrm{j}\dfrac{1}{\omega C}\right)}{\left(R - \mathrm{j}\dfrac{1}{\omega C}\right) + \left[R \mathbin{/\!/} \left(-\mathrm{j}\dfrac{1}{\omega C}\right)\right]} = \frac{\mathrm{j}\omega RC}{(1 - \omega^2 R^2 C^2) + \mathrm{j}3\omega RC}$$

$$(9.2.5)$$

令 $\omega_0 = \dfrac{1}{RC}$，则式（9.2.5）可变为

$$\dot{F}_\mathrm{u} = \frac{1}{3 + \mathrm{j}\left(\dfrac{\omega}{\omega_0} - \dfrac{\omega_0}{\omega}\right)} \qquad\qquad (9.2.6)$$

由此可得 *RC* 串并联选频网络的幅频响应及相频响应为

$$F_\mathrm{u} = \frac{1}{\sqrt{3^2 + \left(\dfrac{\omega}{\omega_0} - \dfrac{\omega_0}{\omega}\right)^2}} \qquad\qquad (9.2.7)$$

和

$$\varphi_{\text{f}} = -\arctan \frac{\dfrac{\omega}{\omega_0} - \dfrac{\omega_0}{\omega}}{3} \tag{9.2.8}$$

由式（9.2.7）及式（9.2.8）可知，当

$$\omega = \omega_0 = \frac{1}{RC} \quad \text{或} \quad f = f_{\text{o}} = \frac{1}{2\pi RC} \tag{9.2.9}$$

时，幅频响应的幅值为最大，即反馈达到最大，此时反馈系数为

$$F_{\text{u(max)}} = \frac{1}{3} \tag{9.2.10}$$

而此时相频响应的相位为零，即

$$\varphi_{\text{f}} = 0° \tag{9.2.11}$$

由式（9.2.9）~式（9.2.11）可知，当 $\omega = \omega_0 = 1/(RC)$ 时，反馈电压是输出电压的 1/3，同时反馈电压与输出电压同相。根据式（9.2.7）、式（9.2.8）可画出 RC 串并联选频网络的幅频响应及相频响应，如图 9.2.3 所示。

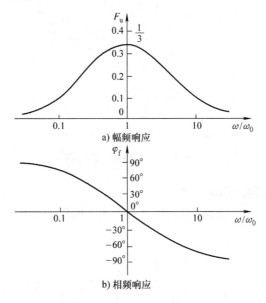

图 9.2.3　RC 串并联选频网络的幅频响应及相频响应

3. 振荡的建立与稳定

由图 9.2.3 可知，在 $\omega = \omega_0 = 1/(RC)$ 时，经 RC 选频网络传输到运放同相端的电压 $\dot{U}_{\text{f}}$ 与 $\dot{U}_{\text{o}}$ 同相，即有 $\varphi_{\text{f}} = 0°$ 和 $\varphi_{\text{a}} + \varphi_{\text{f}} = 0°$。这样，放大电路和由 Z_1、Z_2 组成的反馈网络刚好形成正反馈系统，可以满足相位平衡条件，因而有可能振荡。

对于 RC 振荡电路来说，由于电路中存在噪声，它的频谱中包括有 $\omega = \omega_0 = 1/(RC)$ 的频率成分。这种微弱的信号在刚开始时，因为 $A_{\text{uf}} = 1 + R_{\text{f}}/R_1$ 略大于 3，则经过放大，通过正反馈的选频网络，使输出幅度越来越大，最后受电路中非线性元件的限制，使振荡幅度自动地稳定下来，达到稳定平衡状态时，$A_{\text{uf}} = 1 + R_{\text{f}}/R_1 = 3$，$F_{\text{u(max)}} = 1/3$。

4. 振荡频率与振荡波形

当 $\omega = \omega_0 = 1/(RC)$，$\varphi_f = 0°$，$\varphi_a = 0°$ 时，满足相位平衡条件，所以振荡频率 $f_0 = 1/(2\pi RC)$。当适当调整负反馈的强弱，使 A_{uf} 的值在起振时略大于 3，达到稳幅时 $A_{uf} = 3$，其输出波形为正弦波，失真很小。如 A_{uf} 的值远大于 3，则因振幅的增长，致使放大器件工作在非线性区域，波形将产生严重的非线性失真。

5. 稳幅措施

为了进一步改善输出电压幅度的稳定问题，可以在放大电路的负反馈回路里采用非线性元件来自动调整反馈的强弱，以维持输出电压恒定。例如，在图 9.2.2 所示的电路中，R_f 可用一个负温度系数的热敏电阻代替。当输出电压增加时，通过负反馈回路的电流也随之增加，结果使热敏电阻的阻值减小，负反馈加强，放大电路的增益下降，从而使输出电压下降；反之，当输出电压下降时，由于热敏电阻的自动调整作用，将使输出电压回升，维持输出电压基本恒定。

9.2.3　移相式正弦波振荡电路

移相式正弦波振荡电路如图 9.2.4 所示。图中每节 RC 电路都是相位超前电路，相位移小于 90°。当相位移接近 90° 时，其频率必须是很低的，这样 R 两端输出电压与输入电压的幅值比接近零，所以两级 RC 电路组成的反馈网络（兼选频网络）是不能满足振荡的相位条件的。现在图中有三级 RC 移相网络，其最大相移可接近 270°，因此，有可能在特定频率 f_0 下移相 180°，即 $\varphi_f = 180°$。考虑到放大电路产生的相移（运算放大器的输出与反相输入端比较）$\varphi_a = 180°$，则有

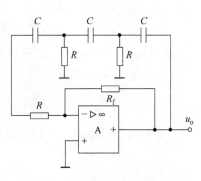

图 9.2.4　移相式正弦波振荡电路

$$\varphi_a + \varphi_f = 360° \text{ 或 } 0°$$

显然，只要适当调节 R_f 的值，使 A_{uf} 适当，就可同时满足相位和振幅条件，产生正弦振荡。

可以证明，这种振荡电路的振荡频率 $f_0 \approx 1/(2\pi\sqrt{6}RC)$。

根据上述讨论，正弦波振荡电路（含 RC 和 LC 振荡电路）的分析方法可归纳如下：

1）从电路组成来看，检查其是否包括放大、反馈、选频和稳幅等基本部分。

2）分析放大电路能否正常工作。对分立元件电路，看静态工作点是否合适；对集成运算放大器，看输入端是否有直流通路。

3）检查电路是否满足自激条件：

① 利用瞬时变化极性法检查相位平衡条件。

② 检查幅值平衡条件。$|AF| < 1$ 不能振荡；$|AF| = 1$ 不能起振；如果没有稳幅措施，$|AF| > 1$，则虽能振荡，输出波形将失真。一般应取 $|AF|$ 略大于 1，起振后采取稳幅措施使电路达到 $|AF| = 1$，产生幅度稳定、几乎不失真的正弦波。

4）根据选频网络参数，估算振荡频率 f_0。

9.2.4 *LC* 正弦波振荡电路

LC 振荡电路主要用来产生高频正弦信号，一般在 1MHz 以上。*LC* 和 *RC* 振荡电路产生正弦振荡的原理基本相同。但 *LC* 振荡电路的选频网络由电感和电容组成。

1. *LC* 并联谐振回路的选频特性

LC 并联谐振回路如图 9.2.5 所示。

图中，*R* 表示回路的等效损耗电阻。由图可知，*LC* 并联谐振回路的等效阻抗为

$$Z = \frac{\dfrac{1}{j\omega C}(R + j\omega L)}{\dfrac{1}{j\omega C} + R + j\omega L} \qquad (9.2.12)$$

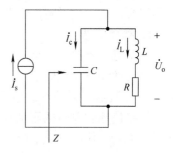

图 9.2.5 *LC* 并联谐振回路

通常有 $R \ll \omega L$，所以

$$Z \approx \frac{\dfrac{1}{j\omega C}j\omega L}{R + j\left(\omega L - \dfrac{1}{\omega C}\right)} = \frac{L/C}{R + j\left(\omega L - \dfrac{1}{\omega C}\right)} \qquad (9.2.13)$$

由式（9.2.13）可知，*LC* 并联谐振回路具有如下的特点：

1）回路的谐振频率为

$$\omega_0 = \frac{1}{\sqrt{LC}} \text{ 或 } f_o = \frac{1}{2\pi\sqrt{LC}} \qquad (9.2.14)$$

2）谐振时，回路的等效阻抗为纯电阻性质，其值最大，即

$$Z_0 = \frac{L}{RC} = Q\omega_0 L = \frac{Q}{\omega_0 C} \qquad (9.2.15)$$

式中，$Q = \omega_0 L/R = 1/(\omega_0 CR)$，称为回路品质因数，是用来评价回路损耗大小的指标。一般地，Q 值在几十到几百范围内。由于谐振阻抗呈纯电阻性质，所以信号源电流 $\dot{I}_s$ 与 $\dot{U}_o$ 同相。

3）输入电流 $|\dot{I}_s|$ 和回路电流 $|\dot{I}_L|$ 或 $|\dot{I}_C|$ 的关系由图 9.2.5 和式（9.2.15）有

$$\dot{U}_o = \dot{I}_s Z_0 = \dot{I}_s Q/\omega_0 C$$
$$|\dot{I}_C| = \omega_0 C |\dot{U}_o| = Q|\dot{I}_s| \qquad (9.2.16)$$

通常，$Q \gg 1$，所以 $|\dot{I}_C| \approx |\dot{I}_L| \gg |\dot{I}_s|$，可见谐振时，*LC* 并联电路的回路电流 $|\dot{I}_C|$ 或 $|\dot{I}_L|$ 比输入电流 $|\dot{I}_s|$ 大得多，即 $\dot{I}_s$ 的影响可以忽略，这个结论对于分析 *LC* 正弦波电路的相位关系很有用。

LC 并联谐振回路的频率响应曲线如图 9.2.6 所示，图中，$\Delta\omega = \omega - \omega_0$。

从图中的两条曲线可以得出如下的结论：

1）从幅频响应可见，当外加信号角频率 $\omega = \omega_0$ 时，产生并联谐振，回路等效阻抗达最大值 $Z_0 = L/(RC)$。当角频率 ω 偏离 ω_0 时，$|Z|$ 将减小，而 $\Delta\omega$ 越大，$|Z|$ 越小。

2）从相频响应可知，当 $\omega > \omega_0$ 时，等效阻抗为电容性，因此 Z 的相角为负值，即回路输出电压 $\dot{U}_o$ 滞后于 $\dot{I}_s$。反之，当 $\omega < \omega_0$ 时，等效阻抗为电感性，因此 Z 的相角为正值，$\dot{U}_o$ 超前于 $\dot{I}_s$。

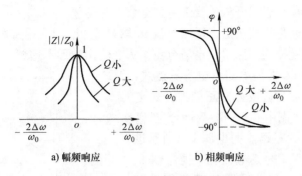

a) 幅频响应　　　　b) 相频响应

图 9.2.6　LC 并联谐振回路的频率响应

3）谐振曲线的形状与回路的 Q 值有密切的关系，Q 值越大，谐振曲线越尖锐，相角变化越快，在 ω_0 附近，$|Z|$ 值和 φ 值变化更为急剧。

2. 三点式 LC 正弦波振荡电路

常用的三点式 LC 振荡电路有电感三点式和电容三点式两种。

（1）电感三点式 LC 振荡电路　电感三点式振荡电路的原理图如图 9.2.7 所示。由图可见，这种电路的 LC 并联谐振电路中的电感有首端、中间抽头和尾端三个端点，其交流通路分别与放大电路的集电极、发射极（地）和基极相连，反馈信号取自电感 L_2 上的电压。因此，习惯上将图 9.2.7 所示电路称为电感三点式 LC 振荡电路，或叫电感反馈式振荡电路，又称为哈特莱振荡电路。

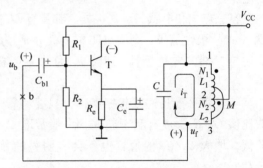

图 9.2.7　电感三点式振荡电路

LC 并联谐振回路谐振时，回路电流远比外电路电流大，1、3 两端近似呈现纯电阻特性。因此，当 L_1 和 L_2 的对应端如图 9.2.7 所示，则当选取中间抽头（2）为参考电位（交流地电位）点时，首（1）尾（3）两端的电位极性相反。

图 9.2.7 的相位平衡条件判断：设从反馈线的点 b 处断开，同时输入 u_b 为 "+" 极性的信号。由于在纯电阻负载的条件下，共射电路具有反相作用，因而其集电极电位瞬时极性为 "−"。又因 2 端交流接地，因此 3 端的瞬时电位极性为 "+"，即反馈信号 u_f 与输入信号 u_b 同相，满足相位平衡条件。

图 9.2.7 的振幅条件判断：由于 A_u 较大，只要适当选取 L_2/L_1 的比值，就可实现起振。当加大 L_2（或减小 L_1）时，有利于起振。考虑 L_1、L_2 间的互感 M，电路的振荡频率可近似表示为

$$\omega = \omega_0 \approx \frac{1}{\sqrt{(L_1 + L_2 + 2M)C}} \tag{9.2.17}$$

或

$$f = f_0 \approx \frac{1}{2\pi\sqrt{(L_1 + L_2 + 2M)C}} \tag{9.2.18}$$

195

这种振荡电路的工作频率范围可从数百千赫兹至数十兆赫兹。

电感三点式振荡电路的缺点是，反馈电压 u_f 取自 L_2 上，L_2 对高次谐波（相当于 f_o 而言）阻抗大，因而引起振荡回路输出谐波分量增大，输出波形不理想。

（2）电容三点式 LC 振荡电路　电容三点式，或叫电容反馈式，又称为科皮兹式正弦波振荡电路，如图 9.2.8 所示。图中 C_{b1}、C_{b2} 为耦合电容，对振荡频率信号可视为短路。而电源 V_{CC} 则通过高频扼流圈 L_c 接到 BJT 的集电极上。扼流圈 L_c 的作用是，避免电源对振荡回路的高频信号短路，在小功率电路中，它也可以用一个电阻代替。图中的 1、2、3 分别与放大电路的集电极、发射极（地）和基极相连，反馈信号取自电容上

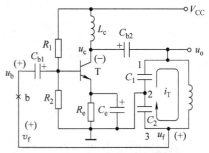

图 9.2.8　电容三点式振荡电路

的电压。因此，习惯上将图 9.2.8 所示电路称为电容三点式 LC 振荡电路，或叫电容反馈式振荡电路。

电容三点式和电感三点式一样，都具有 LC 并联回路。设从反馈点 b 处断开，同时加入 u_b 为"＋"极性信号，则得 BJT 集电极的 u_c 为"－"极性，因为 2 端接地处于零电位，所以 3 端与 1 端的电位极性相反，u_f 为"＋"极性信号，与 u_b 同相位，即满足相位平衡条件。

至于振幅平衡条件或起振条件，只要将管子的 β 值选得大一些（例如数十），并恰当选取比值 C_2/C_1，就有利于起振，一般常取 $C_2/C_1 = 0.01 \sim 0.5$。由于 BJT 的输入电阻 r_{be} 比较低，增大 C_2/C_1 的值，也不会有明显的效果，但在实用上，有时为了方便起见，取 $C_1 = C_2$。

电容三点式振荡电路的振荡频率可近似表示如下：

$$\omega = \omega_0 \approx \frac{1}{\sqrt{L\left(\dfrac{C_1 C_2}{C_1 + C_2}\right)}} \tag{9.2.19}$$

或

$$f = f_o \approx \frac{1}{2\pi\sqrt{L\left(\dfrac{C_1 C_2}{C_1 + C_2}\right)}} \tag{9.2.20}$$

这种电路的特点是，由于反馈电压是从电容 C_2 两端取出，对高次谐波阻抗小，因而可将高次谐波滤除，所以输出波形好。调节频率时要求 C_1、C_2 同时可变，这在实用上不方便，因而在谐振回路中将一可调电容并联于 L 的两端，可在小范围内调频。这种振荡电路的工作频率范围可从数百千赫兹到 100MHz 以上。它通常用在调幅和调频接收机中，利用同轴电容器来调节振荡频率。

9.2.5　石英晶体正弦波振荡电路

1. 正弦波振荡电路的频率稳定问题

在工程应用中，往往要求正弦波振荡电路的振荡频率有一定的稳定度，有时要求振荡频

率十分稳定，如通信系统中的射频振荡电路、数字系统的时钟产生电路等。因此，有必要引用频率稳定度来作为衡量振荡电路的质量指标之一。频率稳定度一般用频率的相对变化量 $\Delta f / f_o$ 来表示，f_o 为振荡频率，Δf 为频率偏移。频率稳定度有时附加时间条件，如 1h 或一日内的频率相对变化量。

影响 LC 振荡电路振荡频率 f_o 的因素主要是 LC 并联谐振回路的参数 L、C 和 R 以及 LC 谐振回路的 Q 值。Q 值越大，频率稳定度越高。为了提高 Q 值，应尽量减小回路的损耗电阻 R 并加大 L/C 值。但一般的 LC 振荡电路，其 Q 值只可达数百，在要求频率稳定度高的场合，往往采用石英晶体振荡电路。

石英晶体振荡电路，就是用石英晶体取代 LC 振荡电路中的 L、C 元件所组成的正弦波振荡电路。石英晶体振荡电路之所以具有极高的频率稳定度，主要是由于采用了具有极高 Q 值的石英晶体元件。它的频率稳定度可高达 10^{-9} 甚至 10^{-11}。

2. 石英晶体的基本特性与等效电路

石英晶体是硅石的一种，其化学成分是二氧化硅（SiO_2）。从一块晶体上按一定的方位角切下的薄片称为晶片，然后在晶片的表面上涂敷银层并装上一对金属板，就构成石英晶体产品，如图 9.2.9 所示，一般有金属密封和玻璃壳封装两种。

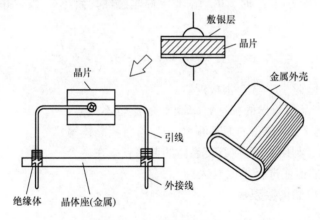

图 9.2.9 石英晶体结构

石英晶片具有压电效应。若在晶片的两个极板间加一电场，会使晶体产生机械变形；反之，若在极板间施加机械力，又会在相应的方向上产生电场。如在极板间所加的是交变电压，就会产生机械变形振动，同时机械变形振动又会产生交变电场。一般来说，这种机械振动的振幅是比较小的，其振动频率则是很稳定的。但当外加交变电压的频率与晶片的固有频率（决定于晶片的尺寸）相等时，机械振动的幅度将急剧增加，这种现象称为压电谐振，因此，石英晶体又称为石英晶体谐振器。

石英晶体的电路模型与电抗特性可用图 9.2.10 所示的电路模型来表示。等效电路中的 C_o 为切片与金属板构成的静电电容，L 和 C 分别模拟晶体的质量（代表惯性）和弹性，而晶片振动时，因摩擦而造成的损耗则用电阻 R 来等效。石英晶体具有很高的质量与弹性的比值（等效于 L/C），因而它的品质因数 Q 高达 $10^4 \sim 5 \times 10^5$。例如一个 4MHz 的石英晶体的典型参数为：$L = 100mH$，$C = 0.015pF$，$C_o = 5pF$，$R = 100\Omega$，$Q = 25000$。

由电路模型可知，石英晶体有两个谐振频率，即

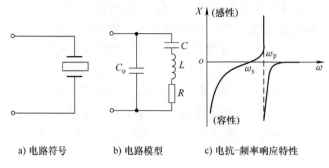

a) 电路符号　　b) 电路模型　　c) 电抗-频率响应特性

图 9.2.10　石英晶体的电路模型与电抗特性

1）当 R、L、C 支路发生串联谐振时，其串联谐振频率为

$$f_s = \frac{1}{2\pi\sqrt{LC}} \tag{9.2.21}$$

由于 C_o 很小，它的容抗比 R 大得多，因此，串联谐振的等效阻抗近似为 R，呈纯阻性，且其阻值很小。

2）当频率高于 R_s 小于 f_p 时，R、L、C 支路呈感性，当与 C_o 发生并联谐振时，其并联谐振频率为

$$f_p = \frac{1}{2\pi\sqrt{LC}}\sqrt{1 + \frac{C}{C_o}} = f_s\sqrt{1 + \frac{C}{C_o}} \tag{9.2.22}$$

由于 $C \ll C_o$，因此，f_p 与 f_s 很接近。

通常石英晶体产品所给出的标称频率既不是 f_s 也不是 f_p，而是外接一个小电容 C_s 时校正的振荡频率，C_s 与石英晶体串联如图 9.2.11 所示。利用 C_s 可使石英晶体的谐振频率在一个小范围内调整。C_s 的值应选择得比 C 大。

则图 9.2.11 的串联谐振频率

$$f'_s = f_s\sqrt{1 + \frac{C}{C_o + C_s}} \tag{9.2.23}$$

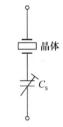

图 9.2.11　石英晶体串联谐振频率的调整

将式（9.2.23）展开成幂级数，因为 $C \ll C_o + C_s$，从而略去高次项，可近似得

$$f'_s = f_s\left[1 + \frac{C}{2(C_o + C_s)}\right] \tag{9.2.24}$$

可见频率的相对变化量为

$$\frac{\Delta f}{f} = \frac{C}{2(C_o + C_s)} \tag{9.2.25}$$

由以上分析可知，串入 C_s 之后，并不影响并联谐振频率，当 $C_s \to 0$ 时，$f'_s = f_p$，而当 $C_s \to \infty$ 时，$f'_s = f_s$。C_s 是一个微调电容，使 f'_s 在 f_s 与 f_p 之间的一个狭小范围内变动。

3. 石英晶体振荡器

石英晶体振荡器电路有并联晶体振荡器和串联晶体振荡器两种，前者石英晶体是以并联谐振的形式出现，而后者则是以串联谐振的形式出现。并联晶体振荡器如图 9.2.12 所示。

从相位平衡的条件来分析，电路的振荡频率必须在石英晶体的 ω_s 与 ω_p 之间。晶体在电路中起电感的作用。图 9.2.12 属于电容三点式 LC 振荡电路，振荡频率由谐振回路的参数（C_1、C_2、C_s 和石英晶体的等效电感 L_{eq}）决定。由于 $C_1 \gg C_s$ 和 $C_2 \gg C_s$，所以振荡频率主要取决于石英晶体与 C_s 的谐振频率，与石英晶体本身的谐振频率十分接近。石英晶体作为一个等效电感 L_{eq} 很大，而 C_s 又很小，使得等效 Q 值极高，其

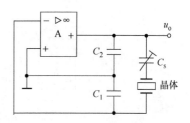

图 9.2.12 并联晶体振荡器

他元件和杂散参数对振荡频率的影响很小，故频率稳定度很高。

9.3 方波产生电路

方波产生电路是一种能够产生方波或矩形波的非正弦信号发生电路。由于方波或矩形波包含极丰富的谐波，因此，这种电路又称为多谐振荡电路。基本电路组成如图 9.3.1a 所示，如果在比较器的输出端引入限流电阻 R 和两个背靠背的稳压管就组成了一个如图 9.3.1b 所示的双向限幅方波产生电路。由图可知，电路的正反馈系数 F 为

$$F \approx \frac{R_2}{R_1 + R_2} \tag{9.3.1}$$

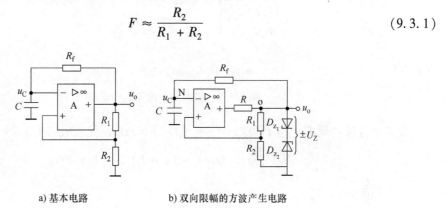

a) 基本电路   b) 双向限幅的方波产生电路

图 9.3.1 方波产生电路

在接通电源的瞬间，输出电压究竟偏于正向饱和还是负向饱和，那纯属偶然。设输出电压偏于正饱和值，即 $u_o = +U_Z$ 时，加到电压比较器同相端的电压为 $+FU_Z$，而加于反相端的电压，由于电容器 C 上的电压 u_C 不能突变，只能由输出电压 u_o 通过电阻 R_f 按指数规律向 C 充电来建立，如图 9.3.2a 所示。显然，当加到反相端的电压 u_C 等于 $+FU_Z$ 时，输出电压便立即从正饱和值（$+U_Z$）迅速翻转到负饱和值（$-U_Z$），$-U_Z$ 又通过 R_f 对 C 进行反向充电，如图 9.3.2b 所示。直到 u_C 等于 $-FU_Z$ 时，输出状态再翻转回来。如此循环不已，形成一系列的方波输出。

图 9.3.2c 画出了在一个方波的周期内，输出端及电容器 C 上的电压波形。设 $t=0$ 时，$u_C = -FU_Z$，则 $T/2$ 的时间内，电容 C 上的电压 u_C 将以指数规律由 $-FU_Z$ 向 $+U_Z$ 方向变化，电容器端电压随时间变化规律为

$$u_C(t) = U_Z\left[1 - (1 + F)e^{-\frac{t}{R_f C}}\right] \tag{9.3.2}$$

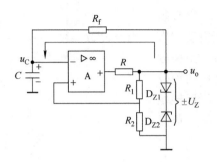
a) 电容器正向充电情况

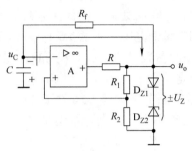
b) 电容器反向充电情况

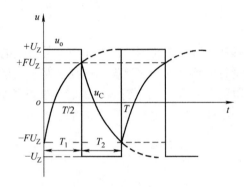
c) 输出电压与电容器电压波形图

图 9.3.2　方波产生电路工作原理图

设 T 为方波的周期，当 $t = T/2$ 时，$u_C(T/2) = FU_Z$，代入式（9.3.2），可得

$$u_C\left(\frac{T}{2}\right) = U_Z\left[1 - (1 + F)\,\mathrm{e}^{-\frac{T}{2R_fC}}\right] = FU_Z$$

对 T 求解，可得

$$T = 2R_fC\ln\frac{1 + F}{1 - F} = 2R_fC\ln\left(1 + 2\frac{R_2}{R_1}\right) \tag{9.3.3}$$

如适当选取 R_1 和 R_2 的值，可使 $F = 0.462$，则振荡周期可简化为 $T = 2R_fC$，或振荡频率为

$$f = \frac{1}{T} = \frac{1}{2R_fC} \tag{9.3.4}$$

在低频范围（如 $10\,\mathrm{Hz} \sim 10\,\mathrm{kHz}$）内，对于固定频率来说，用运算放大器来组成图 9.3.2 所示电路。当振荡频率较高时，为了获得前后沿较陡的方波，以选择转换速率较高的集成运算放大器。

通常将矩形波为高电平的持续时间与振荡周期的比称为占空比。对称方波的占空比为 50%。如需产生占空比可调的矩形波，只需适当改变电容 C 的正、反向充电时间常数即可。将图 9.3.3 所示电路接入图 9.3.1b 中，代替电阻 R_f。这样，当 u_o 为正时，D_1 导

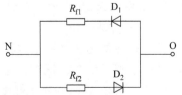
图 9.3.3　占空比可调节的电路

通而 D_2 截止，正向充电时间常数为 $R_{f1}C$；当 u_o 为负时，D_1 截止而 D_2 导通，反向充电时间常数为 $R_{f2}C$。选取 R_{f1}/R_{f2} 的比值不同，就可以改变占空比，如果忽略二极管的正向电阻，则振荡周期为

$$T = (R_{f1} + R_{f2})C\ln\left(1 + 2\frac{R_2}{R_1}\right) \tag{9.3.5}$$

9.4　锯齿波产生电路

锯齿波和正弦波、方波、三角波是常用的基本测试信号。在示波器等仪器中，常用到锯齿波产生器作为时基电路。而电视机中显像管荧光屏上的光点，是靠磁场变化进行偏转的，所以需要用锯齿波电流来控制。

1. 电路组成

锯齿波电压产生器电路如图 9.4.1a 所示，包括同相输入迟滞比较器和充放电时间常数不等的积分器。

2. 门限电压的估算

图 9.4.1a 中的 u_{p1} 为

$$u_{p1} = u_o - \frac{u_o - u_{o1}}{R_1 + R_2}R_1 = \frac{u_o R_2 + u_{o1}R_1}{R_1 + R_2} \tag{9.4.1}$$

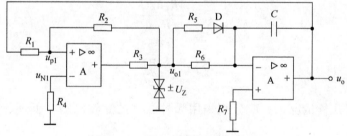

图 9.4.1　锯齿波电压产生器电路

当 $u_{N1} \approx u_{p1} = 0$ 时，u_{o1} 发生翻转，此时输出电压 u_o 为

$$u_o = -\frac{R_1}{R_2}u_{o1} = -\frac{R_1}{R_2}(\pm U_Z) \tag{9.4.2}$$

则门限电压

$$U_T = u_o = -\frac{R_1}{R_2}(\pm U_Z) \tag{9.4.3}$$

由式 (9.4.3)，可分别求出上、下门限电压

$$U_{T+} = \frac{R_1}{R_2}U_Z \tag{9.4.4}$$

$$U_{T-} = -\frac{R_1}{R_2}U_Z \tag{9.4.5}$$

3. 工作原理

设 $t = 0$ 时接通电源，有 $u_{o1} = -U_Z$，则 $-U_Z$ 经 R_6 向 C 充电，使输出电压按线性规律增

长。当 u_o 上升到门限电压 U_{T+}，使 $u_{p1} = u_{N1} = 0$ 时，比较器输出 u_{o1} 由 $-U_Z$ 上跳到 $+U_Z$，同时门限电压下跳到 U_{T-} 值。以后 $u_{o1} = +U_Z$ 经 R_6 和 D、R_5 两支路向 C 反向充电，由于时间常数减小，u_o 迅速下降到负值。当 u_o 下降到门限电压 U_{T-} 使 $u_{p1} = u_{N1} = 0$ 时，比较器输出 u_{o1} 又由 $+U_Z$ 下跳到 $-U_Z$。如此周而复始，产生振荡。由于电容 C 的正向与反向充电时间常数不相等，输出波形 u_o 为锯齿波电压，u_{o1} 为矩形波电压，如图 9.4.2 所示。

忽略二极管的正向电阻，其振荡周期为

$$T = T_1 + T_2$$
$$= \frac{2R_1R_6C}{R_2} + \frac{2R_1(R_6 /\!/ R_5)C}{R_2}$$
$$= \frac{2R_1R_6C(R_6 + 2R_5)}{R_2(R_2 + R_6)} \qquad (9.4.6)$$

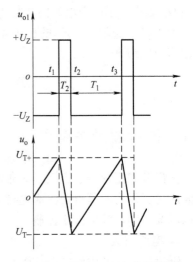

图 9.4.2　图 9.4.1 电路的波形

在图 9.4.1 所示电路中，当 R_5、D 支路开路，电容 C 的正、反向充电时间常数相等时，此时锯齿波就变成三角波，图 9.4.1 所示电路就变成方波（u_{o1}）—三角波（u_o）产生电路，其振荡周期为

$$T = \frac{4R_1R_6C}{R_2} \qquad (9.4.7)$$

习　　题

9.1　在下列几种情况下，应分别采用哪种类型的滤波电路（低通、高通、带通、带阻）？

1）有用信号频率为 200Hz；

2）有用信号频率低于 300Hz；

3）希望抑制 50Hz 交流电源的干扰；

4）希望抑制 600Hz 下的信号；

5）为获得输入电压中的低频信号。

9.2　设运算放大器为理想器件。在下列几种情况下，它们应分别属于哪种类型的滤波电路（低通、高通、带通、带阻）？定性画出其幅频特性。

1）理想情况下，当 $f = 0$ 和 $f \to \infty$ 时的电压增益相等，且不为零；

2）直流电压增益就是它的通带电压增益；

3）在理想情况下，当时的电压增益就是它的通带电压增益；

4）在 $f = 0$ 和 $f \to \infty$ 时，电压增益都等于零。

9.3　图题 9.3 所示为一个一阶低通滤波器电路，设 A 为理想运放，试推导电路的传递函数，并求出其 $-3dB$ 截止角频率 ω_H。

9.4　图题 9.4 所示是一阶全通滤波电路的一种形式。

1）试证明：电路的电压增益表达式为

$$A_u(j\omega) = \frac{\dot{U}_o(j\omega)}{\dot{U}_i(j\omega)} = -\frac{1 - j\omega RC}{1 + j\omega RC}$$

2）试求它的幅频响应和相频响应，说明当 ω 由 $0 \to \infty$ 时，相位 φ 的变化范围。

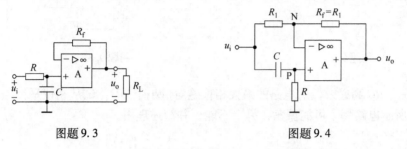

图题9.3   图题9.4

9.5　在图题9.5所示低通滤波电路中，设 $R_1 = 10k\Omega$，$R_f = 50k\Omega$，$R = 10k\Omega$，$C_1 = C_2 = 1\mu F$，试计算截止角频率 ω_H 和通带电压增益，并画出其波特图。

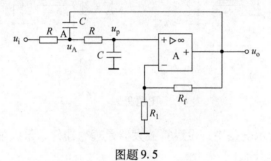

图题9.5

9.6　在图题9.6所示带通滤波电路中，设 $R = R_2 = 10k\Omega$，$R_3 = 20k\Omega$，$R_1 = 38k\Omega$，$R_f = 20k\Omega$，$C_1 = C = 0.01\mu F$，试计算中心频率 f_o 和带宽 BW，画出其选频特性。

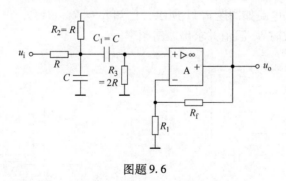

图题9.6

9.7　设 A 为理想集成运算放大器，试写出图题9.7所示电路的传递函数，指出这是一个什么类型的滤波电路。

9.8　设 A 为理想集成运算放大器，试写出图题9.8所示电路的传递函数，指出这是一个什么类型的滤波电路。

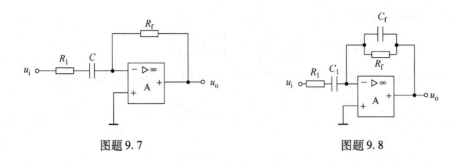

图题9.7　　　　　　　　　　　　图题9.8

9.9　一阶 RC 高通或低通电路的最大相移绝对值小于90°，试从相位平衡条件出发，判断图题9.9所示电路哪个可能振荡，哪个不能，并简述理由。

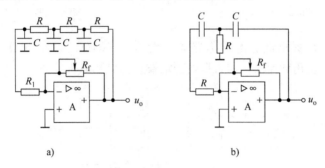

a)　　　　　　　　　　　　　b)

图题9.9

9.10　图题9.10所示电路中，设运算放大器是理想器件，最大输出电压为 ±10V。

1）振荡电路名称是什么？

2）正常工作下输出信号的频率是多少？

3）由于某种原因使 R_2 断开时，其输出电压的波形是什么（正弦波、近似为方波或停振）？输出波形的峰—峰值为多少？

9.11　正弦波振荡电路如图题9.11所示，已知 $R_1 = R_2 = 1\text{k}\Omega$，设运算放大器 A 是理想的，求产生稳定正弦波时 R_p 阻值并求出振荡频率。

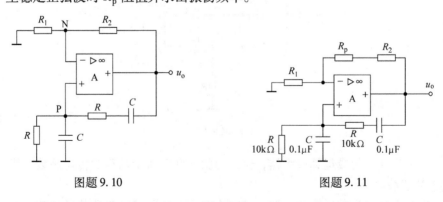

图题9.10　　　　　　　　　　　图题9.11

9.12　设运算放大器 A 是理想的，试分析图题9.12所示正弦波振荡电路。

1）为满足振荡条件，试在图中用 +、− 标出运放 A 的同相端和反相端；

2）为能起振，R_p 和 R_2 两个电阻之和应大于何值？

3）此电路的振荡频率 f_o = ?

4）稳定振荡时如果要限制输出电压的峰值可以采用什么样的措施?

9.13　图题 9.13 所示为 RC 桥式正弦波振荡电路,已知运算放大器的最大输出电压为 ±14V。

1）图中用二极管 D_1、D_2 作为自动稳幅器件,试分析它的稳幅原理;

2）设电路已产生稳定正弦波振荡,当输出电压达到正弦波峰值时,二极管的正向压降约为 0.6V,试粗略估算输出电压的频率 f_o 和峰值 U_{om};

3）试定性说明因不慎使 R_2 短路时,输出电压 u_o 的波形;

4）试定性画出当 R_2 不慎断开时,输出电压 u_o 的波形(并标明振幅)。

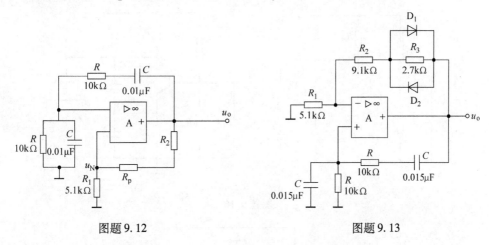

图题 9.12　　　　　　　　　　　　图题 9.13

9.14　将图题 9.14 所示电路合理连线,使之产生正弦波振荡。

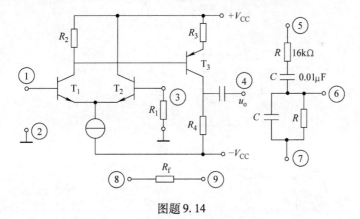

图题 9.14

9.15　对图题 9.15 所示的各三点式振荡器的交流通路(或电路),试用相位平衡条件判断哪个可能振荡,哪个不能,指出可能振荡的电路属于什么类型。

9.16　两种改进型电容三点式振荡电路如图题 9.16 所示,C_1 和 C_2 远大于 C_3,求振荡频率的近似表达式。

9.17　试分析图题 9.17 所示正弦波振荡电路是否有错误,如有错误请改正。

9.18　图题 9.18 所示为一波形发生器电路,试说明它是由哪些单元电路组成的? 各起什么作用？并定性画出各运算放大器 A、B、C 端的输出波形。

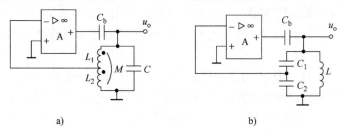

图题 9.15

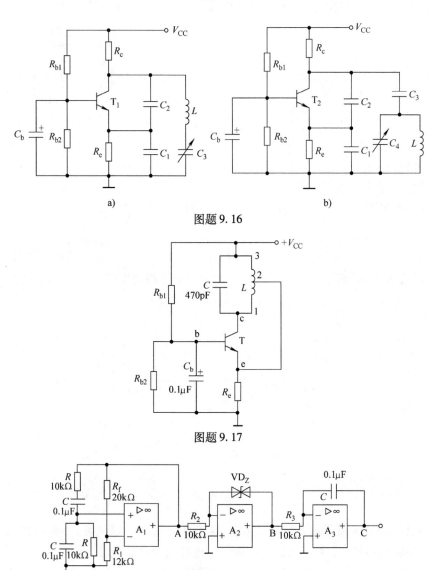

图题 9.16

图题 9.17

图题 9.18

9.19　图题 9.19 所示电路为方波－三角波产生电路，试求出其振荡频率，并画出 u_{o1}、

u_{o2} 的波形。

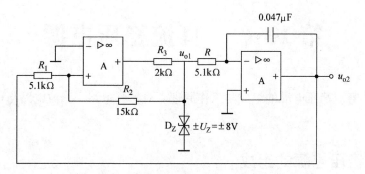

图题 9.19

9.20　电路如图题 9.20 所示。已知 $R_1 = R_2 = R_p = 20\text{k}\Omega$，$R_3 = 1\text{k}\Omega$，$C = 0.1\mu\text{F}$，$\pm U_Z = \pm 6\text{V}$。

1）定性画出电位器滑动端在中点、最上端、最下端三种情况下输出电压的波形；

2）分别估算电位器滑动端在中点和最上端时输出电压的幅值和周期。

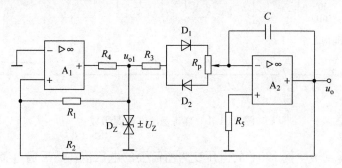

图题 9.20

第 10 章 直流稳压电源

本章介绍了直流稳压电源的组成与工作原理。对整流电路、滤波电路与稳压电路进行了详细介绍。

10.1 直流稳压电源的组成

在电子电路中，都需要电压稳定的直流电源供电，直流稳压电源的组成如图 10.1.1 所示，由电源变压器、整流电路、滤波电路和稳压电路等组成。

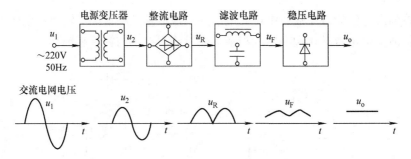

图 10.1.1 直流稳压的电源组成

电源变压器将交流电网 220V 的电压变为所需要的电压值，然后通过整流电路将交流电压变成单向脉动的直流电压，由于此脉动的直流电压还含有较大的纹波，必须通过滤波电路加以滤除，从而得到平滑的直流电压，但这样的电压还随电网电压波动（一般有 ±10% 左右的波动）、负载和温度的变化而变化，因而在整流、滤波电路之后，还需接稳压电路，稳压电路的作用是当电网电压波动负载和温度变化时，维持输出直流电压稳定。

当负载要求功率较大、效率高时，常采用开关稳压电源。

10.2 稳压电源的质量指标

稳压电源的技术指标分为两种：一种是特性指标，包括允许的输入电压、输出电压、输出电流及输出电压调节范围等；另一种是质量指标，用来衡量输出直流电压的稳定程度，包括电压调整率、稳压系数、输出电阻、温度系数及纹波电压等。

1. 电压调整率

为了反映输入电压波动对输出电压的影响，常用输入电压变化 ΔU_I 时引起输出电压的相对变化来表示，称为电压调整率（%/V），即

$$S_U = \frac{\Delta U_O / U_O}{\Delta U_I} \times 100\% \bigg|_{\substack{\Delta I_O = 0 \\ \Delta T = 0}} \tag{10.2.1}$$

电压调整率也有定义为：在温度和负载恒定条件下，输入电压变化 10% 时，输出电压的变化，单位为 mV。

有时也以输出电压和输入电压的相对变化之比来表征稳压性能，称为稳压系数，即

$$\gamma = \frac{\Delta U_O / U_O}{\Delta U_I / U_I}\bigg|_{\substack{\Delta I_O = 0 \\ \Delta T = 0}} \tag{10.2.2}$$

2. 输出电阻（Ω）

$$R_O = \frac{\Delta U_O}{\Delta I_O}\bigg|_{\substack{\Delta U_I = 0 \\ \Delta T = 0}} \tag{10.2.3}$$

R_O 反映负载电流 I_O 变化对 U_O 的影响。

3. 温度系数（mV/℃）

$$S_T = \frac{\Delta U_O}{\Delta T}\bigg|_{\substack{\Delta U_I = 0 \\ \Delta I_O = 0}} \tag{10.2.4}$$

系数越小，输出电压越稳定，它们的具体数值与电路形式和电路参数有关。

4. 纹波抑制比

纹波电压是指稳压电路输出端交流分量的有效值，一般为毫伏数量级，它表示输出电压的微小波动。常用纹波抑制比 RR（Ripple Rejection）表示，即

$$RR = 20\lg \frac{\widetilde{U}_{IP-P}}{\widetilde{U}_{OP-P}} dB \tag{10.2.5}$$

式中，$\widetilde{U}_{IP-P}$ 和 $\widetilde{U}_{OP-P}$ 分别表示输入纹波电压峰–峰值和输出纹波电压的峰–峰值。

10.3　单相整流滤波电路

10.3.1　单相半波整流电路

整流电路是利用二极管的单向导电的性质，将交流电变换成直流电，因此二极管是构成整流电路的关键器件。在小功率整流电路中，常见的整流电路有半波整流电路、全波整流电路、桥式整流电路和倍压整流电路。本节在分析整流电路时，假设二极管为理想二极管。

1. 工作原理

半波整流电路如图 10.3.1 所示，图中 T_r 为电源变压器，它的作用是将交流电网电压 u_1 变成整流电路要求的交流电压 $u_2 = \sqrt{2}U_2\sin\omega t$，D 为整流二极管，$R_L$ 为负载电阻。在电源电压的正半周（设 a 端为正，b 端为负时是正半周），整流二极管承受正向电压而导通，为负载电阻提供电流；在电源电压的负半周，整流二极管承受反压而截止，此阶段负载

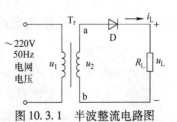

图 10.3.1　半波整流电路图

电流为零。由此可知半波整流电路只在电源电压 u_2 的正半周内有电流流过，电流流向如图 10.3.1 中的箭头所示。

通过负载电阻 R_L 的电流 i_L 以及电压 u_L 的波形如图 10.3.2 所示。显然，它们是单方向的半波脉动波形。

2. 负载上的直流电压 $U_{O(AV)}$ 和直流电流 I_L 的计算

负载电压的平均值即输出的直流电压计算如下：

$$U_{O(AV)} = \frac{1}{2\pi}\int_0^\pi \sqrt{2}U_2\sin\omega t\mathrm{d}\omega t$$

$$(10.3.1)$$

解得

$$U_{O(AV)} = \frac{\sqrt{2}U_2}{\pi} \approx 0.45U_2 \quad (10.3.2)$$

负载电流的平均值（即输出的直流电流）为

$$I_L \approx \frac{0.45U_2}{R_L} \quad (10.3.3)$$

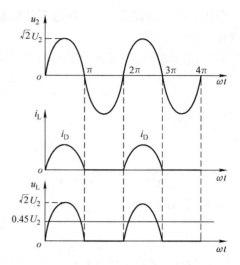

图 10.3.2　半波整流电路电流、电压波形图

定义输出电压的脉动系数 S 为整流输出电压的基波峰值与输出电压平均值之比，即

$$S = \frac{U_{O1M}}{U_{O(AV)}} = \frac{U_2/\sqrt{2}}{\sqrt{2}U_2/\pi} = \frac{\pi}{2} \approx 1.57 \quad (10.3.4)$$

式（10.3.4）说明半波整流电路的输出脉动很大。

3. 整流器件参数的计算

在半波整流电路中，二极管 D 在电源电压的每个正半周期导通，流经二极管的平均电流等于负载电流

$$I_D = I_L = \frac{0.45U_2}{R_L} \quad (10.3.5)$$

二极管截止时承受的最大反向电压为电源电压 u_2 的最大值，即

$$U_{RM} = \sqrt{2}U_2 \quad (10.3.6)$$

根据电网电压的波动范围，一般在选择二极管时最大整流电流和最大反向电压应留有大于 10% 的裕量。

10.3.2　单相桥式整流电路

1. 工作原理

电路如图 10.3.3a 所示。

图中，T_r 为电源变压器，作用是将交流电网电压 u_1 变成整流电路要求的交流电压，$u_2 = \sqrt{2}U_2\sin\omega t$，$R_L$ 是要求直流供电的负载电阻，4 只整流二极管 $D_1 \sim D_4$ 接成电桥的形式，故有桥式整流电路之称。图 10.3.3b 是它的简化画法。

在电源电压 u_2 的正、负半周（设 a 端为正，b 端为负时是正半周）内电流通路分别用图 10.3.3a 中的实线和虚线箭头表示。

通过负载 R_L 的电流 i_L 以及电压 u_L 的波形如图 10.3.4 所示，它们都是单方向的全波脉动波形。

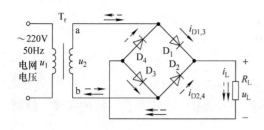

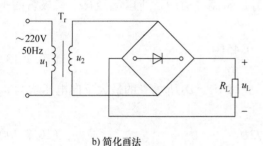

a) 单相桥式整流电路

b) 简化画法

图 10.3.3　单相桥式整流电路图

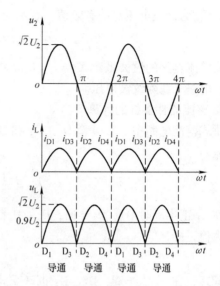

图 10.3.4　单相桥式整流电路电流、电压波形图

2. 负载上的直流电压 $U_{O(AV)}$ 和直流电流 I_L 的计算

负载电压的平均值（即输出的直流电压）计算如下：

$$U_{O(AV)} = \frac{1}{\pi} \int_0^\pi \sqrt{2} U_2 \sin\omega t \, \mathrm{d}\omega t \tag{10.3.7}$$

解得

$$U_{O(AV)} = \frac{2\sqrt{2} U_2}{\pi} \approx 0.9 U_2 \tag{10.3.8}$$

负载电流的平均值（即输出的直流电流）为

$$I_L \approx \frac{0.9 U_2}{R_L} \tag{10.3.9}$$

输出电压的脉动系数 S：根据谐波分析，桥式整流电路的基波为 100Hz，$U_{O1M} = 4\sqrt{2} U_2 / 3\pi$，故脉动系数为

$$S = \frac{U_{O1M}}{U_{O(AV)}} = \frac{2}{3} = 0.67 \tag{10.3.10}$$

式（10.3.10）说明，与半波整流电路相比，桥式整流电路输出电压的脉动减少了很多。

桥式整流电路输出波形的傅里叶级数展开式为

$$u_L = \sqrt{2} U_2 \left(\frac{2}{\pi} - \frac{4}{3\pi}\cos 2\omega t - \frac{4}{15\pi}\cos 4\omega t - \frac{4}{35\pi}\cos 6\omega t \cdots \right)$$

最低次谐波分量的幅值为 $4\sqrt{2} U_2 / (3\pi)$，角频率为电源频率的两倍，即 2ω，其他交流分量的角频率为 4ω、$6\omega \cdots$ 偶次谐波分量。这些谐波分量总称为纹波，叠加于直流分量之上。

常用纹波系数 K_γ 来表示直流输出电压中相对纹波电压的大小，即

$$K_\gamma = \frac{U_{L\gamma}}{U_{O(AV)}} \tag{10.3.11}$$

式中，$U_{L\gamma}$ 为谐波电压总的有效值，表示为

$$U_{L\gamma} = \sqrt{U_{L2}^2 + U_{L4}^2 + \cdots} = \sqrt{U_2^2 - U_{O(AV)}^2} \tag{10.3.12}$$

则桥式整流电路的纹波系数 $K_\gamma = \sqrt{(1/0.9)^2 - 1} \approx 0.483$。由于 u_L 中存在一定的纹波，故需要滤波电路来滤除纹波电压。

3. 整流器件参数的计算

桥式整流电路中，二极管 D_1、D_3 和 D_2、D_4 是轮流导通的，所以流经每个二极管的平均电流为

$$I_D = \frac{1}{2}I_L = \frac{0.45U_2}{R_L} \tag{10.3.13}$$

在 u_2 正半周时 D_1、D_3 导通，D_2、D_4 截止，此时 D_2、D_4 所承受的最大反向电压均为 u_2 的最大值，即

$$U_{RM} = \sqrt{2}U_2 \tag{10.3.14}$$

同理，在 u_2 负半周，D_1、D_3 也承受同样大小的反向电压。

一般电网电压波动范围为 ±10%。实际上选用的二极管的最大整流电流 I_{DM} 和最高反向电压 U_{RM} 应留有大于 10% 的裕量。

桥式整流电路的优点是输出电压高，纹波电压较小，管子承受的最大反向电压较低，同时因电源变压器在正、负半周内都有电流供给负载，电源变压器得到了充分的利用，效率较高。因此，这种电路在整流电路中得到了广泛的应用。目前，市场上有整流桥堆出售，如 QL51A ~ G、QL62A ~ L 等，其中 QL62A ~ L 的额定电流 2A，最大反向电压为 25 ~ 1000V。

10.3.3 单相全波整流电路

电路如图 10.3.5 所示。

图中 T_r 为带中间抽头的电源变压器，它的作用是将交流电网电压 u_1 变成整流电路要求的交流电压 $u_{2a} = -u_{2b} = \sqrt{2}U_2\sin\omega t$，$D_1$ 和 D_2 为整流二极管，R_L 为负载电阻。在电源电压 u_{2a} 的正半周，整流二极管 D_1 承受正向电压而导通为负载电阻提供电流，此时 D_2 承受反向电压截止；在电源电压 u_{2a} 的负半周，整流二极管 D_2 承受正向电压导通。

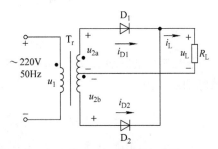

图 10.3.5 全波整流电路图

根据电路工作原理可知，全波整流电路的负载电压和电流波形与单相桥式整流电路完全相同。但加在二极管上的反向峰值电压却增加了一倍，这是因为在正半周 D_1 导通，D_2 截止，此时变压器二次侧两个绕组的电压全部加到 D_2 的两端，因此，二极管承受的反向峰值电压为 $2\sqrt{2}U_2$。

10.3.4　滤波电路

整流电路的输出电压虽然是单一方向的，但是含有较大的交流成分，不能适应大多数电子电路及设备的需要。因此，一般在整流后，还需利用滤波电路将脉动的直流电压变为平滑的直流电压。与用于信号处理的滤波电路相比，直流电源中滤波电路的显著特点是：均采用无源电路，理想情况下，滤去所有交流成分，而只保留直流成分，能够输出较大电流。

滤波电路用于滤去整流输出电压中的纹波，一般由储能元件组成，如在负载电阻两端并联电容器 C，或在整流电路输出端与负载间串联电感器 L，以及由电容、电感组合而成的各种复式滤波电路。常用的结构如图 10.3.6 所示。

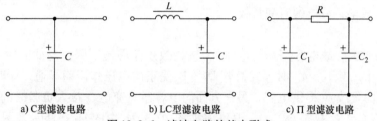

a) C 型滤波电路　　　b) LC 型滤波电路　　　c) Π 型滤波电路

图 10.3.6　滤波电路的基本形式

由于储能元件在电路中有储能作用，并联的电容器 C 在电源供给的电压升高时，能把部分能量存储起来，而当电源电压降低时，就能把电场能量释放出来，使负载电压比较平滑，即电容 C 具有平波作用，多用于小功率电源中；与负载串联的电感 L，当电源供给的电流增加（由电源电压增加引起）时，它能把能量存储起来，而当电流减小时，又能把磁场能量释放出来，使负载电流比较平滑，即电感 L 也有平波作用，多用于较大功率电源中。

1. 电容滤波电路

电容滤波电路是最常见也是最简单的滤波电路，在整流电路的输出端（即负载电阻两端）并联一个电容即构成电容滤波电路，如图 10.3.7a 所示。滤波电容容量较大，因而一般均采用电解电容，在接线时要注意电解电容的正、负极。电容滤波电路利用电容的充放电作用，使输出电压趋于平滑。

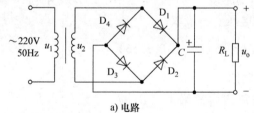

a) 电路

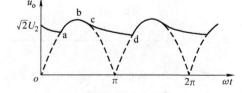

b) 理想情况下的波形

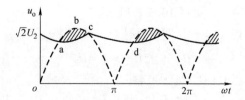

c) 考虑整流电路内阻时的波形

图 10.3.7　单相桥式整流电容滤波电路及稳态时的波形分析

213

负载 R_L 未接入时，设电容器两端初始电压为零，接入交流电源后，当 u_2 为正半周时，u_2 通过 D_1、D_3 向电容器 C 充电；u_2 为负半周时经 D_2、D_4 向电容器 C 充电，充电时间常数为

$$\tau_C = R_{int} C$$

式中，R_{int} 包括变压器二次绕组的直流电阻和二极管 D 的正向电阻。由于 R_{int} 一般很小，电容器很快就充电到交流电压 u_2 的最大值 $\sqrt{2}U_2$，由于电容器无放电回路，故输出电压（即电容器 C 两端的电压 u_C）保持在 $\sqrt{2}U_2$，输出为一个恒定的直流电压。

接入负载 R_L 时，设变压器二次电压 u_2 从 0 开始上升（即正半周开始）时接入负载 R_L，由于电容器在负载未接入前充了电，故刚接入负载时 $u_2 < u_C$，二极管承受反向电压而截止，电容器 C 经 R_L 放电，放电的时间常数为

$$\tau_d = R_L C$$

因 τ_d 一般较大，故电容两端的电压 u_C 按指数规律慢慢下降。与此同时，交流电压 u_2 按正弦规律上升。当 $u_2 > u_C$ 时，二极管 D_1、D_3 受正向电压作用而导通，此时 u_2 经二极管 D_1、D_3 一方面向负载 R_L 提供电流，另一方面向电容器 C 充电（接入负载时的充电时间常数 $\tau_C = (R_L /\!/ R_{int})C \approx R_{int} C$ 很小），u_C 升高将如图 10.3.7b 中的 ab 段所示，图 10.3.7c 中 ab 段上的阴影部分为电路中的电流在整流电路内阻 R_{int} 上产生的压降。u_C 随着交流电压 u_2 升高到最大值 $\sqrt{2}U_2$ 的附近。然后，u_2 又按正弦规律下降。当 $u_2 < u_C$ 时，二极管受反向电压作用而截止，电容 C 又经 R_L 放电，u_C 下降，u_C 波形如图 10.3.7b 中的 bcd 段所示。电容器 C 如此周而复始地进行充放电，负载上便得到如图 10.3.7b 所示的一个近似锯齿波的电压 $u_L = u_C$，使负载电压的波动大为减小，输出电压不仅变得平滑，而且平均值也得到提高。由以上分析可知，电容滤波电路有如下特点：

1）二极管的导电角 $\theta < \pi$，流过二极管的瞬时电流很大，在纯电阻负载时，变压器二次电流的有效值 $I_2 = 1.11 I_L$，而有电容滤波时

$$I_2 = (1.5 \sim 2) I_L \tag{10.3.15}$$

2）负载直流电压 U_L（即输出电压的平均电压 $U_{O(AV)}$）升高，纹波（交流成分）减小，且 $R_L C$ 越大，电容放电速率越慢，则负载电压中的纹波成分越小，负载平均电压越高。

为了得到平滑的负载电压，一般取

$$\tau_d = R_L C \geqslant (3 \sim 5) \frac{T}{2} \tag{10.3.16}$$

式中，T 为电源交流电压周期。

3）负载直流电压随负载电流增加（R_L 减小）而减小。U_L 随 I_L 的变化关系称为输出特性或外特性，如图 10.3.8 所示。

当 $R_L = \infty$，即空载时 C 值一定，$\tau_d = \infty$，有

$$U_L = \sqrt{2}U_2 \approx 1.4 U_2$$

当 $C = 0$，即无电容时

$$U_L = 0.9 U_2 \tag{10.3.17}$$

在整流电路的内阻不太大（几欧）和放电

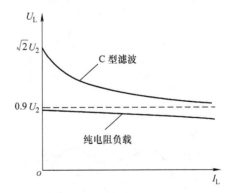

图 10.3.8　纯电阻 R_L 和具有电容滤波的桥式整流电路的输出特性

时间常数满足式（10.3.16）的关系时，电容滤波电路的负载电压与 U_2 的关系如式（10.3.18）所示，一般取 $1.2U_2$。

$$U_L = U_O(AV) = (1.1 \sim 1.2)U_2 \qquad (10.3.18)$$

总之，电容滤波电路简单，负载直流电压 U_L 较高，纹波也较小，它的缺点是输出特性较差，故适用于负载电压较高，负载变动不大的场合。

2. 电感滤波电路

在桥式整流电路和负载电阻 R_L 之间串入一个电感 L，如图 10.3.9 所示。当通过电感线圈的电流增加时，电感线圈产生自感电动势（左"＋"右"－"）阻止电流增加，同时将一部分电能转化为磁场能量储存于电感中；当电流减小时，自感电动势（左"－"右"＋"）阻止电流减小，同时将电感中的磁场能量释放出来，以补偿电流的减小。此时整流二极管依然导电，导电角 θ 增大，使 $\theta = \pi$，利用电感的储能作用可以减小输出电压和电流的纹波，从而得到比较平滑的直流。当忽略电感 L 的电阻时，负载上输出的平均电压和纯电阻（不加电感）负载相同，如忽略 L 的直流电阻上的压降，即 $U_L = 0.9U_2$。

电感滤波的特点是，整流管的导电角较大（电感 L 的反电动势使整流二极管导电角增大），无峰值电流，输出特性比较平坦。其缺点是由于铁心的存在，笨重、体积大，易引起电磁干扰。一般只适用于低电压、大电流场合。

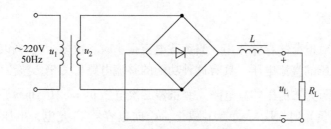

图 10.3.9　单相桥式整流电感滤波电路

此外，为了进一步减小负载电压中的纹波，电感后面可再接一电容或前后各接一电容而构成倒 L 型滤波电路或 RC—Π 型滤波电路，其性能和应用场合分别与电感滤波电路或电容滤波电路相似。

例 10.3.1　单相桥式整流、电容滤波电路如图 10.3.7 所示。已知交流电源电压为220V，交流电源频率 $f = 50\text{Hz}$，要求直流电压 $U_L = 30\text{V}$，负载电流 $I_L = 50\text{mA}$。试求电源变压器二次绕组电压的有效值；选择整流二极管及滤波电容器。

解：1）变压器二次电压有效值

取 $U_L = 1.2U_2$，则

$$U_2 = \frac{30\text{V}}{1.2} = 25\text{V}$$

2）选择整流二极管

流经二极管的平均电流

$$I_D = \frac{1}{2}I_L = \frac{1}{2} \times 50\text{mA} = 25\text{mA}$$

二极管承受的最大反向电压

$$U_{RM} = \sqrt{2}U_2 \approx 35V$$

因此，可选用 2CZ51D 整流二极管（其允许最大电流 $I_F = 50mA$，最大反向电压 $U_{RM} = 100V$），也可选用硅桥堆 QL—I 型（$I_F = 50mA$，$U_{RM} = 100V$）。

3）选择滤波电容器

负载电阻

$$R_L = \frac{U_L}{I_L} = \frac{30}{50}k\Omega = 0.6k\Omega$$

取

$$R_L C = 4 \times \frac{T}{2} = 2T = 2 \times \frac{1}{50}s = 0.04(s)$$

由此得滤波电容

$$C = \frac{0.04}{R_L} = \frac{0.04}{600}\mu F \approx 66.7(\mu F)$$

若考虑电网电压波动 $\pm 10\%$，则电容器承受的最高电压为

$$U_{CM} = \sqrt{2}U_2 \times 1.1 = (1.4 \times 25 \times 1.1)V = 38.5V$$

选用标称值为 $100\mu F/50V$ 的电解电容器。

10.3.5　倍压整流

利用滤波电容对电荷的存储作用，当负载电流很小时，由多个电容和二极管可以获得几倍于变压器二次电压的直流电压，具有这种功能的整流电路称为倍压整流电路。

图 10.3.10 所示为二倍压整流电路，变压器二次电压 $u_2 = \sqrt{2}U_2\sin\omega t$，当 u_2 处于正半周（a 端为正，b 端为负）时，D_1 导通、D_2 截止，u_2 向电容器 C_1 充电，电压极性为右正左负，峰值电压可达 $\sqrt{2}U_2$；当 u_2 处于负半周（a 端为负，b 端为正）时，D_1 截止，D_2 导通，电容器 C_1 两端电压向电容器 C_2 充电，电压极性为右正左负，峰值电压为 $2\sqrt{2}U_2$，即 $u_o = U_{C2} = 2\sqrt{2}U_2$，故图 10.3.10 为二倍压整流电路。这是因为当电路接的负载电阻 R_L 很大（负载电流小）时，C_2 的放电时间常数 $\tau = R_L C_2 \gg T$（电源电压周期），C_2 两端电压在一个周期内下降很小，输出电压 U_o 为变压器二次电压峰值的两倍。利用同样的原理可实现所需电源电压倍数的输出电压。分析此类电路时假设电路空载（$R_L = \infty$）。

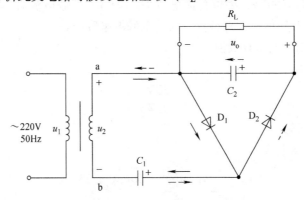

图 10.3.10　二倍压整流电路

通常该电路中的二极管承受的最大反向电压 U_{RM} 大于 $2\sqrt{2}U_2$。C_1 的耐压大于 $\sqrt{2}U_2$，C_2 的耐压应大于 $\sqrt{2}U_2$。倍压整流电路一般用于高电压、小电流（几毫安以下）和负载变化不大的直流电源中。

10.4　稳压电路

整流滤波电路输出电压会随着电网电压的波动而波动，随着负载电阻的变化而变化。为了获得稳定性好的直流电压，必须采取稳压措施。

10.4.1　稳压二极管组成的稳压电路

由稳压二极管 D_Z 和限流电阻 R 所组成的稳压电路是一种最简单的直流稳压电源，如图 10.4.1 中点划线框内所示。其输入电压 U_I 是整流滤波后的电压，输出电压就是稳压管的稳定电压 U_Z。

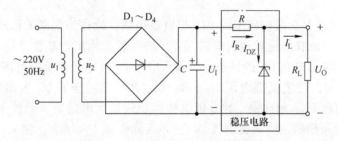

图 10.4.1　稳压二极管组成的稳压电路

在稳压管稳压电路中，只要能使稳压管始终工作在反向击穿的稳压区，则输出电压就基本稳定。限流电阻是必不可少的元件，它既限制稳压管中的电流使其正常工作，又与稳压管相配合以达到稳压的目的。一般情况下，在电路中如果有稳压管存在，就必然有与之匹配的限流电阻。

1. 输入电压 U_I 的选择

输入电压 U_I 是整流滤波后的电压，$U_I = (2 \sim 3)U_O$

2. 稳压管的选择

$$U_Z = U_O, I_{Zmax} - I_{Zmin} > I_{Lmax} - I_{Lmin}$$

稳压管的最大稳定电流的选取应留有裕量，则还应满足

$$I_{ZM} \geqslant L_{Lmax} + I_{Zmin}$$

3. 限流电阻选择

$$R_{max} = \frac{U_{Imin} - U_Z}{I_{Zmin} + I_{Lmax}}, \ R_{min} = \frac{U_{Imax} - U_Z}{I_{Zmax} + I_{Lmin}},$$

10.4.2　串联反馈式稳压电路

1. 电路组成和稳压原理

图 10.4.2 是串联反馈式稳压电路，图中 U_I 是整流滤波电路的输出电压，T 为调整管，

A 为比较放大电路，U_{REF} 为基准电压，它由稳压管 D_Z 与限流电阻 R 串联所构成的简单稳压电路获得，R_1、R_p 与 R_2 组成反馈网络，是用来反映输出电压变化的取样环节。

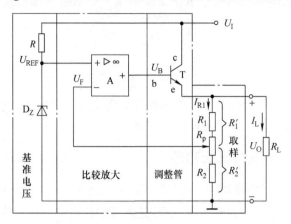

图 10.4.2　串联反馈式稳压电路

图 10.4.2 主回路是起调整作用的 BJT 与负载串联，故称为串联式稳压电路。输出电压的变化量由反馈网络取样经比较放大电路（A）放大后去控制调整管 T 的 c-e 极间的电压降，从而达到稳定输出电压 U_O 的目的。当输入电压 U_I 增加（或负载电流 I_L 减小）时，导致输出电压 U_O 增加，随之反馈电压 $U_F = R_2' U_O /(R_1' + R_2') = F_u U_O$ 也增加（F_u 为反馈系数）。U_F 与基准电压 U_{REF} 相比较，其差值电压经比较放大电路放大后使 V_B 和 I_C 减小，调整管 T 连接成电压跟随器，则调整管 T 的 c-e 极间电压 U_{CE} 增大，使 U_O 下降，从而维持 U_O 基本恒定。其稳定过程可表示如下：

$$U_I\uparrow\longrightarrow U_O\uparrow\longrightarrow U_F\uparrow\longrightarrow U_B\downarrow\longrightarrow U_O\downarrow$$
$$U_O\downarrow\longleftarrow\qquad\qquad\qquad\qquad\qquad$$

同理，当输入电压 U_I 减小（或负载电流 I_L 增加）时，亦将使输出电压基本保持不变。

调整管 T 的调整作用是依靠 U_F 和 U_{REF} 之间的偏差来实现的，必须有偏差才能调整。如果 U_O 绝对不变，调整管的 U_{CE} 也绝对不变，那么电路也就不能起调整作用了。所以 U_O 不可能达到绝对稳定，只能是基本稳定。从反馈放大电路的角度来看，此电路属于电压串联负反馈电路，当反馈越深时，调整作用越强，输出电压也越稳定。

2. 输出电压及调节范围

基准电压 U_{REF}、调整管 T 和 A 组成同相放大电路，输出电压：

$$U_O = U_{REF}\left(1 + \frac{R_1'}{R_2'} \right) \tag{10.4.1}$$

输出电压的调节范围如下：

R_p 动端在最上端时，输出电压最小

$$U_{Omin} = \frac{R_1 + R_p + R_2}{R_2 + R_p} U_{REF} \tag{10.4.2}$$

R_p 动端在最下端时，输出电压最大

$$U_{Omax} = \frac{R_1 + R_p + R_2}{R_2} U_{REF} \tag{10.4.3}$$

3. 调整管 T 极限参数的确定

调整管主要考虑极限参数 I_{CM}、$U_{(BR)CEO}$ 和 P_{CM}。从图 10.4.2 所示电路可知，调整管的最大电流应为 $I_{CM} > I_{Lmax}$（负载最大电流），调整管承受的最大电压 $U_{CEmax} = U_{Imax} - U_{Omin}$，故要求 $U_{(BR)CEO} > U_{Imax} - U_{Omin}$。当调整管 T 通过的电流和承受电压分别都是最大值（I_{Cmax}、U_{CEmax}）时，管子损耗最大，$P_{TCmax} = I_{Cmax} U_{CEmax}$，即要求 $P_{CM} \geqslant I_{Lmax}(U_{Imax} - U_{Omin})$，实际选用时，一般要考虑一定的裕量，同时还应按手册上的规定采取散热措施。

例 10.4.1　稳压电源电路如图 10.4.3 所示。1）设变压器二次电压的有效值 $U_2 = 20V$，求 $U_I = ?$ 说明电路中 T_1、R_1、TD_{Z2} 的作用；2）当 $U_{Z1} = 6V$，$U_{BE} = 0.7V$，电位器 R_p 箭头在中间位置，不接负载电阻 R_L 时，试计算 A、C、D、E 各点的电位和 U_{CE3} 的值；3）计算输出电压的调节范围；4）当 $U_O = 12V$、$R_L = 150\Omega$，$R_2 = 510\Omega$ 时，U_{Z2} 有 10% 变化时，计算调整管 T_3 的功耗。

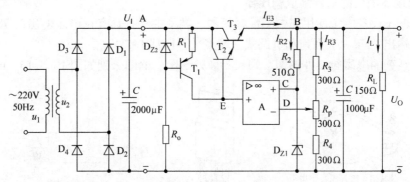

图 10.4.3　例 **10.4.1** 图

解：1）由 $U_I = (1.1 \sim 1.2)U_2$ 可得，$U_I = 1.2 U_2 = 1.2 \times 20V = 24V$。电路中 T_1、R_1 和 D_{Z2} 为稳压电源的启动电路，当输入电压 U_I 为一定值，且高于 D_{Z2} 的稳定电压 U_{Z2} 时，稳压管两端电压 U_{Z2} 使 T_1 导通。

2）R_p 箭头在中间，A、B、C、D、E 各点的电位和 U_{CE3} 的值

$$V_A = U_I = 24V$$

$$V_B = U_O = \left(\frac{R_3 + R_p + R_4}{R_4 + \frac{1}{2}R_p} \right) U_{Z1} = \frac{300\Omega + 300\Omega + 300\Omega}{300\Omega + 150\Omega} \times 6V = 12V$$

$$V_C = V_D = U_{Z1} = 6V$$

$$V_E = U_O + 2U_{BE} = 12V + 1.4V = 13.4V$$

$$U_{CE3} = V_A - U_O = 24V - 12V = 12V$$

3）输出电压的最小值和最大值分别由式（10.4.2）和式（10.4.3）得

$$U_{Omin} = \frac{R_3 + R_p + R_4}{R_4 + R_p} U_{Z1} = \frac{900\Omega}{600\Omega} \times 6V = 9V$$

$$U_{Omax} = \frac{R_3 + R_p + R_4}{R_4} U_{Z1} = \frac{900\Omega}{300\Omega} \times 6V = 18V$$

因此，输出电压调节范围为 9 ~ 18V。

4）T_3 的功耗 P_{C3}

当 $U_O = 12V$，$R_L = 150\Omega$，$I_L = \dfrac{12V}{150\Omega} \times 10^3 = 80mA$，$I_{R3} = \dfrac{12V}{900\Omega} \times 10^3 = 13.3$（mA），

$I_{R2} = \dfrac{12V - 6V}{510\Omega} \times 10^3 = 11.7mA$，所以

$$I_{CM} = I_L + I_{R3} + I_{R2} = 80mA + 13.3mA + 11.7mA = 105mA$$

当 U_I 有 10% 变化时，$U_{CE3max} = U_{Imax} - U_O = 24V \times 1.1 - 12V = 14.4V$

$$P_{C3} = U_{CE3max} \times I_{C3} = 14.4V \times 105 \times 10^{-3}A = 1.5W$$

10.5　三端集成稳压器

1. 输出电压固定的三端集成稳压器

目前，电子设备中常使用三端集成稳压器，类型主要有具有正电压输出的 78×× 系列，具有负电压输出的 79×× 系列和可调式三端集成稳压器 LM317。

78×× 系列的金属封装外形图、塑料封装外形图、框图分别如图 10.5.1a、b、c 所示。

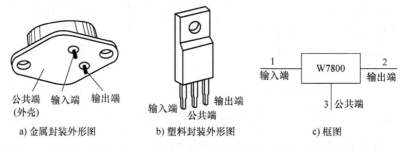

公共端　输入端　输出端
（外壳）

a) 金属封装外形图

输入端　　输出端
　　公共端

b) 塑料封装外形图

c) 框图

图 10.5.1　78×× 型为输出电压固定的三端集成稳压器

78×× 系列的输出电流为 1.5A（78××）、0.5A（78M××）和 0.1A（78L××）三个档次，输出型号后面的两个数字表示输出电压值，例如：7805 表示输出电压为 +5V，输出电流为 1.5A。和 78×× 系列对应的有 79×× 系列，它输出为负电压，如 79M12 表示输出电压为 -12V 和输出电流为 0.5A。

2. 输出电压可调式三端集成稳压器

78×× 和 79×× 系列为输出电压固定的三端稳压器。但有些场合要求扩大输出电压的调节范围，故使用它很不方便。现介绍一种外接很少元件就能工作的可调式三端集成稳压器。它的三个接线端分别称为输入端 U_I、输出端 U_O 和调整端 adj。

以 LM317 为例，其电路结构和外接元件如图 10.5.2 所示。

它的内部电路有比较放大器、偏置电路（图中未画出）、电流源电路和带隙基准电压 U_{REF} 等，它的公共端改接到输出端，器件本身

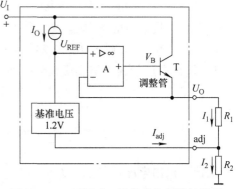

图 10.5.2　可调式三端集成稳压器结构图

无接地端。所以消耗的电流都从输出端流出，内部的基准电压（约 1.2V）接至比较放大器的同相端和调整端之间。若接上外部的调整电阻 R_1、R_2 后，输出电压为

$$U_O = U_{REF} + I_2R_2 = U_{REF} + \left(\frac{U_{REF}}{R_1} + I_{adj}\right)R_2$$

$$= U_{REF}\left(1 + \frac{R_2}{R_1}\right) + I_{adj}R_2 \tag{10.5.1}$$

LM317 的 $U_{REF} = 1.2V$，$I_{adj} = 50\mu A$。由于调整端电流 $I_{adj} \ll I_1$，故可以忽略，则

$$U_O = U_{REF}\left(1 + \frac{R_2}{R_1}\right) \tag{10.5.2}$$

LM337 稳压器是与 LM317 对应的负压三端可调集成稳压器，它的工作原理和电路结构与 LM317 相似。其电路特点是输出电压连续可调，调节范围较宽，且电压调节率、电流调节率等指标优于固定式三端稳压器。

3. 三端集成稳压器的应用

（1）固定式三端集成稳压器应用举例 图 10.5.3a 是 78L×× 作为输出电压 U_O 固定的典型电路图，正常工作时，输入、输出电压差为 2～3V。电路中靠近引脚处接入电容 C_1、C_2 用来实现频率补偿，防止稳压器产生高频自激振荡和抑制电路引入的高频干扰，C_3 是电解电容，以减小稳压电源输出端由输入电源引入的低频干扰。D 是保护二极管，当输入端短路时，给输出电容器 C_3 一个放电通路，防止 C_3 两端电压作用于调整管的 be 结，造成调整管 be 结击穿而损坏。图 10.5.3b 为输出电压可调的稳压电路，它由稳压器 78×× 和电压跟随器 A 组成。该电路用 A 将稳压器与取样电阻隔离。图中，电压跟随器 A 的输出电压等于其输入电压 U'_O，即满足 $U'_O = U_{××}$，也就是电阻 R_1 与 R_p 上部分的电压之和为 78×× 的输出电压 $U_{××}$，当调节 R_p 的动端位置时，输出电压随之变化，其调节范围为

$$U_{Omin} = \frac{R_1 + R_p + R_2}{R_1 + R_p}U_{××}; \quad U_{Omax} = \frac{R_1 + R_p + R_3}{R_1}U_{××}$$

设 $R_1 = R_p = R_2 = 300\Omega$，$U_{××} = 12V$ 时，则输出电压的调节范围为 18～36V。可根据输出电压调节范围和输出电流的大小选择三端稳压器、运放和取样电阻。

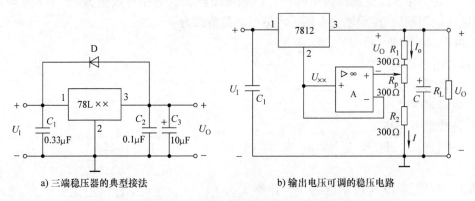

a) 三端稳压器的典型接法   b) 输出电压可调的稳压电路

图 10.5.3 固定式三端集成稳压器应用

（2）可调式三端集成稳压器应用举例 这类稳压器是依靠外接电阻来调节输出电压的，为保证输出电压的准确度和稳定性，要选择准确度高的电阻，同时电阻要紧靠稳压器，防止

输出电流在连线电阻上产生误差电压。图 10.5.4 所示为由 LM117 和 LM137 组成的正、负输出电压可调的稳压器。电路中的基准电压 U_{21} 取 1.25V，U_{31} 取 -1.25V，$R_1 = R_1' = (120 \sim 240)\,\Omega$，为保证空载情况下输出电压稳定，$R_1$ 和 R_1' 不宜高于 240Ω。R_2 和 R_2' 的大小根据输出电压调节范围确定。该电路输入电压 U_I，分别为 ±25V，则输出电压可调范围为 $\pm(1.2 \sim 20)$V。

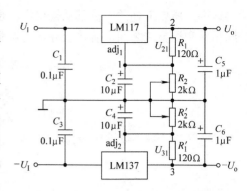

图 10.5.4　输出正、负电压可调的稳压电路

可调式三端稳压器的应用形式是多种多样的，只要能维持输出端与调整端之间的电压恒定及调整端可控的特点，就不难设计出各种应用电路。

由于集成稳压器的稳定性高和内部电路有完善的保护措施，又具有使用方便、可靠、价格低廉等优点，因此得到广泛的应用。

习　题

10.1　判断下列说法是否正确，用"√"、"×"表示判断结果填入空内。

1）直流电源是一种将正弦信号转换为直流信号的波形变换电路。　　　　　（　　）

2）直流电源是一种能量转换电路，它将交流能量转换为直流能量。　　　　（　　）

3）在变压器二次电压和负载电阻相同的情况下，桥式整流电路和半波整流电路中整流管的平均电流比值为 2:1。　　　　　　　　　　　　　　　　　　　（　　）

4）若 U_2 为电源变压器二次电压的有效值，则半波整流电容滤波电路和全波整流电容滤波电路在空载时的输出电压均为 $\sqrt{2}U_2$。　　　　　　　　　　　（　　）

5）当输入电压和负载电流变化时，稳压电路的输出电压是绝对不变的。　　（　　）

6）一般情况下，开关型稳压电路比线性稳压电路效率高。　　　　　　　　（　　）

10.2　在单相桥式整流滤波电路中，已知变压器二次电压有效值为 10V，$R_{LC} = 2T$（T 为电网电压的周期）。测得输出电压平均值可能的数值为

a）14V　b）12V　c）9V　d）4.5V

选择合适答案填入空内。

1）正常情况＿＿＿＿＿＿＿＿＿；

2）电容虚焊时＿＿＿＿＿＿＿＿；

3）负载电阻开路时＿＿＿＿＿＿＿；

4）一只整流管和滤波电容同时开路＿＿＿＿＿。

10.3　在图题 10.3 所示电路中，调整管为＿＿＿＿＿，采样电路由＿＿＿＿＿组成，基准电压电路由＿＿＿＿＿组成，比较放大电路由＿＿＿＿＿组成；输出电压最小值的表达式为＿＿＿＿＿，最大值的表达式＿＿＿＿＿。

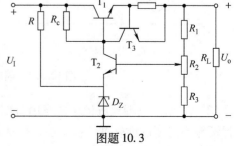

图题 10.3

10.4　若单相半波整流电路中的二极管接反,则将产生什么现象?

10.5　若单相桥式整流电路中有一只二极管接反,则将产生什么现象?

10.6　在整流滤波电路中,采用滤波电路的主要目的是什么?就其结构而言,滤波电路有电容输入式和电感输入式两种,各有什么特点?各应用于何种场合?

10.7　在单相桥式整流电容滤波电路中,变压器二次电压的有效值 $U_2 = 20\text{V}$。1)电路中 R_L 和 C 增大时,输出电压是增大还是减小?为什么?2)在 $R_L C = (3 \sim 5)\dfrac{T}{2}$ 时,输出电压 U_L 与 U_2 的近似关系如何?3)若将二极管 D_1 和负载电阻 R_L 分别断开,各对 U_L 有什么影响?4)若 C 断开时,$U_L = $?

10.8　衡量稳压电路的质量指标有哪几项,其含义如何?

10.9　分别列出两种输出电压固定和输出电压可调三端稳压器的应用电路,并说明电路中接入元器件的作用。

10.10　在图题 10.10 所示半波整流电路中,已知变压器内阻和二极管正向电阻均可忽略不计,$R_L = 200 \sim 500\Omega$,输出电压平均值 $U_{o(AV)} \approx 10\text{V}$。

1)变压器二次电压有效值 $U_2 \approx$?

2)二极管截止时所承受的最大反向电压是多少?

10.11　在图题 10.11 所示全波整流电路中,变压器二次侧中心抽头接地,变压器线圈电阻及二极管的正向压降均可忽略不计,已知 $u_{21} = -u_{22} = \sqrt{2} U_2 \sin\omega t$。

1)分别画出负载电流 i_L,输出电压 u_o 波形;

2)设 U_2 为已知量,求解输出电压平均值 $U_{o(AV)}$,负载电流的平均值 $I_{L(AV)}$,二极管的平均电流 $I_{D(AV)}$ 及其反向峰值电压 U_{RM};

3)如果 D_2 的极性接反,将会出现什么问题?

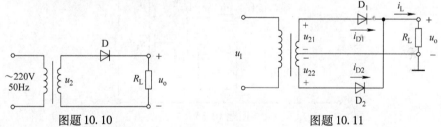

图题 10.10　　　　　　　　　　图题 10.11

10.12　桥式整流滤波电路如图题 10.12 所示。已知交流电源的电压 220V,频率 50Hz,$R_L = 50\Omega$,要求输出直流电压为 24V,纹波较小,求:

1)整流管的最高反向电压;

2)滤波电容器的容量和耐压;

3)电源变压器的二次电压。

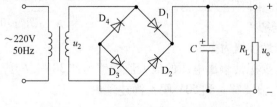

图题 10.12

10.13 图题 10.13 所示为倍压整流电路，标出每个电容器上电压和二极管承受的最大反向电压；求输出电压 U_{ac}、U_{bd} 的大小，并标出级性。

10.14 稳压电路如图题 10.14 所示，稳压管 D_Z 的稳定电压为 6V，图中 U_1 为 18V，$C = 1000\mu F$，$R = 1k\Omega$，$R_L = 1k\Omega$。1）电路中稳压管接反或限流电阻 R 短路，会出现什么现象？

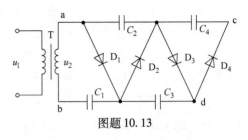
图题 10.13

2）求变压器二次电压有效值 U_2，输出电压 U_0 的值；3）将电容器 C 断开，试画出 u_i、u_o 及电阻 R 两端电压 u_R 的波形。

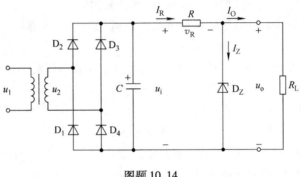
图题 10.14

10.15 电路如图题 10.15 所示，三端稳压器的输出电压为 U_0。试求出输出电压调节范围的表达式。

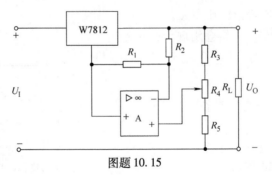
图题 10.15

10.16 图题 10.16 所示为 W117 组成的输出电压可调的稳压电源。已知 W117 的输出电压 $U_{REF} = 1.25V$，输出电流 I_0 允许的范围为 10mA ~ 1.5A，输入端和输出端之间的电压 U_{12} 允许的范围为 3 ~ 40V，调整端 3 的电流可忽略不计。回答下列问题：

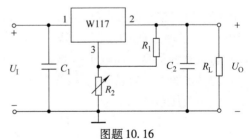
图题 10.16

1）R_1 的上限值为多少？

2）输出电压 U_0 的最小值为多少？

3）若 $R_1 = 100\Omega$，要想使输出电压的最大值能够达到 30V，R_2 应为多少？

4）输出电压的最大值能够达到 50V 吗？简述理由。

习题参考答案

第1章

1.1 √ ×

1.2 √ ×

1.3 c) a)

1.4 a) c)

1.5 a)

1.6 a) 1.3V b) 0V c) -1.3V d) 2V e) 1.3V f) -2V

1.7 a) 0.45V b) -2.3V

1.8 -6V

1.9 导通

1.11 a) 15V b) 1.4V c) 10.7V d) 0.7V

1.13 1) 0V 2) 0V 3) 3V

1.15 $114 \sim 267\Omega$

第2章

2.1 a) 能; b) 不能; c) 能; d) 不能

2.2 1) $I_{BQ} = 0.057\text{mA}$, $I_{CQ} = 1.425\text{mA}$, $U_{CEQ} = 4.875\text{V}$

2.3 1) $V_{CC} = 10\text{V}$, $I_{BQ} = 40\mu\text{A}$, $I_{CQ} = 2\text{mA}$, $U_{CEQ} = 5\text{V}$; 2) $R_B = 235\text{k}\Omega$, $R_C = 2.5\text{k}\Omega$, $R_L = 3.75\text{k}\Omega$; 3) $u_{oM} = 3\text{V}$; 4) $u_{iM} = 34\text{mV}$

2.4 1) $I_{BQ} = 0.038\text{mA}$, $I_{CQ} = 1.9\text{mA}$, $U_{CEQ} = 4.4\text{V}$; 3) $r_{be} = 884\Omega$; 4) $A_u = -226$, $A_{us} = -145$

2.5 1) $I_{BQ} = 0.028\text{mA}$, $I_{CQ} = 1.67\text{mA}$, $I_{EQ} = 1.7\text{mA}$, $U_{CEQ} = 7.59\text{V}$; 3) $r_{be} = 1133\Omega$; 4) $A_u = -106$; 5) $R_{b1} = 3818\Omega$

2.6 1) $I_{BQ} = 0.024\text{mA}$, $I_{CQ} = 1.436\text{mA}$, $I_{EQ} = 1.46\text{mA}$, $U_{ECQ} = 5.07\text{V}$; 3) $R_i = 4.891\text{k}\Omega$, $R_o = 3.3\text{k}\Omega$; 4) $A_u = 8.914$、$A_{us} = 7.94$

2.7 1) $I_B = 0.0325\text{mA}$, $I_C = 2.6\text{mA}$, $U_{CE} = 7.1\text{V}$; 3) $A_{u1} = 0.992$, $R_{i1} = 75.97\text{k}\Omega$, $A_{u2} = 0.996$, $R_{i2} = 109.9\text{k}\Omega$; 4) $R_o = 0.036\text{k}\Omega$

2.8 1) $I_B = 0.0284\text{mA}$, $I_C = 1.418\text{mA}$, $U_{CE} = 6.271\text{V}$; 3) $A_{u1} = 0.97$, $A_{u2} = 0.989$; 4) $R_i = 76.74\text{k}\Omega$, $R_{o1} = 2\text{k}\Omega$, $R_{o2} = 0.0219\text{k}\Omega$。

2.9 1) $I_{BQ} = 0.023\text{mA}$, $I_{CQ} = 1.154\text{mA}$, $I_{EQ} = 1.177\text{mA}$, $U_{ECQ} = 6\text{V}$; 3) $A_u = 0.99$, $R_i = 87.277\text{k}\Omega$, $R_o = 0.036\text{k}\Omega$; 4) $A_{us} = 0.98$

2.10 1) $I_{BQ} = 0.01825\text{mA}$, $I_{CQ} = 1.825\text{mA}$, $I_{EQ} = 1.843\text{mA}$, $U_{CEQ} = 2.66\text{V}$; 3) $R_i = 8.23\text{k}\Omega$, $R_{o1} = 2\text{k}\Omega$, $R_{o2} = 0.032\text{k}\Omega$; 4) $A_{us1} = -0.79$, $A_{us2} = 0.798$

2.11 1) $I_B = 0.01\text{mA}$, $I_C = 1\text{mA}$, $U_{CE} = 8.1\text{V}$; 3) $A_u = 267.86$; 4) $R_i = 0.0277\text{k}\Omega$, $R_o = 7.5\text{k}\Omega$。

2.12 $A_u = -129.7$，$R_i = 21.473\text{k}\Omega$，$R_o = 3\text{k}\Omega$

第3章

3.1 $I_{DQ} \approx 0.268\text{mA}$，$U_{GSQ} \approx -0.268\text{V}$，$U_{DSQ} \approx 7.712\text{V}$

3.2 1）$I_{DQ} = 0.5\text{mA}$，$R_1 = 2\text{k}\Omega$ 2）$R_2 = 10\text{k}\Omega$ 3）$A_u = 1.2$，$R_o \approx 10\text{k}\Omega$

3.3 $A_u \approx 0.909$，$R_i = 2075\text{k}\Omega$，$R_o \approx 1.091\text{k}\Omega$

3.4 $U_{GSQ} = 2\text{V}$，$I_{DQ} = 0.72\text{mA}$，$U_{DSQ} = 4.2\text{V}$；$g_m = 1.2\text{mS}$，$A_u = -18$

3.5 1）$U_{GSQ} = 2.5\text{V}$，$I_{DQ} = 0.5\text{mA}$，$U_{DSQ} = 5\text{V}$；3）$g_m = 1\text{mS}$，$A_u = -6.67$

3.6 1）$V_{DD} = 12\text{V}$，$U_{GSQ} = 2\text{V}$，$I_{DQ} = 0.3\text{mA}$，$U_{DSQ} = 7.5\text{V}$；2）$R_d = 15\text{k}\Omega$，$R_L = 18.75\text{k}\Omega$；3）$R_{g2} = 40\text{k}\Omega$；4）$U_{om} = 2.5\text{V}$

3.7 $g_m = 1.4\text{mS}$，$R_i = 28.875\text{k}\Omega$，$A_u = -8.235$，$A_{us} = -8.095$

3.8 1）$U_{GSQ} = 1.8\text{V}$，$U_{DSQ} = 2.3\text{V}$；2）$g_m = 1\text{mS}$，$A_u = -9$

3.9 1）$U_{GSQ} = 1.883\text{V}$，$I_{DQ} = 0.779\text{mA}$，$U_{DSQ} = 3.768\text{V}$；2）$g_m = 1.766\text{mS}$，$A_u = -3.532$；3）$R_i = 2100\text{k}\Omega$，$R_o \approx 4\text{k}\Omega$

3.10 1）$U_{GSQ} = 3.5\text{V}$，$I_{DQ} = 4.5\text{mA}$，$U_{DSQ} = 7.5\text{V}$；2）$g_m = 6\text{mS}$，$A_u = 0.857$，$A_{us} = 0.797$；3）$R_i = 133.333\text{k}\Omega$，$R_o \approx 143\Omega$

3.11 1）$A_u = 0.907$，$A_{us} = 0.889$；2）$R_i = 100\text{k}\Omega$，$R_o \approx 91\Omega$

3.12 1）$U_{GSQ} = 2\text{V}$，$U_{DSQ} = 7\text{V}$；2）$g_m = 2\text{mS}$，$A_u = 0.857$，$R_o \approx 0.5\text{k}\Omega$

3.13 1）$U_{GSQ} = -2\text{V}$，$I_{DQ} = -2\text{mA}$，$U_{DSQ} = -7\text{V}$；2）$R_i = 2\text{M}\Omega$，$R_o \approx 250\Omega$；3）$g_m = 4\text{mS}$，$A_u = 0.8$

第4章

4.1 1）40dB，100 倍 2）$f_H = 100\text{kHz}$，$f_L = 100\text{Hz}$

3）37dB，70.7 倍 4）20dB，10 倍

4.2 1）$\dot{A}_u = \dfrac{50\left(\mathrm{j}\dfrac{f}{100}\right)}{\left(1 + \mathrm{j}\dfrac{f}{100}\right)\left(1 + \mathrm{j}\dfrac{f}{10^6}\right)}$ （f 的单位为 Hz）

4.3 1）$\dot{A}_u = \dfrac{100\left(\mathrm{j}\dfrac{f}{10}\right)}{\left(1 + \mathrm{j}\dfrac{f}{10}\right)\left(1 + \mathrm{j}\dfrac{f}{10^5}\right)}$ （f 的单位为 Hz）

4.4 1）两级；2）$f_H = f_{H2} = 10^6\text{Hz}$；$f_{L1} = 10\text{Hz}$，$f_{L2} = 100\text{Hz}$；3）$f_L = 100\text{Hz}$；$f_H \approx \dfrac{1}{1.1\sqrt{\left(\dfrac{1}{f_{H1}}\right)^2 + \left(\dfrac{1}{f_{H2}}\right)^2}} \approx 6.43 \times 10^5\text{Hz}$

4.5 2）$f_H = f_{H2} = 100\text{Hz}$，$f_L = 15.6\text{Hz}$

4.6 1）两级；2）$\dot{A}_{um} = 50$；3）$f_H = 10^5\text{Hz}$，$f_L \approx 50\text{Hz}$

4.7 $f_\beta \approx 3\text{MHz}$；$f_T = 200\text{MHz}$，$\beta \approx 100$

4.8 2）$\dot{A}_{um} \approx -136$；3）$f_H \approx 3.5\text{MHz}$

4.9 2）$\dot{A}_{um} \approx -182$；3）$f_H \approx 2.92\text{MHz}$，$f_L = 14.5\text{Hz}$

4.10 $R_c = 3\text{k}\Omega$，$C_1 \approx 4\mu\text{F}$

4.11　1) $\dot{A}_{usm} \approx -5.8$；3) $f_L \approx 80Hz$

4.12　1) $\dot{A}_{usm} \approx -44$；3) $f_L \approx 90Hz$

4.13　1) $f = 5kHz$，$U_{om} = 2.5V$，不失真，$\varphi = -180℃$；2) $f = 500Hz$，$U_{om} = 3V$，失真；3) $f = 5MHz$，$U_{om} = 0.5V$，不失真 $\varphi \approx -270℃$

第5章

5.1　1) √　2) √　3) √　4) √　5) ×

5.2　c)

5.3　a)

5.4　b)

5.5　a)

5.6　c)

5.7　a)

5.8　c)

5.9　c)

5.10　b)

5.11　b)

5.12　1) $u_{id} = 0.02V$，$u_{ic} = 1V$；2) $u_o = -1.05V$，$K_{CMR} = 1000$

5.13　1) $u_o = 0V$；2) $u_{id} = 1mV$，$u_{ic} = 1mV$，$u_o = 100mV$

5.14　1) $I_B = 0.28mA$，$V_C = 9.2V$；2) $A_{ud} = -52.6$

5.15　1) $I_{EQ} = 0.517mA$；2) $A_{ud} = -32.4$，$A_{uc} = 0$，$R_{id} = 20.5k\Omega$，$R_o = 20k\Omega$

5.16　1) $I_{CQ} = 0.27mA$，$V_{CQ} = 2.5V$；2) $A_{ud} = -36.8$；3) $A_{uc} = -0.375$，$K_{CMR} = 98.1$

5.17　1) $u_{od} = 0.91$；2) $u_{od} - 0.47$

5.18　1) $I_{CQ} = 0.5mA$，$V_{CQ} = 7V$；2) $r_{be} = 2.9k\Omega$，$A_{ud} = 55.6$

5.19　1) $R_e = 3k\Omega$；2) $R = 1k\Omega$；3) $u_{i1} = 5.26mV$

第6章

6.1　1) c)；2) c)；3) a)；4) a)；5) b)；6) c)；7) b)

6.2　1) 5V；2) -5V；3) -13V；4) 13V

6.3　a) 2.8V；b) 5V；c) 6V；d) 10V；e) 4V；f) 4V

6.4　-4 ~ 4V

6.5　$u_o = 10u_{i1} - 2u_{i2} - 5u_{i3}$

6.6　$u_o = \dfrac{R_3 - R_2}{R_3 + R_2}u_i$

6.7　$u_o = -25u_{i1} - 5u_{i2} + 6u_{i3}$

6.8　1) $u_o = -\dfrac{R_X}{R_1}u_R$；2) 5kΩ，0.5kΩ，50kΩ

6.10　1) $u_o = 10.5V$，$i_4 = -1.5mA$；2) $u_o = -1.225V$，$i_4 = -0.175mA$

6.11　$t = 1s$

6.14　$U_T = -4V$

6.16　$U_{T+} = +2V$，$U_{T-} = -2V$

6.17　1）6.7V；2）$-6.7V$；3）12V；4）1.4V

6.18　$U_{T+} = 3.6V$，$U_{T-} = 1.2V$

6.20　$U_{opp} = 6V$

6.21　1）A1：减法运算放大电路，A2：积分运算放大电路，A3：单门限电压比较器；
2）$u_{o1} = 2(u_{i2} - u_{i1})$，$u_o = -100u_{o1}t$；3）波形略

第7章

7.1　a）直流负反馈，无交流反馈　b）直流负反馈，无交流反馈

7.2　a）负反馈，u_f；b）负反馈，u_f

7.3　a）A_2本级负反馈，级间电流并联负反馈，i_f；b）A_2本级负反馈，级间电压串联
负反馈，u_f

7.4　a）级间电压串联负反馈，u_f；b）级间电流串联负反馈，u_f

7.5　a）级间电流并联负反馈，i_f；b）级间电流串联负反馈，u_f

7.6　a）2）电压串联负反馈；3）R_{if}增大，R_{of}减小；4）$A_u = u_o/u_i \approx (R_1 + R_2)/R_1$；
b）2）电压并联负反馈；3）R_{if}减小，R_{of}减小；4）$A_u = u_o/u_i \approx -R_3/R_1$

7.7　a）2）电压并联负反馈；3）R_{if}减小，R_{of}减小；4）$A_{us} = u_o/u_s \approx -R_f/R_s$；
b）2）电压串联负反馈；3）R_{if}增大，R_{of}减小；4）$A_u = u_o/u_i \approx (R_{b2} + R_f)/R_{b2}$

7.8　a）2）电压并联负反馈；3）R_{if}减小，R_{of}减小；4）$A_u = u_o/u_i \approx -R_4/R_1$；
b）2）电流并联负反馈；3）R_{if}减小，R_{of}增大；4）$A_i = i_o/i_i \approx (R_{e2} + R_f)/R_{e2}$

第8章

8.1　1）×；2）×；3）√；4）√；5）√；6）√；7）×；8）√；9）√；
10）√；11）×；12）×

8.2　1）a；2）b；3）b；4）c；5）a；6）c；7）a，b，c

8.3　1）OTL，OCL；2）OCL；3）OCL；4）OCL

8.4　1）$P_{om} = 4.5W$；2）$P_{CM} = 0.9W$；3）$|U_{(BR)CEO}| = 24V$

8.5　1）甲乙类；2）17V；3）调大 R_1；4）调大 R_3

8.6　1）$P_{om} = 12.1W$；2）$\eta = 72\%$；3）$P_{TM} \geqslant 3W$

8.7　1）$U_{CL} = 6V$，调大 R_{P1}；2）烧坏晶体管；3）调大 R_{P1}；4）$P_O = 2.25W$，$P_V = 2.87W$，$P_T = 0.62W$，$\eta = 78.4\%$

8.8　1）两级放大，差动放大电路和 OCL 功放；2）NPN，PNP；3）消除交越失真

8.9　1）交越失真；2）$P_{om} = 32W$，$\eta = 69.8\%$；3）$I_{CM} = 4A$，$|U_{(BR)CEO}| = 34V$，
$P_{CM} = 8.1W$；4）$R_4 \geqslant 20.6k\Omega$

第9章

9.1　1）带通；2）低通；3）带阻；4）高通；5）低通

9.2　1）带阻；2）低通；3）高通；4）带通，幅频特性（略）

9.3　$A(S) = \dfrac{1}{1 + \dfrac{S}{\omega_c}}$；$\omega_H = \dfrac{1}{RC}$

9.4　1）证明过程（略）；2）φ：$-\pi \sim -2\pi$

9.5 截止频率为 100rad/s；通带电压增益为 6；波特图（略）

9.6 中心频率为 1592Hz；带宽为 2347Hz；选频特性（略）

9.7 一阶高通滤波器，$A(S) = -\dfrac{SCR_1}{1 + SCR_1}$

9.8 带通滤波器，$A(S) = -\dfrac{SC_1R_f}{1 + S(C_1R_1 + C_fR_f) + S^2C_1C_fR_1R_f}$

9.9 a）可能振荡；b）不能振荡

9.10 1）RC 串并联正弦波振荡电路；2）$f_o = \dfrac{1}{2RC}$；3）方波，峰—峰值为 20V

9.11 振荡频率为 160Hz

9.12 1）上"+"下"−"；2）应大于 10.2kΩ；3）1591.5Hz；4）加稳压管

9.13 1）稳幅原理（略）；2）$U_{om} = 8.35V$，$f_o = 1.1kHz$；3）停振；4）近似为方波（略）

9.15 a）不满足相位平衡条件，不能振荡；b）满足相位平衡条件，可能振荡，是电容三点式振荡电路

9.16 a）$f_o = \dfrac{1}{2\pi\sqrt{LC_3}}$；b）$f_o = \dfrac{1}{2\pi\sqrt{L(C_3 + C_4)}}$

9.18 由振荡电路、电压比较器和积分电路构成，振荡电路产生正弦波信号，电压比较器将正弦波变成方波，积分电路将方波变成三角波；输出波形（略）

9.19 $f_o = 3067.6Hz$；输出波形（略）

9.20 1）输出电压波形（略）；2）滑动端在中点时，周期为 4.4ms，滑动端在最上端时，周期为 4.2ms；电压幅值均为 ±3V

第 10 章

10.1 1）×；2）√；3）×；4）√；5）√；6）×

10.2 1）b；(2) c；3）a；4）d

10.3 T_1，R_1、R_2 和 R_3，R 和 D_Z，T_2 和 R_c；输出电压最小值：$\dfrac{R_1 + R_2 + R_3}{R_2 + R_3}U_Z$，输出电压最大值：$\dfrac{R_1 + R_2 + R_3}{R_3}U_Z$

10.4 负载上得到负的直流电压

10.5 电源短路

10.6 滤除交流成分，使输出电压平滑；电容滤波时，应与负载并联，电感滤波时，电感与负载串联；特点：电容滤波电路简单，负载直流电压较高，纹波也较小，缺点是输出特性较差，只适用于负载电压较高，负载变动不大的场合。电感滤波：整流管的导电角较大，无峰值电流，输出特性较平滑，缺点是由于存在铁心，笨重，体积大，易引起电磁干扰，一般只适用于低电压，大电流的场合。

10.7 1）增大；2）$1.2U_2$；3）D_1 断开，变成半波整流，输出直流电压降低，R_L 断开，输出电压为 $\sqrt{2}U_2$；4）C 断开，输出电压为 $0.9U_2$

10.10 1）22.2V；2）$\sqrt{2}U_2 = 31.4V$

10.11　1）略；　2）$0.9U_2$，$\dfrac{0.9U_2}{R_\mathrm{L}}$，$\dfrac{0.45U_2}{R_\mathrm{L}}$，$2\sqrt{2}U_2$；3）电源短路

10.12　1）$U_\mathrm{RM}=28.2\mathrm{V}$；2）$C=1000\mu\mathrm{F}$，$U_\mathrm{RM}=28.2\mathrm{V}$；3）电源变压器的二次电压为20V

10.13　$U_\mathrm{ac}=4\sqrt{2}U_2$，$U_\mathrm{bd}=3\sqrt{2}U_2$

10.14　1）易烧坏稳压管，导致电路被烧；2）变压器二次电压有效值为15V，输出电压为6V

10.15　$U_\mathrm{REF}=\dfrac{R_2}{R_1+R_2}U'_0$，$\dfrac{R_3+R_4+R_5}{R_3+R_4}U'_0\leqslant U_0\leqslant\dfrac{R_3+R_4+R_5}{R_3}U'_0$

10.16　1）$R_1\leqslant125\Omega$；2）$U_\mathrm{REF}=1.25\mathrm{V}$；3）$R_2=2.3\mathrm{k}\Omega$；4）不能

参 考 文 献

［1］康华光，等．电子技术基础：模拟部分［M］．5 版．北京：高等教育出版社，2006.
［2］康华光，等．电子技术基础：模拟部分［M］．6 版．北京：高等教育出版社，2013.
［3］童诗白，等．模拟电子技术基础［M］．4 版．北京：高等教育出版社，2006.
［4］童诗白，等．模拟电子技术基础［M］．5 版．北京：高等教育出版社，2015.
［5］忻尚芝，等．电工与电子技术教程［M］．上海：上海科学技术出版社，2012.